U0961610

阳志平 著

人生模式

识别并优化你的核心认知

Life Patterns

Recognize and Optimize the Key Patterns in Life

電子工業出版社
Publishing House of Electronics Industry
北京・BEIJING

未经许可，不得以任何方式复制或抄袭本书之部分或全部内容。
版权所有，侵权必究。

图书在版编目（CIP）数据

人生模式：识别并优化你的核心认知/阳志平著．—北京：电子工业出版社，2019.9

ISBN 978-7-121-37121-9

Ⅰ．①人…　Ⅱ．①阳…　Ⅲ．①认知科学－通俗读物　Ⅳ．①B842.1-49

中国版本图书馆CIP数据核字（2019）第150119号

书　　名：人生模式——识别并优化你的核心认知
作　　者：阳志平

责任编辑：李　影
印　　刷：北京捷迅佳彩印刷有限公司
装　　订：北京捷迅佳彩印刷有限公司
出版发行：电子工业出版社
　　　　　北京市海淀区万寿路173信箱　邮编：100036
开　　本：880×1230　1/32　印张：10.875　字数：250千字
版　　次：2019年9月第1版
印　　次：2024年3月第7次印刷
定　　价：68.00元

凡所购买电子工业出版社图书有缺损问题，请向购买书店调换。若书店售缺，请与本社发行部联系，联系及邮购电话：（010）88254888，88258888。

质量投诉请发邮件至zlts@phei.com.cn，盗版侵权举报请发邮件至dbqq@phei.com.cn。

本书咨询联系方式：（010）88254210，influence@phei.com.cn，微信号：yingxianglibook。

献词

如果只在不被辜负时去信任，只在有所回报时去爱，只在学有所用时去学习，那么就放弃了人之为人的特征。

谨以此书献给我的爱人。

目 录

Contents

关于本书

Book Intro

社会急剧前行，人群匆匆，注定会给你带来很多不快乐。跟它“对抗”的最好方法，就是想方设法让自己快乐。如果有一天，毕业多年的你，穿越时光，回到刚刚毕业那年，你会给那时的自己一些什么样的提醒？身为一名在认知科学领域从业近20年的工作者，在书中，作者自问自答，写下了这份提醒——《人生模式：识别并优化你的核心认知》。

什么是人生模式？鸢飞蓝天，鱼跃清波。人生发展，或在社会洪流中挟持前进；或在家庭影响中摇摆不定；或在个人选择中奋进勇退。在下一个人生发展阶段，回望上一个阶段，看似随机的人生轨迹显现出模式。在人生的不同发展阶段，反复出现的结构，是为人生模式。

一流的建筑师善于识别并巧妙运用建筑的设计模式，一流的程序员善于识别并巧妙运用程序的设计模式。同样，我们可以师法历史上的智者与前沿科学研究，识别并运用人生的模式。作者在书中将人生模式总结为24个，分为五大类：1）核心模式；2）行动模式；3）读写模式；4）人际模式；5）关于模式的模式。

核心模式。那些容易被你忽略却无处不在的底层模式。它们是时空模式、心流模式、认知模式、情绪模式与动机模式。你知道吗？人至中老年的发展不得不追溯回青年时期，时空观念深深地影响你的发展。你知道吗？认知系统、情绪系统与动机系统构成了我们人类理解自身的三大核心模式。在认知上，你需要升级为三重心智模型；在情绪上，你需要升级为情绪建构论；在动机上，你需要升级为自我决定论。更新关于自己大脑的知识，才能更高效地与自己相处。

行动模式。那些帮助你战胜行动瘫痪、提升行动力的模式。它们是目标模式、执行模式、练习模式、社会比较模式与反焦虑模式。你知道吗？多数人终其一生，常计划常失败，是因为始终在使用目标意图的思考方式，你需要切换为“执行意图”。你知道吗？多数人职业生涯转型失败是因为人们总是“先计划后实施”，寻找“真实的自我”。但你可以“先做后想”，用现实来测试各种“可能的自我”。

读写模式。那些大幅提高阅读与写作效率，并且有助于改善审美、形成风格的模式。它们是阅读模式、写作模式、卡片模式、审美模式与风格模式。你知道吗？聪明人的读书与写作大不一样。钱锺书读书，是冷读热读；纳博科夫写作，是卡片写作。它们背后的认知科学原理是什么呢？为什么《诗经》中有那么多关于南山的意象？南山是一座什么样的山？为什么到了太空时代，辛弃疾的欢喜，站在孤独寂寥的飞船上，你依然能秒懂？文学可以如何帮助人类？

人际模式。那些有助于你处理自己与他人关系的模式。它们是人格模式、文化资本模式、有趣模式、人情模式、婚恋模式与信息信任模式。你知道吗？人的发展有两种资本：社会资本与文化资本，文化资本更容易洞穿不同阶层。你知道吗？中国人的人际关系可以分成工具、混合与情感三种；同样，婚恋中也可以分为外人、自己人与另一半三种。你知道吗？在千年尺度上，结合信息与信任两个维度，可以将人类历史划分为不同常态，将各类组织划分为不同象限。从古至今，你所归属的生态位，决定了你在世界中的位置。

那么，模式的模式是什么呢？——元、反、空。当你思考任意一个问题，皆可进行元、反、空三种思想实验操作。什么是元模式？它是模式的模式。什么是反模式？它是模式的逆向思维。什么是空模式？跳出既有系统。拿这本书举例，这本书的书是什么？反驳这本书的书是什么？跳出这本书涉及的领域，其他领域是如何看待人生模式这个话题的？

通往伟大的路始终是模糊且个性的。这些模式，注定是作者的偏见。时光荏苒，我们当然无法真的回到从前，快乐不快乐，你我只是说着。说者无心，听者有意。也许，你就是正捧起书稿，在静静阅读的那位“听者”。那么，作者想说的是，看得见的未来不叫未来。学习也好，思考也罢，我们无法真的预测未来。人类单独个体的命运不可控，会被那位名字叫做达尔文的“上帝”扔进随机的森林角落。但终究，人之为人，正是借助爱与信任——来自社会链接；借助学习——来自书面语言的显性知识与学习共同体的隐性知识；借助好奇心——不断探索从未涉足的林地，自然生长，错落有致。

遥遥地，上帝之眼望去，林地角落，开出一朵花。而你，或在花蕊，或在花冠。是为命运。

阳志平

2019年6月10日

自 序
Preface

我确信岁月在奔跑*

1

很长时间以来，少年以为自己活不过三十六岁。阳光灿烂，春日美景，你正在教室里面上课。突然之间，黑暗扑面而来，你什么都看不到了。——那是小学，你的右眼被同桌无缘无故用铅笔狠狠捅了一下。幸运的是，抢救及时，没有留下终身遗憾；不幸的是，从此右眼视力一直比左眼差300度。

这样的事件，少年经历的不是一起两起。你正在河里嬉戏，美好夏日，水波涟涟。突然之间，山洪暴发，你瞬间被推到数百米之外。在湘江深处，你拼命挣扎，恐惧地大喊大叫。幸运的是，你被一位路人救了上来。从此，恍然醒悟，洗心革面，从前老师眼中的捣蛋王，变为学校优秀学生。

如果按照正常剧本，这是一个美妙的故事——人生突发事件，过

---

* 本文首次发表日期为2017年9月4日，三十七岁生日致辞，谨以此文感谢所有师友。

早亲历死亡，坏学生浪子回头。然而，真实的故事是怎样的呢？少年被人救起，那位救命恩人的一位亲戚——少年的初中校友，却要挟少年给他钱。他说出的是一个远超出少年承受能力的数字。少年难以接受，那人就带着同伴打了少年一顿。剧情猛地从雷锋故事切换成校园欺凌。少年报仇不隔夜，立即带着在当地赫赫有名的姐夫们，反击回去。剧情又切换为古惑仔。

这就是少年从小长大的湘南小镇。直到今天，这个县级市，距离最近的火车站还需要两个小时车程。因为闭塞，所以经济落后；因为落后，所以民风彪悍。在这样的小镇，命是用金钱来衡量的；校园欺凌稀松平常。

2

如果按照正常的人生轨迹发展下去，少年也许会像他的七八个姐夫一样，在当地赫赫有名。当妻弟被人欺侮了，只需带着兄弟们打对方一顿即可。从此，不会再有人敢来找自家亲戚麻烦。但困守小城，终老一生。在那座落后又美丽的湘南小镇生活，是一种让人窒息的美。

命运关上门时，从来会给人开一扇窗。

少年很早便幸运地遇到了第一位贵人——外公。外公年轻时是走南闯北的艄公，之后返乡种田，一直喜欢读书。少年自幼被外公隔代抚养，受老人影响，养成当地罕见的读书习惯，侥幸躲过小镇青年命中注定的阶层劫数。在初中，又碰上第二位贵人——刘老师。那时，刘老师才从乡下调到这所刚成立不久的小镇初中任教，担任班主任，少年是她带的第一批学生之一。在刘老师的谆谆教导下，到了初三，少年开始奋发图强，先是拿到数学奥赛奖，继而发表诗歌，顺利保送湖南省一所重点高中，人生翻篇。

3

多年后，少年回首，才意识到自己的幸运。早早亲历人性之恶，早早体验生命无常，由此相信人性之恶可以到何种地步，那么人性之善就可以到何种地步；生命可以脆弱到何种地步，那么生命就可以坚强到何种地步。

因为当生活欺负他时，他正忙着——读书。

十五岁，少年远离小镇，来到那所精英辈出的省重点高中读书。初离家门的孤独无处排解，于是，少年像鸵鸟一样，躲进市图书馆。那些日子，他与狄金森、卡夫卡、柏拉图、博尔赫斯做伴；当然，也会沉迷在毛姆、阿西莫夫、泽拉兹尼的世界中。[1]

十七岁，少年来京求学，幸运再次来到他的身边——此时的他，坐拥这个国家的总书库——当时就读的学校就在国家图书馆旁边。从大一入学开始，少年放弃了在学校听课，不断逃课，在国家图书馆的不同书架间穿梭，习得了一套受益至今的跨学科学习方法论。在图书馆的肆意阅读，年轻人的智力乐趣得到了极大满足。

——天堂的样子，或许就是图书馆的样子吧。

4

大学毕业后，少年顺风顺水。无论学业、工作还是创业，从胜利走向胜利。少年以为，他已经远离了那些年少经历。

狂妄自大、自我中心、任性粗暴。少年忘记了自己的样子。

生活很快让少年吃了亏。那一年，他二十八岁。

是时候回家了。从十五岁离开家乡，到二十九岁，整整十四年。

回到老家，那座衡山边上的湘南小镇。

少年开始闭门读书，修心养性。春天赏樱花，夏天听杜鹃，秋天观明月，冬天雪清爽。每天睡到自然醒。随手抽出一本书，兴致来了，几筷清风，流云下酒，掬水而饮。

那样的日子，一天比一天过得慢；一天比一天过得快。

一年又一年，月非昔时月，春非昔时春。慢慢地，少年的气质快速蜕变。

直到有一天，那本线装版的《古诗源》翻烂了。少年知道，他该下山了。

5

下山一路，算不上风和日丽，时有狂风暴雨。2014年初，第二次创业。2015年12月，一位合伙人离职，性格强势的少年，潸然泪下。

只是，与十五岁第一次离开家乡、2003年第一次创业相比，这一次，他多了一个护身符。

Edge.org创始人约翰·布罗克曼（John Brockman）每年辞旧迎新之际，都会召集欧美思想界领袖，问一个大问题。有一年的问题是“世界会变得更好吗？”还有一年，那个问题是“有什么样的简单方法能增强人们的认知能力？”

每年元旦，少年也会问自己一个大问题，再看看历史上有哪些人物回答得好。来年看其人、听其言、读其书，模仿其行为模式。到了夏末秋初，每年生日时，少年会赋予自己一个独特的关键词，作为下一岁的行动指南。这些关键词，要么放大个人优势，要么规避个人优势使用过度，要么将个人短板弥补到人类正常水准。

这些关键词如同咒语一般，暗暗地念它，少年就得到了祝福，好运伴随而来。

有一年的关键词叫作“安静”。如何在一个难以静心的时代，安静下来？答案在王维那里。“返景入深林，复照青苔上”，这是安静；“江流天地外，山色有无中”，依然是安静。美国汉学家宇文所安却说，王维不是一个真正安静的诗人，而是一个用很大力气让自己安静下来的人。那是“安禅制毒龙”，也是“落日鸟边下，秋原人外闲”。

有一年的关键词叫作“慎言”。如何择可言而后言，择可行而后行？答案在王阳明那里。“道可道，非常道”，《道德经》的这句话极有道理。一旦你用语言来编码直觉，那就需要用“工作记忆”来加工了，落入“算法心智”层面，陷入窠臼。所以中国古代大儒常常推崇不落文字，王阳明将其称之为“言益详，道益晦”。同样，佛教也有一句类似的话：“善护念。”

有一年的关键词叫作“柔软”。如何心有猛虎，细嗅蔷薇？答案在《诗经》那里。“陟彼南山，言采其薇”，取自《诗经·召南·草虫》；“南山有台，北山有莱”，来自《诗经·小雅·南山有台》；“南山律律，飘风弗弗”，源自《诗经·小雅·谷风之什》。南山是一座什么样的山？ 从《诗经》一开始，那些在山洪暴发、生死病老、骨肉分离时，手足无措的古人，无力抵抗，却试图看见光明。而这光明，就是那口口相传的“南山”。

“叹人生，不如意事，十常八九”，人类却可以发明文学来处理那些人生不如意，将忧伤处理为美。面朝深渊，看见光明，是为悠然见南山。

6

从此，每一年生日成了反思日；从此，每一年有了仪式感——有明显的开始，有明显的结束。

我无法证明岁月有脚，但确信它们在奔跑。

成熟，意味着告别原生家庭，告别那座湘南小镇，告别一个又一个图书馆。

人生就像一列疾驰的火车，每一站，你会遇到许许多多的人。

直到有一天，你会告别你自己。

那时，我依然希望你，记住你的样子，“不愧于人，不畏于天”。

那时，我依然希望你，感谢那些早已面目模糊的人。他是已在彼岸的外公；她也是移居深圳的刘老师；他是将你从洪水中救出来的恩人；她也是你曾经遇到过的所有人。

导论

Introduction

优化你的人生模式

发现真理的关键在于要找到自然中隐藏的模式，因为模式是定律、规则、机制的产物。

——赫伯特·西蒙《穿越歧路花园》[1]

什么是人生模式?

鸢飞蓝天，鱼跃清波。万物生长，看似随机，却呈现出模式种种。鸢总是在天空中嬉戏；鱼总是在水中游荡。那么人生发展，是否也存在模式呢？当然存在。什么是人生模式？我们能否将那些影响人生发展的关键模式总结成册？且让我们先从模式的历史谈起。

1977年，美国建筑师克里斯托弗·亚历山大（Christopher Alexander）出版了《建筑模式语言》一书。他在人类历史上第一次提出建筑的模式语言，描述了城镇、邻里、住宅、花园和房间总计253种模式。亚历山大指出，人们的日常生活、衣食住行、喜怒哀乐、生老病死，那些频繁发生的事件在结构上总是相似的，这就是模式。[2]

事件的模式总是发生在特定空间。特定空间又会出现特定的事件模式。比如，森林中如果出现一条路，它蜿蜒曲折延伸至远方。当你远足至此，自然而然会沿着这条路继续前行。路和行人构成森林中的一种特定模式。再如，家中客厅如果摆着一张沙发，那么沙发前往往会放着一台电视机。当你回到家，自然而然会往沙发上一躺，打开电视机。沙发、电视机就构成客厅中的一种特定模式。看似简单的模式会对人产生潜移默化的影响。比如小区里，一种是塑胶保护、安全性极高的儿童乐园；一种则是粗犷、没那么安全的自然环境。小孩子在前者中会更小心翼翼；在后者中则更易培养冒险精神。

亚历山大指出，一个建筑无论是小型建筑，比如咖啡馆；还是大型建筑群，比如一座城市，都由少数模式限定。优秀的建筑师善于识别人类历史上那些优秀的模式，并能掌握和运用建筑的模式语言，由此得以更高效地构造建筑。直到有一天我们忘掉所有模式，直至最终自由地创造建筑。

诗意盎然的模式语言在于掌握并识别那些有活力的模式——亚历山大的思想也深深地影响了软件开发。1994年，四位资深软件专家联手总结了软件开发领域中的23种模式。这就是影响了一代又一代程序员的经典之作《设计模式》。[3]

当我们能对一种事件结构进行命名，往往就是掌握模式语言的开始。那些原本只属于极少数资深工程师的宝贵经验，从此变得更易被人所用。甚至反对模式，本身也成了一种模式。在关于软件设计模式的种种争论中，我们日益了解，哪些设计模式能够真正提高开发效率；哪些是画蛇添足，是程序语言本身的缺点，抑或面向对象开发模式的缺点。

从建筑领域的模式语言，再到软件开发领域的设计模式，人类一旦将日常生活中的经验抽象出结构，并予以命名，似乎从此就可以提高生产力。同样地，在人生发展领域，好比建筑师描绘蓝图、程序员组织代码，我们一辈子会遇到各种各样的问题，不断调用脑力、金钱、时间、人力去完成人生发展的各种问题，此时会一而再、再而三地复现某些特定结构。比如，有的人做选择时，习惯重视别人的意见，忽视内心的声音。求学如是，择偶如是，求职亦如是，但终究会在长期的逆来顺受中，来一次大爆发。反之，有的人从青春期开始，就选择特立独行，看似每次人生选择与众不同，最后却总是回归均值。

人生发展，或在社会洪流中挟持前进；或在家庭影响中摇摆不定；或在个人选择中奋进勇退。在下一个人生发展阶段，回望上一个阶段，看似随机的人生轨迹显现出模式。在人生的不同发展阶段，反复出现的结构，是为人生模式。

好模式，坏模式

人生百态，模式林立。就像森林小路，有的杂乱无章，荆棘夹杂；有的蜿蜒有序，美景相随。又如家中客厅的布置，有人喜欢简洁通透，有人偏爱繁复华美。你之蜜糖，我之砒霜，人生模式因人而异，但总有一些特点为好的人生模式共有。那么，好的人生模式有哪些共同之处？

好的人生模式，它总是鼓励你成为自己，而非盲从社会习俗。春秋战国时，孔子如是说："君子不器"；古希腊的苏格拉底如是说："未经省察的人生不值得过"。自从人类有智慧以来，那些智者、先知总是用各种各样的方式，试图启发人们成为自己。

好的人生模式，它虽然鼓励你与众不同，却给你划定了底线——促进并发扬光大人类的美德。即使如乔布斯这类看似“暴君”的管理者，也有自己的底线——对事不对人。他致力于与人群中最杰出的英才共事，给对方最自由的创作空间，并以看似粗暴的方法激发他们的创造力。因此，人生发展的关键模式，总是离不开终身学习。正是教育与学习，让我们传承并习得那些优秀的人类美德。

好的人生模式，它倾向鼓励创造价值。不同的文明，都在有意无意地丑化那些“吸血虫”。在中国神话中，用四大凶兽——饕餮、混沌、穷奇、梼杌来形容人性之丑；在西方，用人性七宗罪——好色、暴食、贪婪、懒惰、愤怒、妒忌与骄傲来形容人性之恶。又如，中国传统儒家精神鼓励修身齐家治国平天下；美国清教徒精神倡导个人自由、理性主义与民主自治。一旦在一个族群的文明中沉淀下来的模式，鼓励大肆浪费，不事生产，这个文明就离死亡不远了。

好的人生模式，是个人与社会之间的平衡，创新与传承之间的平衡，输出与输入之间的平衡。我们总是需要面对各种矛盾。当这些矛盾叠加上家庭、组织、社会、国家以及历史的影响，它就变得无比复杂。无论人生模式如何多变，我们的爱恨情仇，我们对世界的感知，始终会在大脑中进行计算。哲学家丹尼特的多重草稿模型告诉我们，意识本质上是一个文化的“举重机”，一级一级、一层一层地将虚拟机安装在另一个虚拟机之上，最终涌现人类复杂而迷人的心智。[4]

人类大脑究竟会遵从哪些客观规律呢？这正是认知科学孜孜不倦求解的方向。当认知科学家的研究叠加人类历史智者的经验，最终就有了全书诸多的人生模式。

就像詹姆斯·马奇（James G. March）所言，“人类存储、回忆历史的能力有限，对服务于当前信念、欲望的重构记忆敏感；人类分析能力有限，对加诸经验之上的框架敏感；人类固守成见，对支持先入之见的证据不如对反对先入之见的证据挑剔；人类既歪曲观察又歪曲信念，以提高两者的一致度；人类偏爱简单的因果关系，认为原因必定在结果附近，大果必定有大因；与复杂的分析相比，人类更喜欢涉及有限信息和简单计算的启发式”。[5]

既怯弱又勇敢；既渺小又伟大！这才是活生生的人类。因此，那些好的人生模式总是正视人性既有的矛盾，并不非此即彼，黑白分明；也总是尊重人类大脑的计算能力限制——工作记忆广度受制于四，社交网络规模受制于邓巴数字。

无名的模式

一流的建筑师善于识别并巧妙运用建筑的设计模式，一流的程序员善于识别并巧妙运用程序的设计模式。同样，人类识别并运用人生模式，也存在境界之分。

下乘者，世间万物与人生百态于他/她，杂乱无序。偏偏自以为大局在握，既不学习模式也不更新知识结构，沉溺于错误的模式。事后虽加倍努力亦积重难返，少时仲永，老来冯唐。

中乘者，创立模式，但并不沉溺模式。典型如书中介绍的各位智者或科学家。一方面，在自己的领域取得极大的成就；另一方面，明白自己领域独有的思维方式带来的局限，并用其指导个人的人生发展。平安顺利，终老一生。与之相反，中乘者里亦有沦为下乘的妄者，试图用自己创立的模式解释一切，最终树敌众多，无法经得起时间的考验。中乘者里亦有接近上乘的智者，本身不创立模式，但理解模式的核心指标、关键节点，善用别人创立的高明的模式，虽然均利者众获利小，但知足常乐。

上乘者，无模式，无招胜有招。正如亚历山大所言，永恒的建筑会展现出一种“无名”的特质。亚历山大认为，人类的主要追求就是寻求无名的特质——“在我们自己的生活中，追寻这种特质是任何一个人的主要追求，是任何一个人的经历的关键所在，它是对我们最有生气的那些时刻、情境的追求”。亚历山大用了七个词来描述无名的特质，分别是：“生气”“完整”“舒适”“自由”“准确”“无我”“永恒”。这七个词揭示了人类社会生机勃勃的气质。亚历山大说，“它是人、城市、建筑或荒野的生命与精神的根本准则。”[6]

当我们寻求一种诗意的人生，模式只是你的拐杖，只有人们忘我时，无名的特质才会出现。

模式的模式

那么，如何挑选适合自己的人生模式呢？模式存在于不同层面，既有心理的，也有社会的、文化的、国家的。模式又存在不同的时间尺度，如过去的、现在的、未来的；又如百年的、千年的大时间周期，抑或一小时、一天、一周的小时间周期。

面对这个复杂系统，我们可以怎么做呢？

第一，师法历史上的智者。了解历史上的智者在人生发展中浮现出哪些共同的模式。比如，孔子、毛泽东与王阳明这些来自不同时代的伟人，身处低谷时，会展现出哪些一致的人生模式？

第二，师法认知科学及相关学科的高阶模型。什么是高阶模型？如书中所述，它是支撑一个新学科诞生的术语体系，如“隐喻”之于认知语言学；它也是一个经典学科发展成熟时公认的巅峰之作，如“大五人格模型”之于人格心理学；它还是学科范式转型的承上启下之作，如“工作记忆”之于认知科学；它更是连接不同学科的桥梁，如“有限理性”之于认知心理学和行为经济学。普世智慧永流传，但更能启发你的是掌握一个时代的高阶模型。

这些来自研究人类心智运作规律的学科，它揭示的是人类大脑工作的共同规律。无论你身处哪个时代、哪个国家、哪个阶层，都会受制于那颗石器时代形成的大脑。

从1998年踏入心理学领域至今，整整21年过去了。期间机缘巧合，与来自不同分支领域的众多心理学大师共事过。同时由于个人兴趣，在计算机科学、网络科学和文学上也下了一番工夫。回头看有那么多大师早已深深地影响了我的人生发展，构成了我的知识谱系图。

第三，思考模式的模式——元、反、空。什么是元、反、空？它是由我提出的思考模式，指的是对任意一个术语、任意一个命题、任意一个模式进行元、反、空三种思想实验操作。[7]

元

什么是元模式？它是模式的模式。不同于其他学科，认知科学家好比用现代科学方法研究人类心智的哲学家，擅长思考人类心智现象背后的深层次规律。比如，在认知科学中，研究记忆的记忆，是为元记忆；研究学习的学习，是为元学习；研究认知的认知，是为元认知。将“元”操作，推广到任意思考，就有了元模式。

反

什么是反模式？它是模式的逆向思维。人们喜欢思考如何变得更幸福，但鲜有思考如何变得痛苦。约翰尼·卡森（Johnny Carson）在哈佛学校毕业演讲时，曾经给人开过一个痛苦处方：1）为了改变心情或者感觉而使用化学物质；2）妒忌；3）怨恨。查理·芒格（Charlie Thomas Munger）模仿他，也在哈佛学校毕业演讲时列了一个痛苦处方：1）不要虔诚地做你正在做的事；2）不要从别人的失败经验里获得教训；3）遇到严重失败时请意志消沉；4）请忽略朴素的智慧。[8]我开设有一门信息分析课程，它强调的是如何快速获取信息，那么这门课必然会强调如何保护个人隐私，确保信息不被人获取。

需要说明的是，“元、反、空”中的反模式往往是积极的、正能量的、利大于弊的。但还有一类常见的反模式是消极的、负面的、弊大于利的。它就是那些重复发明但糟糕的问题解决方案。

空

什么是空模式？大卫·休谟（David Hume）说，我们不能从“是”推出“应该”。休谟问题自从被提出后，成了人类共同的难题。亚历山大说，建筑学从一开始就失败了，因为我们用清晰的概念去取代建筑中过往无意识形成的模式。詹姆斯·吉布森（James Gibson）说，设计需要从可用性到可供性，可供性（Affordance）是物品提供给人或动物的行为可能性。史蒂芬·平克（Steven Pinker）说，文章写得晦涩难懂的主要原因是知识的诅咒——你难以想象，你所知道的事情在不知道这件事的人看来是什么样子。[9]

当我们承认人类大脑的“有限理性”，尝试跳出既有知识的局限，就开始具备空的心态。比如本书关注人生发展，心理学中研究人生发展最多的分支学科是发展心理学。我们能否跳出心理学的局限，用社会学、人类学及文学等其他学科视角来看待人生发展？此时你会发现，社会学有文化资本；人类学有差序格局；文学有时空变形。

* * *

结合历史上的智者传记、现代认知科学及相关学科的高阶模型以及元、反、空思考模式，在过去20年中，一些人生模式，已经深深地影响了我如何认识这个世界、认识自己；更成了自己在做选择时参考的框架。它们散落在各个章节中，现在特将这些“珍珠”编织成串，供各位读者参考，如下表所示。

模式清单

类　别	名　称
模式的模式	1）元；2）反；3）空
核心模式	4）时空；5）心流；6）认知；7）情绪；8）动机
行动模式	9）目标；10）执行；11）练习；12）社会比较；13）反焦虑
读写模式	14）阅读；15）写作；16）卡片；17）审美；18）风格
人际模式	19）人格；20）文化资本；21）有趣；22）人情；23）婚恋；24）信息信任

模式种种：核心模式

心理学有一种提法，人的核心认知结构是知、情、意、行；还有一种提法，人的核心认知能力有读、写、听、说。不过到了二十一世纪，这两种提法都需要更新。先来看看知、情、意、行。“知”是指认知，从感知觉、记忆学习再到问题解决、创意发明。“情”是指情绪与情感，包括简单的情感，也包括复杂的情绪，如抑郁、焦虑、恐惧等消极情绪，喜悦、感激、宁静、兴趣、希望、自豪、逗趣、激励、敬佩和爱等积极情绪。“意”是指人的意志品质，比如有的人意志坚定，越挫越勇；有的人意志薄弱，容易摇摆。“行”是指行动与行为，知、情、意是人类心理活动的三种基本形式，它们的综合作用，导致了不同的人类行动或人类行为。

我们在书中，将人类的心理活动划分为认知系统、情绪系统、动机系统与行动系统。它与传统知、情、意、行分类的区别是，用动机系统取代意志。这是为什么呢？因为越来越多的心理学家认为意志没有必要作为一种独立的认知结构存在。一般来说，意志是人自觉确定目的，并根据目的调节支配自身的行动，克服困难去实现预定目标的心理倾向。按照这个定义，意志研究的三大话题，都可以被更前沿的、更专业的研究领域取代。第一，提及意志——与人性格相关的部分，比如，意志薄弱与意志坚定的相关研究，可以划归到人格心理学；第二，提及意志——与人指定目标并实现目标的相关研究，可以划归到行动心理学，比如如何设定并实现目标；第三，提及意志——与维系目标并为之持续努力的部分，可以划归到动机心理学。

有众多的认知心理学、情绪心理学、动机心理学期刊、学会及研究机构，但很少看到独立的意志心理学学术建制。因此本书用认知系统、情绪系统、动机系统来作为人类行为的三大核心系统。[10]它们的综合作用，维系人类的行动系统，我们将在行动模式中单独说明，主要涉及目标与执行。

认知系统是指人类处理外界信息并做出反馈的核心系统。坏的模式有两个极端：一个极端是只重视人类智力。比如像《钟形曲线》一样强调白人必然比黑人聪明，因此做出推论——政府应该减少外国人移民到美国，避免全国平均智商被他们拉低；一个极端是只重视人类大脑如何受到进化的约束，比如强调本能。但更好的模式是，我们像斯坦诺维奇一样，将人类的心智划分为三重心智：自主心智、算法心智与反省心智。自主心智同时受到进化与内隐学习的影响，比如看到蛇就会害怕，或者学会骑自行车后不再需要思考就能骑。算法心智就是传统意义上智商测验考察的能力，比如记忆、处理速度和逻辑推理等。反省心智主要指对人类心智过程进行监控，帮助执行决策与判断，如元认知、认知偏差等。[11]

情绪系统是指我们对自己认知经验的主观感受。正如巴瑞特教授所言，目前市面上流行的情绪观念有三大误解。1）情绪展现在脸上，我们能够通过表情来认知情绪。事实上，面部表情无法揭示背后的情绪，当脱离具体情境，仅靠面部表情，我们很容易对他人的情绪做出错误推测。同一情绪的多样化表达才是常态。2）每种情绪都有其独特的生理表征。事实上，生理变化并不与情绪一一对应，而是你的大脑将身体变化解读成了情绪。3）每种情绪在大脑中有一条专属的神经通路。事实上，情绪是复杂的建构，而不是简单的神经通路。被哲学家称为“本质主义”的观点是，你的大脑先天具有古老的情绪回路，这种情绪回路埋藏在大脑中某些“兽性”的部位。人性战胜兽性；骑象人驾驭大象。然而，本质主义不是好的科学。情绪不是原装自带的，情绪是你我建构出来的。情绪不是你对世界的反应，它们是你的大脑对你自己身体中发生的事情的理解，与世界上正在发生的事情有关，以便它能够弄清楚下一步该做什么。情绪不是“降临”到你身上的，情绪是你制造的。情绪源自你的身体如何反应，以及如何理解外在世界。它是这两个事情综合在一起的产物。[12]

动机系统是维系人类行动的燃料和食物。传统动机心理学有三大经典理论。1）马斯洛需求层次论认为人类的动机由不同的需求构成，由低到高依次为：生理、安全、归属与爱、自尊、求知、美和自我实现。2）赫茨伯格的双因素理论将人们的动机分为：保健、激励；3）麦克利兰的成就动机理论将人类的动机分为：成就、权利与亲和。这些理论有什么问题？它们都过时了！马斯洛的理论诞生于1954年；赫茨伯格的理论诞生于1959年；麦克利兰的理论诞生于1953年。那是什么时代背景？“二战”刚刚结束，百废待兴。工业革命余波未歇，新一代信息革命尚在萌芽中。而在二十一世纪，取而代之的是自我决定论。人生好比一个跷跷板游戏。你会受到两种力量的制约，一种是以名利、奖赏及惩罚为代表的“外在动机”；一种是以兴趣、好奇心等为代表的“内在动机”。出人意料，即使是奖赏这类外部控制，也会削弱内在动机，降低你的自主性。[13]

人类的动机有外在、内在之分，同时，构成人类动机的需求，并不是类似马斯洛需求层次论强调的一样，逐级递进。为了获得幸福，人类始终在追求三种基本心理需求。1）自主感：指人们感觉自己的行为是自发的，并且完全出自自己的选择，它强调的是人们对主动权的感受。2）胜任感：指人们对行为或行动能够达到某个水平的信念，相信自己能胜任该活动。它强调人在与环境互动时，希望能够产生有效的反馈。3）归属感：指人们感觉到自己与别人有关联，是一种在意别人，同时也希望被别人在意的感觉，它强调人们希望与他人发生联系的渴望，如同事间人际和谐或者恋人间的亲密关系。[14]

认知系统、情绪系统与动机系统构成了人类理解自身的三大核心模式。在认知上，你需要升级为三重心智模型；在情绪上，你需要升级为情绪建构论；在动机上，你需要升级为自我决定论。更新关于自己大脑的知识，才会更高效地与自己相处。

时空之于人类，正如空气之于鸟，水之于鱼。人始终是生活在特定的时间、空间中，正因为它们无处不在，我们反而容易忽略时空对人类的深刻影响。因此除了认知、情绪与动机之外，我们在书中介绍的第一种核心模式就是时空模式。在时间上，一种发展模式是按照社会钟来处理，遵从社会习俗循规蹈矩地前进，该谈恋爱时谈恋爱，该结婚时结婚，该生育时生育；另一种发展模式是特立独行，与众不同。在空间上，一种发展模式是左右摇摆，迷失在时空洪流中；另一种发展模式是建设自己的根据地，按照简单但持久的节奏前进。[15]

当我们失去了对时空的感知会怎样？那就是心流模式，与之相反的则是厌倦模式、焦虑模式等等。当你心中有个目标，这个目标对你来说有一定难度，而你的技能可以初步胜任这个目标的时候，你开始投入心力，你的注意力被立即的反馈攫住，而环境也逼迫着你做出回应。就像乒乓球高手相互对打，小球成为两人之间意识流动的媒介。你会体验到人类最美妙的感觉——心流。反之，是厌倦、焦虑等等。[16]

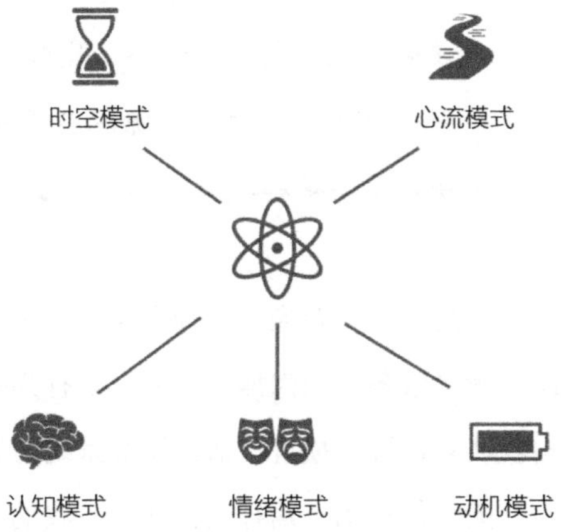

模式种种：行动模式

这是一个容易出现行为瘫痪的时代。什么是行为瘫痪（Paralysis）？我们经常兴高采烈地做出种种关于自我改变的承诺。新年计划、打卡……事实上，人们在多数时候是这样的：

» 或者高估了自我改变带来的收益。比如总是幻想减肥成功会带来如意郎君，当减肥成功之后还是剩女时，又恢复了暴饮暴食的习惯。

» 或者没有准备好足够丰裕的认知资源。改变自我总是要打破旧有的模式，积累多年的积习却希望一天解决，并且没有准备好相应的认知资源。以瘦身为例，对瘦身的科学知识、各类关键情景知之甚少。

» 或者高估了自己的能力与改变自我的速度。参加各种学习速成班，却都是从入门到放弃，半途而废。

» 或者采取了错误的策略。比如资源分配不当，总是在自我改变的初期投入过多资源，热情满满；在艰难的低谷期，却资源严重不足。

于是行为开始瘫痪。神经元的损害、外界的伤害以及身体内部系统失衡导致各类肌肉瘫痪。同样，行为瘫痪也来自社会链接的丧失、自我认知资源的损害、情绪调节系统的失衡以及自我损耗等等。

因此，在第二篇行动模式中，我们介绍的模式都与如何战胜行动瘫痪、提升行动力相关。

在目标模式中，我们强调了执行意图的重要。它由认知心理学家彼得 • 格尔维茨（Peter Gollwitzer）发明。格尔维茨将“我要减肥10斤”这种制订计划的方式称之为“目标意图”，他强迫自己的实验对象换成一种“执行意图”的方式制订目标。什么是执行意图？它使用“如果……那么……”的句式来设定目标。比如，把“我要多运动”改成“如果到了每周三、周五的傍晚5点，我就去操场跑步”；把“我要减肥”改成“如果今天已经摄入了1800卡路里，就不能再吃了”。[17]制定目标时，我们还强调了格尔维茨的妻子加布里埃尔 • 厄廷根（Gabriele Oettingen）提出的WOOP大法，未谋胜先谋败；制定目标时，考虑实现目标可能遇到什么障碍，这就是心理对比法。[18]

制定目标后，该如何提高实现目标的概率呢？全书重点介绍了如何转变职业生涯这个具体场景。一种模式是“先计划后实施”，另一种模式是“先做后想”。前者假定存在一个“真实的自我”；后者则是在行动中，用现实来测试各种“可能的自我”，最终在九败一胜中自然浮现出最优选项。埃米尼亚 • 伊瓦拉（Herminia Ibarra）关于人们职业生涯转变的研究结论否定了前者：如果“先计划后实施”，结果竟然一无所获，永远无法从事最初渴望的职业。[19]

在持续精进的道路上，练习不可或缺。在练习模式中，我们强调了刻意练习的局限，“1万小时定律”的不靠谱。成年人的高效学习方法是，找到自己的“学习共同体”，当一名“认知学徒”。刚开始围绕着重要成员转，做一些外围的工作；随着技能增长，渐渐进入“学习共同体”圈子的核心，承担更加重要的工作，最终成长为专家。[20]

采取正确的目标模式、执行模式与练习模式，能够大幅提高行动

效率。错误的社会比较与过度焦虑，导致行为瘫痪。先说社会比较，社会上永远存在“人比人”的问题。我们不会因为自己的愚蠢而悲伤，只会因为比周围的人更蠢而痛苦。人类各种不理智的社会比较是导致行为瘫痪的一大原因。在社会比较模式中，我们强调了从追求最优到追求满意。[21]再说过度焦虑，这是一个容易焦虑的时代，有来自工作的压力，有来自生活的压力，还有来自社会的压力。媒体、商家又在合谋利用人们的各种焦虑套利。在反焦虑模式中，我们提醒大家，为了避免过度焦虑，你需要建设自己的根据地；在不同时间周期选择不同的行动策略；探索模式与利用模式交错进行。[22]

模式种种：读写模式

传统观念认为，人的核心认知能力有读、写、听、说。读写侧重的是书面语言，听说侧重的是口头语言。事实上，当你进行人际沟通的时候，问题更复杂。除了上述两类语言，还有肢体语言、社会文化等。因此，我们在第三篇、第四篇中将其分别总结为读写模式与人际模式。先说读写模式。

在阅读时，我们有两种模式，一种模式是赋予神作与垃圾读物相同的阅读时间；另一种模式是建立自己的读物分级系统。在阅读模式中，我介绍了我的读物分级系统——坏书、可用的书、力作、杰作与神作，并介绍我的读书法——冷读热读。冷读那些杰作与神作；热读那些可用的书与力作。[23]

在写作时，我们同样有两种模式，一种模式是逆用大脑规律；另一种模式是善用大脑规律。在写作模式中，我介绍了自己发明的写作方法——快写慢改。在快写部分，书中重点介绍了如何用卡片写作；在慢改部分，重点介绍了如何利用古典风格修改文章。当然，快写慢改模式是一个较大的话题，全书意犹未尽，未来更多论述，请参考我的新书。[24]

阅读与写作是人类最重要的两种高级认知能力。无论阅读还是写作，作家纳博科夫、钱锺书、姚雪垠；学者卢曼、吴晗、梅棹忠夫，普遍善用卡片，皆是卡片大法的忠实践行者。阅读上，卡片帮助我们更好地记忆；写作上，用卡片能够提升作家的创意密度；在慢改环节，用卡片能够改进作家的远距联想能力。[25]

美也是一种模式。在审美模式中，我介绍了自己开创的认知写作学的核心概念——时空变形。什么是时空变形？先来看一首海子的诗。

> 黑夜降临，火回到一万年前的火
>
> 来自秘密传递的火　他又是在白白地燃烧
>
> 火回到火　黑夜回到黑夜　永恒回到永恒
>
> 黑夜从大地上升起　遮住了天空
>
> ——海子《献诗》

划重点：黑夜从大地上升起。正常人只会写成“黑暗笼罩了大地”，天空在上，大地在下，夜色由上至下覆盖大地。但在海子那里，时空关系大不一样，夜色在下，从大地上升起。这首诗歌还妙在“火回到火 黑夜回到黑夜 永恒回到永恒”，妙在同质和重复。如博尔赫斯写的那句“死了，就像是水消失在水中”；更如“让上帝的归上帝，恺撒的归恺撒”。历史上一切伟大作家皆是时空变形大师。[26]

风格也是一种模式。形成自己的风格，你需要抓住那些时空洪流中的变与不变。你的变，与时空变形相关，助你形成独一无二的写作风格。反之，哪些是风格中的“不变”？海明威在《老人与海》中，使用以二个、三个、四个字母的单词为主。有趣的是，《诗经》同样如此，以四字句最多。这就是那些不变的——我们生活在互联网时代，大脑却来自石器年代。我们的大脑喜欢模式、喜欢惊奇、喜欢情绪，同时还是个“吝啬鬼”。[27]

语言对思维的伤害悄无声息。同样，借助语言，你可以体验到更多人生的趣味。身体不是认知的外在，而是认知本身；语言不是思想的外衣，而是思想本身；修辞不是雕虫小技，而是发现感觉，创造新型认识，乃至人生意义。

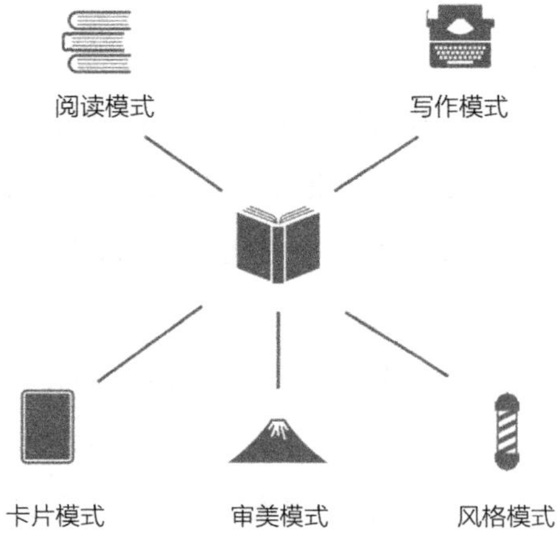

模式种种：人际模式

最后一类模式是人际模式。人际模式是一个远比听说更复杂的概念。实际上，人际模式需要找到自己与世界相处的位置。如果说核心模式中，时空模式处理时空的平衡；认知模式处理兽性与理性的平衡；情绪模式处理感受身体内在与外在世界理解的平衡；动机模式处理内在动机与外在动机的平衡；行动模式处理制定目标与执行目标的平衡；读写模式处理输入与输出的平衡，那么，人际模式是处理自己与他人的平衡。

第一种平衡是，你究竟如何平衡动机与特质？这就是人格模式。一种常见的现象是，内向者有的善于与人相处，并乐在其中；有的也善于与人相处，但每次与人沟通完毕，都特别消耗自己。如果你刚好“不幸”属于后者，你需要升级你的人格模式。最新的人格测量模型告诉我们，按照特质来划分，可以将人分成内向、外向；按照动机或者社会认知取向来划分，可以将人划分为高合群取向、低合群取向这两类。如果一个人的动机与他的特质相吻合，一般来说，在现实生活中，这个人很难产生心理冲突。比如，一个人在动机上是低合群，在人格特质上是外向，这种人常常见于销售行业，他们非常善于处理人际关系，但并不依赖它。当他们想抛弃某种情感关系，随时都可以抛弃。如果一个人的动机与他的特质没那么吻合，一般来说，在现实生活中，这个人很容易产生心理冲突。比如，一个人在动机上是高合群，很希望跟朋友在一起，而在人格特质上是内向的人，更享受内心世界的宁静，不太在意外界的评价。人性之复杂，正在于此类妙尽幽微之处。[28]

第二种平衡是，你究竟如何平衡文化资本与社会资本？这就是文化资本模式。年轻时，大部分人的发展离不开这两种发展模式：一种模式是结识师友，扩展人脉；另一种模式是制定个人自修计划与接受教育。前者，我们称之为社会资本；后者，我们称之为文化资本。多数人在年轻时选择了积累社会资本的发展模式，但文化资本亦有其妙处，比如更易洞穿不同阶层。文化资本包括三种形式：具身的、客观的、制度的。[29]

第三种平衡是，你究竟如何平衡有趣与无趣？这就是有趣模式。梁启超说，“人生最要紧，是活得有趣。凡趣味的性质，总要以趣味始以趣味终。所以能为趣味之主体者，莫如下列几项：一，劳作；二，游戏；三，艺术；四，学问。”余光中说，“一个人不能选择父母，但可以选择自己的朋友，朋友有四类，第一类，高级而有趣；第二类，高级而无趣；第三类，低级而有趣；第四类，低级而无趣。高级的人使人尊敬，有趣的人使人喜欢，又高级又有趣的人，使人敬而不畏，亲而不狎，交接愈久，芬芳愈醇。”王小波说，“我活在世上，无非想要明白些道理，遇见些有趣的事。倘能如我所愿，我的一生就算成功。”[30]

人格模式、文化资本模式、有趣模式更多地是平衡自己与他人的关系。而人情模式、婚恋模式说的是中国人的人际关系阶段。中国人的人际关系和西方非常不一样。按照黄光国的研究，它可以分为工具性的关系、混合性的关系、情感性的关系三类。典型工具性的关系是陌生人关系，在交往中遵循“公平法则”——合则来，不合则去；典型混合性的关系是熟人关系，在交往中遵循“人情法则”——有恩报恩，有仇报仇；典型情感性的关系是家庭关系或朋友关系，在交往中遵循“需求法则”——各尽所能，各取所需。杨中芳与杨宜音又对黄光国的人情与面子模型进行了改造，将中国人的人际关系分为“外人”“自己人”，其中的“自己人”又可以分为“交往性自己人”“身份性自己人”“真正的自己人”。当中国人的人际关系遇上来自西方的邓巴数字，就诞生了理解中国人际关系的独特模式——人际金字塔。[31]中国人的人际关系同样深深影响了中国人的婚恋关系。在婚恋模式中，我将中国人的婚恋行为理解为一个将“外人”变为“自己人”，最后变为“另一半”的人际互动过程。[32]

人生百年，因此我们思考的尺度多半受限于生命的长度。如果我们将百年尺度扩张为千年尺度、万年尺度，有一些人生模式日久弥新，有一些则风吹雨打去。其中一个关键的人生模式是信息信任模式。结合信息与信任两个维度，可以将人类历史划分为四个常态，负信息负信任；正信息负信任；负信息正信任；正信息正信任。你还可以将“正信息正信任”这个区间的组织，按照信息密度与信任浓度的高低大小不同，划分为四个象限：低信息与低信任；高信息与低信任；高信息与高信任；低信息与高信任。从古至今，你所归属的生态位，决定了你在世界的位置。阶层流通背后是“生态位”的跃迁；战争背后是“生态位”的冲突；人类文明发展最终体现在整个人类社会信息密度与信任浓度的提升。真正改变世界的力量，正是深入持久地促进信息与信任流通，比如教育、技术与设计。你要掌握自己的命运，就意味着你要掌握那些核心力量。[33]

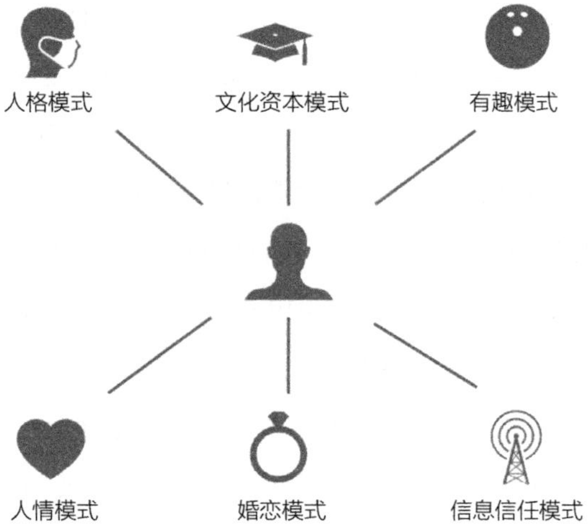

小结

风起云涌，晨夕交替，春秋更迭。渐渐地，从随机中涌现结构，是为模式。每个人都是自己一生的设计师，那么，你会选择什么样的模式？

01

第一篇

Part One

核心模式

人至中老年的发展不得不追溯回青年时期。在年轻时，你有两种时间处理模式。一种是按照社会钟来处理，与社会上绝大多数人同步，向金钱、声望等外部奖赏妥协；一种是按照自己的节奏处理，向内在动机倾斜。同样，你也有两种空间处理模式。一种是左右摇摆，迷失在时空洪流中；另一种是按照简单但持久的节奏前进。第一种“时空模式”将在中年以后给你带来越来越大的麻烦，或者令你的发展止步不前；第二种“时空模式”是绝大多数精英采取并坚持的，从而最后脱颖而出。详细介绍参见《三十六惑》。

从大的时间尺度到小的时间尺度，在每天的时间处理模式上，你也有两种处理模式。一种是“心流模式”，沉浸于事物本身，享受当下的快乐；一种是非心流模式，又可以细分为厌倦、焦虑、冷漠等等。详细介绍参见《胜利者一无所获》。

接下来，我们探讨了人类行为模式的三大核心系统——认知系统、情绪系统、动机系统。你可以借助三重心智模型升级你的认知系统，详细介绍参见《理性：重新定义人类认知能力》；借助情绪建构论升级你的情绪系统，详细介绍参见《升级你的情绪系统》；借助自我决定论升级你的动机系统，详细介绍参见《奖赏会伤人》与《幸福的来源》。

第一章
Chapter ★ 01

三十六惑*

三十六岁，人生重要节点。古人喜欢以十二作为时钟刻度。夜半子，鸣鸡丑；黎明寅，日出卯。就像十二时辰一样，人类社会同样存在社会钟，它总是希望你“十五有志于学”，接着马上是“三十而立”“四十不惑”。

按照这种隐隐约约响着的社会钟，看来三十六岁还可以“困惑”。因此，我想跟三十六岁的你聊聊人生困惑。人生最大的困惑是什么？困惑的困惑是什么？你需要多一些什么困惑？

人生之惑

生亦惑，死亦惑。道家有三涂五苦，佛教有七情六欲，儒家希望你不忧不惑不惧。人生困惑多多，宗教往往连我们下辈子的困惑都不放过。

---

* 本文首次发表日期为2016年8月21日，三十六岁生日致辞。

二十四岁到三十六岁的年轻人，会有形形色色的困惑，其中最典型的四类困惑莫过于：人生价值、良师益友、终身志业和爱的寻求。这就是耶鲁大学发展心理学家丹尼尔 • 莱文森（Daniel Levinson）提出的理论：人生四季。[1]

莱文森原本从事研究中年人的生活，探讨为什么有些中年人生活愉快，职业生涯发展得很好；有的中年人命运悲惨，一事无成。结果他发现一个有趣的现象：中年的发展不得不追溯回青年时期。在十七岁到三十三岁间，青年的四个大梦，会持续地影响他的一生。第一个大梦是寻求人生的多元价值，希望自己将来成为一个什么样的人；第二个大梦是找到能够与自己同行的良师益友；第三个大梦是找到终身志业；第四个大梦是爱情、友情、亲情等爱的寻求。

人生四季，一季影响一季，上一季种下因，下一季获得果。比如在年轻时最好的年华没有遇见好导师，误入歧途，未来在三四十岁时还需要从头补课。在上一季种下的哪些因会带来更多人生困惑？简而言之：自主、胜任与归属。爱德华 • 德西（Edward L. Deci）与理查德 • 瑞安（Richard M. Ryan）提出的自我决定论认为，人类基本心理需求可以分为自主、胜任与归属三种。第一种是自主，你掌握你的生活；第二种是胜任，你能胜任自己从事的工作，并从中能获得愉快的反馈；第三种是归属，你能够与别人建立稳定、持续的人际关系或者亲密关系。[2]

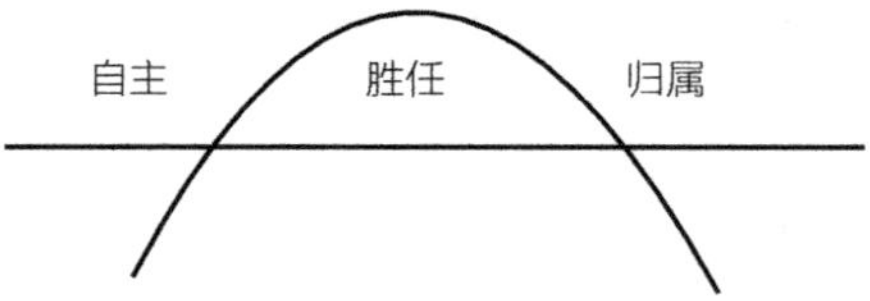

人生四季，一季影响一季

种种人生困惑，随着人类这三种基本心理需求而波动。绝大多数的人生困惑都来自于心理需求曲线不平衡。比如有的工作狂能够很好地胜任工作，但是无法爱；有的人能够跟别人建立很好的关系，但是无法胜任工作。这些不同层面的问题，在你的人生四季中，此起彼伏，不断出现。

对于都市中二十四岁到三十六岁之间的年轻人来说，他们就像生活在夹缝中，有一点点独立，但不够自主；有一点点能力，但不够拔尖；有一点点爱，但不够持久。前些年有人将这些夹缝中的年轻人称为“三明治”一族。这些三明治青年面临着方方面面的压力，诸如工作、情感、家庭与人生意义的寻求。

假若你在夹缝中自得其乐，那么可能多年后你依然处于一种三明治生存状态。认知科学与其他学科不一样的地方是，它擅长思考人类心智现象背后的深层次规律。比如，在认知科学中，研究记忆的记忆，称为元记忆；研究学习的学习，称为元学习；研究认知的认知，称为元认知。[3]如果你像认知科学家一样来思考，人生困惑有很多，那么，困惑的困惑是什么？答案是：时间与身体。

时间与身体

人生困惑的困惑来自时间与身体。人类出生伊始就拥有了时间与身体。长大成人，你却忘记了时间与身体。

时间

在二十四岁到三十六岁之间，甚至三十六岁到四十八岁之间，多数人的困惑是和人的时间观有关系。在时间维度上，关于人生价值和终身志业，人们常见的困惑是什么？

第一个常见的时间观误区在于，你希望在很短时间内一下子四样都拿到手。如果想在三个月内既找到男朋友/女朋友，又找到终身志业，还认识一大堆朋友与发现人生价值，你会面临心力、时间的密集冲突。

第二个常见的时间观误区是低估了时间的复利。一个人思考的时间尺度决定了他的思维高度。对于年轻人来说，三年五载就是一生一世；对于王阳明来说，落落千百载，人生几知音。有的人追逐每日朋友圈热文；有的人师法自然与历史。

在时间维度上，关于良师益友和爱的寻求，人们的常见困惑是什么？情感困惑常常来自不稳定——时间、地点的不稳定，维系长期情感关系的信心不足。因此，在你下决心要对某人投入长期承诺的时候，你需要在时间观上做两个小小的调整。

一方面，你需要想象未来。不少人在寻求爱时，会把对方当成工具，给对方贴一大堆标签，比如有房与否，收入几何？这是刻舟求剑。一旦当初你给对方贴的标签发生变化，那么两人的感情就容易出现危机。人生更多的是一种成长。你需要大胆地去想象未来，想象十年后的自己如何与爱人相处。

另一方面，你需要感恩过去，享受当下。人类大脑习惯喜新厌旧、见异思迁，但是理性的人会时不时停下脚步，回顾过去。比如你可以在每年一些重要的日子，给师友、爱人写感谢信。又如，将自己的人生重要里程碑一对一地分享给师友或爱人。如此一来，你就会更容易与别人形成持久的关系。

身体

困惑之困惑的另一个源头就是“身体”。身体不是认知的外在，而是认知本身。这是日益流行的第二代认知科学思潮——具身认知（Embodied Cognition）。具身认知认为，你的思维同样受到身体与环境的影响。[4]

你与时间的相处方式会不知不觉影响你的身体，形塑你的心理时钟。比如有的人是晨型人；有的人是夜猫子。好比倒时差，当你习惯了一套心理时钟，突然切换成另一套，你的身体适应不良，创造力也会下降。

伴随一代又一代的传承，人们的心理时钟固化下来，成为社会规范层面的“社会钟”。 社会就像一个絮烦的大妈，不断地督促你该结婚时就要成家；该生育的时候就要去生孩子。你似乎不知不觉成为社会习俗的奴隶。其实，你可以选择自己的社会钟。比如，女生可以先生育再干事业；也可以反其道而行。这就是发展心理学家拉文纳·赫尔森（Ravenna Helson）提出的社会钟理论。[5]

社会钟又会反过来不断影响你的心理钟。假设你所在的社会推崇朝九晚五，那么你的心理钟也会不知不觉受到它的束缚。一旦你在该工作时不工作，该睡觉时不睡觉，你会觉得不舒服。慢慢地，你的节拍开始与社会同步。这种个人心理钟与社会钟的同步，它给你带来安全感，帮助你适应复杂的社会，但也会限制你的更多可能。

比如，十二岁到二十四岁时，你会体验第一次青春期危机。在这个时期，你的心理时钟几乎受制于社会钟。你不需要去考虑如何选择自己的时间节拍，社会已经为你安排好了。你的时间不属于你自己，你不得不按照社会和学校给你的时间安排去执行。此时，你是超人，你可以连续多年，坚持早上跑操，晚上自习。多年后，当你到了三十六岁时，你会觉得这是一件多么不可思议的事情，你会惊叹于自己的强大意志力。

人类大脑不善于同时处理左手画圆、右手画方这样的两件事情。让你在青春期同时处理身体、时间这两个方面的困惑，你会疲于奔命。通过将你的时间节拍固定下来，你就能腾出更多心力去处理来自身体的困惑——荷尔蒙冲动。

有些人可以很好地应对这些问题，顺利地通过高考甄选，考取理想的大学，顺利地从大学毕业，正式步入社会；也有一些人处理得不太好，在高考中失利或被大学淘汰。这是来自社会钟的第一次大规模残酷甄选。 正是这次甄选初步区分开了多数中产和草根。在一个拥有正常社会阶层流通机制的国度，那些能够适应当时所在社会节奏的年轻人更有望进入社会主流阶层。

“第二次青春期危机”

第一次青春期危机是人们容易意识到的。“第二次青春期危机”则没那么容易发现。在第一次青春期，你没有太多的选择权，没钱、没人脉、没能力，连时间都不属于自己。那时候你说想追求梦想，多半是吹牛。当你到三十六岁时，回头看看十二岁到二十四岁之间说过的话，多半已经忘了。

在你开始体验“第二次青春期危机”时，与第一次青春期危机最大的区别在于，你的身体与时间已经隶属于自己。社会钟已经许可你拥有自己的时间节拍，没人再来强制你。如果说第一次青春期危机帮助人类成为自己身体的主人；“第二次青春期危机”则帮助你成为自己时间的主人。与循规蹈矩上班下班、结婚育儿，按照社会主流时间周期生活的中产家庭不同，绝大多数社会精英有自己独特的身体节拍与时间节奏，同时尽量让别人来配合自己的时间，而非为金钱出让自己的时间。社会钟的第一次大规模残酷甄选，区分开中产阶级与草根；第二次大规模残酷甄选则区分开精英与中产。

身处低谷，看见南山

我们来看看三个超级精英的故事。他们在三十来岁时是如何度过第二次青春期危机的。

1929年，毛泽东三十六岁，他写了一首词《采桑子・重阳》：

> 人生易老天难老，岁岁重阳。今又重阳，战地黄花分外香。一年一度秋风劲，不似春光。胜似春光，寥廓江天万里霜。[6]

毛泽东的诗词以豪迈著称，类似人生易老这类感叹不多。这一年，三十六岁的毛泽东是什么状况？这一年正值他在政治上被边缘化，没有话语权；在身体上，大病小病不断，差点死于疟疾，不得不长时间养病。在后来者看来，伟人就应该激情澎湃，永远前进，始终积极。然而，这一年的毛泽东并不是。他像一个普通人一样，时常想念远方的家人，哀叹自身处境。

真正区分开伟人与普通人的是什么？这一年，毛泽东在养病时，依然保持了自己的时间节拍，常常漫步周边山谷，读能找到的一切资料。有时身边只能找到英语教材，他竟然也将这本书翻来倒去地看。

成功学会给你很多误解，比如不少成功学教材的标题都是类似“三十岁以前如何成功”这样的话。然而，无论从哪种意义上看，三十六岁的毛泽东都算不上当时社会主流的成功人士：没钱、没名、没人、没未来。但他在还看不到未来的时候，没有急迫地给自己下定论，认为自己就是不行。所以越是在迷茫、低谷时，就越需要保持自己的时间节奏。

与毛泽东类似，王阳明在三十来岁时，同样身处人生低谷。他遇上一个淫乐好武的皇帝，又得罪了深受这位皇帝喜欢的太监刘瑾，从而被贬至龙场。那是一个没有飞机、高铁的时代，从京城远赴贵州，一路孤苦。抵达龙场，与周边的人语言不通，客居异乡，王阳明苦闷到了极点。但与普通人不同，即使山穷水尽，处在人生低谷，王阳明依然保持着自己的节拍，并没有刻意压抑自己的消极情绪。试看王阳明的文章：

> 呜呼伤哉！繄何人？繄何人？吾龙场驿丞余姚王守仁也。吾与尔皆中土之产，吾不知尔郡邑，尔乌为乎来为兹山之鬼乎？古者重去其乡，游宦不逾千里。吾以窜逐而来此，宜也。尔亦何辜乎？闻尔官吏目耳，俸不能五斗，尔率妻子躬耕可有也。乌为乎以五斗而易尔七尺之躯？又不足，而益以尔子与仆乎？呜呼伤哉！

这就是千古名篇——《瘗旅文》。[7]王阳明有三篇文章入选《古文观止》，这是其中的一篇。“呜呼伤哉！”这篇文章哀伤弥漫，情真意切。

无论毛泽东还是王阳明，都不刻意压抑自己的消极情绪，借诗文以宽心，努力保持自己的节拍。同样，孔子三十六岁前后那几年同样身处人生低谷，和王阳明类似，当时孔子得罪了齐大夫，于是返鲁。但是孔子在这几年，依然潇洒，保持了积极的心态，在齐国，听到美妙的韶乐时如痴如醉，三月不知肉味。

动机天平

从毛泽东、王阳明到孔子，在三位不同时代超级精英的三十六岁，你能发现一些有趣的共同之处。那时他们都身处人生低谷，看不见未来，更不知道自己未来会成为何其重要的人物。尽管如此，他们依然保持着自己的节拍，敲响了自己的内在时钟。在三十六岁时，他们绝大多数时间都花在坚持自己上，没有向周围的环境妥协。这即是身处低谷，看见南山。

动机天平

人生好比一个跷跷板游戏。你会受到两种力量的制约，一种是来自名利、奖赏、惩罚为代表的“外部控制”；一种是来自兴趣、好奇心等为代表的“自主性控制”。人每天只有二十四小时，在外部控制上妥协得越多，就越不能自主；越重视外部奖赏，就越不善于处理自己的内在时钟。随着天平一天一天地倾斜，总有一天，你再也无法恢复自主状态，你的一生就这样不知不觉地被毁掉了。多数人在安稳地度过第一次青春期危机后，却在“第二次青春期危机”时止步不前。甚至到三四十岁的时候，压根没发现“第二次青春期危机”的存在，平淡地度过一生。

反之，那些真正传承中华文明璀璨精华的精英，始终在不断给自己加码。后来，三十七岁的毛泽东写下了《星星之火，可以燎原》；三十七岁的王阳明龙场悟道；三十七岁的孔子有教无类，终至不惑。

念念不忘，必有回响

时空迷宫

如果你要思考人生怎样才能少一些困惑，还不如思考人生怎样多一些困惑。你在二十四岁到三十六岁之间，甚至三十六岁到四十八岁之间，碰到的困惑总会很多。有的困惑是好的困惑；有的困惑是坏的困惑。

我希望你的困惑越来越偏向内在动机。你越向内在动机倾斜，它对你的帮助会越大；你越向金钱、声望等外部奖赏妥协，未来越可能遇到无穷无尽的麻烦。

举两个例子。比如，张爱玲作品中的时空次序是这样的：

> 日子过得真快——尤其对于中年以后的人，十年八年都好像是指缝间的事。可是对于年青人，三年五载就可以是一生一世，他和

> 曼桢从认识到分手，不过几年的工夫，这几年里面却经过这么许多事情，仿佛把生老病死一切的哀乐都经历到了。
>
> ——《半生缘》[8]

辛弃疾的时空次序则是：

> 明月别枝惊鹊，清风半夜鸣蝉。稻花香里说丰年，听取蛙声一片。七八个星天外，两三点雨山前。旧时茅店社林边，路转溪桥忽见。
>
> ——《西江月·夜行黄沙道中》[9]

伟大作家流传千古的文字都具备内在整洁的时空秩序。在张爱玲的文字中是时间次序——三年五年、八年十年、一生一世。在辛弃疾的文字里是空间次序——明月、别枝、惊鹊、清风、鸣蝉、稻花香里、星天外、雨山前、茅店社林边。人生也是如此：每一个时空坐标都是即将在你的人生中涌现的关键事件，不同时空坐标串联在一起，由点到线，由线到面，构成了你的整个人生图景。

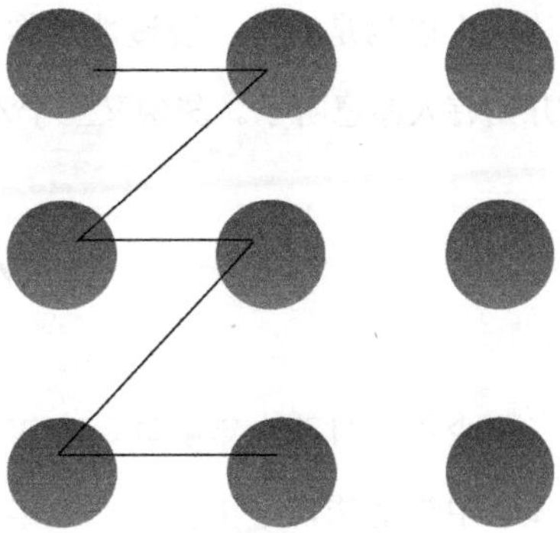

人生的点线面

在时空迷宫中穿梭，你越是采取单一的节奏，越容易在时空洪流中存在。如果你每天、每周、每月、每年甚至一辈子都保持一个简单的节奏，你更容易获得时空的恩赐，甚至可能永垂不朽，抵达时空的彼岸。

反之，如果你经常因为外界压力或者奖赏放弃自己的节奏，你会更容易迷失在时空洪流中。比如，谁发的工资高你就去哪个公司，回到家或者周末休息时，则以兴趣驱动——不断在不同节奏之间切换，你将消耗越来越大的心力。结果既得不到金钱，兴趣也得不到发展。最可怕的是，到了四十岁时，你会发现你的时间已不属于你。

成为“葡萄青年”

生亦惑，死亦惑，尤物惑人忘不得。终我一生，我宁愿困惑于真，迷惑于美，蛊惑于善。 我希望你所拥有的困惑开始朝内在动机倾斜。从二十四岁开始，你应该找到自己的节拍，敲响你的内在时钟。

你可以不成为三明治一族，而是成为“葡萄青年”。和三明治不一样，每颗葡萄独立，虽然很小，却总有自己的与众不同之处；每颗葡萄自成体系，能生根发芽；葡萄总是成群结队，你也需要与同侪一起成长。

念念不忘，必有回响。 也许刚开始，你的时钟声音很小，甚至身边的人以为是噪音；慢慢地，你一天一天坚持，到了三十六岁时，就开始有人愿意听了。匆匆又三十六年之后，终于从心所欲，不逾矩。

小结

少年风月，少年歌舞，少年意气，第一次青春期危机总是关乎身体。中年情味，中年百虑，中年怀抱却总是关乎时间。期待三十六岁的你，敲响你的内在时钟，高山流水，知音或少，心流常在。

第二章
Chapter ★ 02

胜利者一无所获*

1

激情后是空虚；大战后催生反思。1933年，海明威出版了震撼文坛的作品《胜利者一无所获》。在这本短篇小说集中，光明是山峦、海洋、森林、阳光；黑暗是战争、冰山、饥荒、寒冷。海明威站在半明半暗的门口，带着读者张望人性干净明亮之处。

同时代的人认为，《胜利者一无所获》说明了海明威创造力下滑，因为此书与他上一本刚刚大卖的《战地春梦》类似，都是质疑人类战争赢家通吃的逻辑。海明威认为战争胜利者丢失了人类最美好的那些事物：爱、善良、洁净、次序等——胜利者一无所获。

在书中，海明威大写特写空虚："有些人生活着，但是什么感觉也没有，他知道一切都是空虚、空虚、空虚。我们的空虚就在空虚之中，空虚是你的名字，空虚是你的国度；你是空虚中的空虚，就像空

* 本文首次发表日期为2018年1月3日，后曾用作米哈里・契克森米哈赖教授所著《心流》一书推荐序。

虚本来就出在空虚中一样。”海明威嘲讽地望着空虚的人类。

这一年，海明威三十四岁。之后他并没有如同人们预望的那样，创造力下降，而是用一部又一部佳作证明了自己。19年过后，在他五十三岁时，写出了巅峰之作《老人与海》，并在两年后荣获诺贝尔文学奖。令人惋惜的是，海明威在荣获诺奖7年后，自杀了结一生。

2

不在空虚中胜利，就在空虚中败退。海明威留给读者一个难解的时代谜题。在1975年国际笔会上，心理学家维克多·埃米尔·弗兰克尔（Viktor Emil Frankl）指出：时代流行空虚感——一种对生命存在无从把握的感觉。[1]如果说人们已经不再相信西格蒙德·弗洛伊德（Sigmund Freud）——人是由无意识支配的动物；如果说人们不再相信阿尔弗雷德·阿德勒（Alfred Adler）——活着就是不断摆脱自卑感追求优越的过程，为什么当人们意识到人不是由无意识支配的动物，人不是自卑的动物之后，反而会陷入深深的空虚感之中呢？幸福的真相是什么，人生的意义是什么？

依然是1975年，心理学家米哈里·契克森米哈赖（Mihaly Csikszentmihalyi）给出了一个创新的答案。他是1934年生人，曾任芝加哥大学心理系主任，是积极心理学的发起人。远在积极心理学诞生之前，他对一个问题颇有兴趣：为什么人们会专心致志，浑然忘我？

那时，他还是位年轻的心理学博士。通过对艺术家、运动员、音乐家、棋坛高手以及外科医生等角色的研究，他提出了一个创新的概念：心流（Flow）。之后，他在“心流”概念的基础上，创建了人类的最优体验（Optimal Experience）理论。[2]当积极心理学诞生之后，心流自然地成为积极心理学的基石。如果说积极心理学致力于从科学的角度揭示人类幸福的秘密，那么心流漂亮地回答了：你当下的快乐是什么样的？

3

什么是心流？按照技能、挑战两个维度，我们可以将人们常见的行为模式总结为下图中所示的8种。[3]

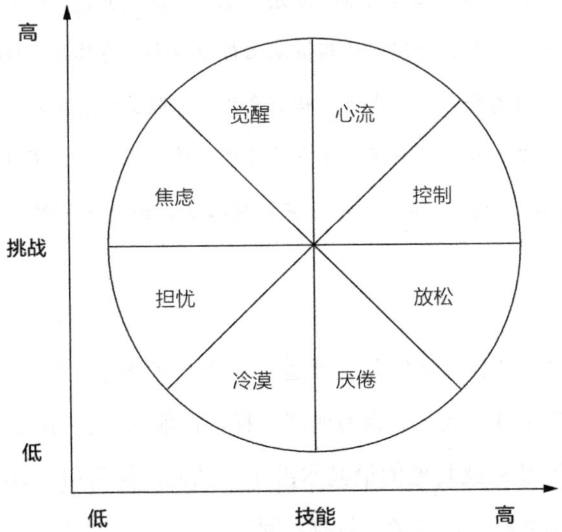

心流理论

心流处在技能适中、挑战适中的理想区域。当你心中有个目标，这个目标对你来说有一定难度，而你的技能可以初步胜任这个目标的时候，你开始投入心力。你的注意力被立即的反馈攫住，而环境也逼迫着你做出回应。就像乒乓球高手相互对打，小球成为两人之间意识流动的媒介。你会体验到人类最美妙的感觉——心流。反之，在低挑战、低技能区域是焦虑、冷漠……

如果用心流理论来看海明威，也许我们更容易理解他。就像契克森米哈赖教授所说的一样：

> 近年来有很多人指出，诗人与剧作家往往是一群严重沮丧或情绪失调的人，或许他们投身写作这一行，就是因为他们的意识受精神熵干扰的程度远超一般人；写作是在情绪紊乱中塑造秩序的一种治疗法。作家体验心流的唯一方法，很可能就是创造一个可以全心投入的文字世界，把现实的烦恼从心灵中抹去。写作跟其他心流活动一样，可能会上瘾，也可能构成危险：它强迫作者投入一个有限的体验范畴，抹杀了采用其他方式处理事件的可能性。不过，如果把写作运用于控制体验，不让它控制心灵，仍是一件妙用无穷的法宝。[4]

一位骄傲的作家用字与词创造一个令人沉浸的世界。在这个过程中，他不断挑战自我。就像海明威一样，在他三十岁的时候，人们以为《战地春梦》就是他的最高水准了；然而，他又用了20多年锤炼手艺，直到巅峰之作《老人与海》问世。海明威的大半生，一直用写作催生心流涓涓不断。在这个硬汉的精神世界中，他是唯一的君王。直到有一天，世界失控，沙堆崩溃。

4

用心流打败空虚，海明威成功了吗？看似没有。为什么呢？心理学家德西的自我决定论也许会带来些许启发。如果说动机是人类行为的“食物”，驱动着你去做事，那么，这些食物有的是惩罚、顺从、诺贝尔文学奖等外在奖赏，有的是兴趣、享受与内在满足。在德西看来，前者是外在动机，后者是内在动机。[5]

从史料可窥一斑。名誉的确给海明威造成了重压，在他离世前那几年，他完全停止了写作。海明威在诺奖颁奖演讲时如是说道：“如果是一位出色的作家，他就必须面对永恒，否则每天都会走下坡路。对于一个真正的作家来说，每写完一本书只是标志着他要写出更高水平的书的开始。”

当有一天，海明威不得不面对创造力下降的事实，这一年，他已经不再是那位三十四岁、风华正茂的青年。他会如何选择，海明威还能成为海明威吗？我们不得而知。

5

只是，多年后，我们依然会看到一位伟大作家的传承生生不息。日本出版人见城彻（Toru Kenjo）将“胜利者一无所获”作为自己的座右铭。受海明威影响，见城彻提倡硬派工作，强调以压倒性努力正面突破困境。当你全力争取胜利时，其他就不那么重要了；甚至，连胜利本身都不重要。[6]

胜利者的奖赏就是自己的兴趣、享受与内在满足。如果没有奖励，这个时候，会发生什么？你沉浸于事物本身，这就是心流。就像契克森米哈赖所言：

> 攀岩的神秘就在于攀登本身。你爬到岩顶时，虽然很高兴已大功告成，而实际上却盼望能继续往上攀登，永不停歇。攀岩的最终目的就是攀登，正如同写诗的目的就是写作一样；你唯一征服的是自己的内心……写作就是诗存在的理由。攀登也一样，只为了确认自己是一股心流。心流的目的就是持续不断地流动，不是为了到达山顶或乌托邦。它不是向上的动作，而是奔流不已；向上爬只是为了让流动继续。爬山除了爬山之外，没有别的理由，它完全是一种自我的沟通。[7]

6

只是在人生攀岩的过程中，海明威真的快乐吗？

认知心理学家安德斯 · 艾利克森（Anders Ericsson）认为，成为顶级专家，你需要刻意练习（Deliberate Practice）。刻意练习与普通练习的不同之处在于：1）一个定义清晰的目标；2）全神贯注及不懈努力；3）即时的、有益的反馈；4）持续反思和完善。[8]艾利克森对刻意练习能否像心流体验那么愉悦表示怀疑。在他看来，在工作时，“熟练的人在表现中有时能体验到高度的愉悦状态（即契克森米哈赖所描述的‘心流’），然而，这种状态是与刻意练习相矛盾的……”[9]

同样，契克森米哈赖质疑刻意练习：“对天赋发展轨迹进行的研究认为，一个人学习任何复杂的技能都需要大约1万小时的练习……

而且这种练习是可以很无趣和不愉快的。尽管这样的练习状态时常出现，但结果仍是不确定的。”[10]

回到动机上，我们能更好地调和心流与刻意练习的矛盾。《坚毅》一书的作者安杰拉·达克沃思（Angela Duckworth）认为，心流是体验，刻意练习是行为；刻意练习发生在技能准备阶段，而心流体验发生在技能表现阶段。人们进行刻意练习的动机是提高技能；而心流的动机完全不同，心流的本质是令人沉醉与上瘾，在心流体验中，你会忘记时间，并不在意是否提升了技能。[11]

对于海明威来说，写作是快乐的。1958年，《巴黎评论》采访海明威的第一个问题是，“真动笔写的时候是非常快乐的吗？”海明威坚定地回答：“非常”。[12]

对于海明威来说，写作同样是痛苦的。在同一个采访中，当被问道：“对想当作家的人来说，你认为最好的智力训练是什么？”海明威回答道：“我说，他应该出去上吊，因为他发现要写好真是无法想象地困难。此后他应该毫不留情地删节，在他的余生里逼着自己尽可能写好。至少他可以从上吊的故事开始。”[13]

7

快乐不快乐，你我只是说着。作为“迷失的一代”的代言人，海明威告诉我们：人生也是空虚。但在那虚无的人生中，会有一间干净明亮温暖的小酒馆。它来自感官之乐、思维之乐、人际之乐、工作之乐。我歌月徘徊，我舞影零乱；举杯邀明月，对影成三人。在那里，你，邀请你的影子，外加月亮，且打来二两心流，酌言尝之。

第三章

Chapter ★ 03

理性：重新定义人类认知能力*

在信息爆炸的今天，成为聪明人意味着要阅读大量书籍并掌握大量概念。光有智力还不够，还得有理性。而在二十一世纪，聪明人必须掌握的元概念是“理性”。那么，什么是理性？为什么我们需要从高智力到高理性？在人类心智架构中，理性处在什么位置？

《这才是心理学》

先说一段小故事吧。回到2000年。

彼时，我还是一个心理学系本科生，意外读到一本英文著作，这本书思想深邃，通俗易懂。从此，原本细碎庞大的心理学知识难题迎刃而解，我一下子具备了所谓的“心理学思维”。而那本书，就是认知科学家基思·斯坦诺维奇（Keith E. Stanovich）的成名作《这才是

---

* 本文首次发表日期为2015年7月5日，后曾用作斯坦诺维奇教授所著《超越智商》一书推荐序。

心理学》。[1]我的心理学研究之路似乎猛然开窍了，以本科生身份发表了10余篇论文，并荣获首届北京市挑战杯特等奖。

时隔5年，我又从好友中山大学心理系程乐华老师那里得知，杨中芳老师（中山大学心理系复系后第一任系主任）正在组织同学们翻译此书，作为心理学入门必读著作。程乐华老师给当时中山大学翻译的简体版起了一个有意思的名字：《与众不同的心理学》。

正如它当年给我带来的震撼，这本神作通过口碑传播，很快成为中国大陆多数心理系的入门必读著作。甚至有了北师大翻译版、中山大学翻译版等不同版本，简体版书名分别有《这才是心理学》、《与众不同的心理学》与《对伪心理学说不》等。相对而言，我个人更喜欢《这才是心理学》这一书名。

几年后，豆瓣诞生，《这才是心理学》因为写作清晰明快，思想深刻，迎来一轮又一轮豆瓣读者的追捧。截至2015年7月，已有上万豆瓣读者读过此书。有的版本，如人民邮电出版社2012年版《对伪心理学说不》，1410人读过，458人在读，5494人想读，总计被756个豆列收藏；全书总计13个版本，成千上万的读者给予9分以上好评（满分10分）。读者总计写了598条短评，102篇书评。无数豆列将其作为心理学入门必读读物。

有的读者在书评中赞道："尽管这本书在豆瓣评分极高，我认为它始终被低估了。"又有的读者赞道："这本书是一本堪称经典的好书，而且其意义已经超出了心理学的范畴。"

时间很快到了2010年。此时，我正准备写一本关于学习与心智成长的认知科学普及读物。于是开始寻找相应的学术体系。偶然之间，我发现世界上有一批极客，天天在讨论如何让自己变得更聪明。

而在这个英文网站，不少人都提及一本书，甚至有读者一章一章去写它的读后感。

当我看到作者是斯坦诺维奇时，立即买来了英文版。这本书就是《超越智商》。[2]读完后，大吃一惊，我明白了，斯坦诺维奇的体系就是我在苦苦寻找的体系。

查理·芒格曾经说过，“如果你想成为理性的思想者，必须培养出跨越常规学科疆域的头脑。”[3]那么，当跳出常规学科后，你我来到一个“野兽乐园”。这是一个“危险”的世界，正如斯坦诺维奇所言，“聪明的人只有在被告知要如何做的情况下，才会表现优异。”[4]现在，没人来告知你该如何去做。这恰巧是多数寻求智慧的求知者经常面临的情况：这是一个极不确定并高度复杂的世界。黑暗路上，谁是那盏伴我们前进的温暖小灯？

当我意识到斯坦诺维奇的理性心理学体系就是我在苦苦寻觅的真理之灯；当我注意到那时国内还没有任何一个人关注到斯坦诺维奇如何重新定义人类认知能力，我决定将其系列著作引入到中国。这就是斯坦诺维奇的理性心理学系列著作《机器人叛乱》、《超越智商》、《决策与理性》、《理性与反省心智》与《理商》。[5]

严复曾在1895年写道：“鼓民力，开民智，新民德。民智强，则国家强；民智弱，则民族亡。”[6]然而百余年后，每个有见解的中国人对当今国人的理性程度仍不乐观。与其再打理性争辩的口水仗，不如理解理性背后的认知科学。现在，是时候让理性之灯照亮更多国人寻求的智慧之路了。

思考，快与慢

那么，斯坦诺维奇究竟说了一个什么新故事呢？

我写这篇文章的时候，恰逢高考志愿填报期。就像高考成绩一样，智力测验成绩构成了绝大多数人评定聪明的指标。当我们说这人智商真高，我们在假定，他/她是一个聪明人。

然而，无论是专业的智力测验成绩还是智力测验的变种——高考，都难以反映一个人真实的认知能力。当我们长大后，越来越清晰地意识到，智商测试成绩及高考成绩的好坏跟成功与否关系不大。甚至，我们会看到大量反面例子，高考状元，一事无成；聪明人，碌碌无为。所以民间才有了所谓的“聪明人做傻事”的说法。

斯坦诺维奇敏锐地注意到这一点，既然聪明人会做傻事，那么就意味着认知科学对“聪明”的界定出了问题。因此，早在1989年，他参照学习障碍的概念（Learning Disability，指那些智力测验正常，却学习成绩低下的人），发明了一个新的词汇：理性障碍（Dysrationalia），用于描述那类智力测验正常、但思维能力却低于人类正常水准的人群。什么是理性障碍？比如美国总统小布什的智力测验成绩正常，但他有一些明显的认知缺陷，这些认知缺陷削弱了他做出理性决策的能力。这些认知缺陷，如果我们拿阅读障碍（Dyslexia）来类比，就像那些智力正常但无法正常阅读的人一样，这些智力正常但无法做出正常理性决策的人，被我们称之为有“理性障碍”。[7]

学术界的奇妙就在这里。高手过招，相互激发。1995年，哈佛大学认知科学家大卫 · 帕金斯（David Perkins）注意到理性障碍的普遍存在，因此在其著作《出类拔萃的IQ》第一章中引用斯坦诺维奇发明的词汇——理性障碍来呼唤人们重视反省智力。为了解释人们如何提高反省智力，帕金斯发明一个新词汇：心智程序（Mindware），用来形容那些安插在人们大脑中的“程序”。我们要抵制那些坏软件，安装好软件。[8]

结果，心智程序概念反过来启发斯坦诺维奇提出人类心智架构的“双过程理论”（Dual-Process）。[9]他与英国认知科学家乔纳森·埃文斯（Jonathan St.B.Evans）审查了大量认知科学、神经科学与心理科学文献，注意到，无论是齐瓦·孔达（Ziva Kunda）在社会心理学领域提出的冷认知、暖认知；还是阿瑟·雷伯（Arthur S. Reber）在教育心理学领域提出的内隐学习、外显学习；还是埃文斯在推理心理学领域提出的进程1、进程2，都在阐述人类大脑的运作可以区分为两种不同的认知过程。[10]

因此，在2000年左右，斯坦诺维奇首先提出了“双过程理论”的前身——“双系统理论”（Dual-System）。他认为人类的心智加工存在系统1、系统2两个不同过程。斯坦诺维奇的“双系统理论”又启发了2002年诺贝尔经济学奖得主、认知心理学家丹尼尔·卡尼曼（Daniel Kahneman）。

卡尼曼不仅在演讲中提及斯坦诺维奇的贡献，还将斯坦诺维奇与埃文斯提出的这一理论作为2011年出版的图书《思考，快与慢》的标题与图书架构。[11]卡尼曼在《思考，快与慢》中写道：

> 基思·斯坦诺维奇与其长期合作者理查德·韦斯特（*Richard West*）首先提出了系统1和系统2这两个术语（他们现在更喜欢将

其称为第1类型过程和第2类型过程）。斯坦诺维奇和他的同事用了几十年的时间来研究不同个体面对各种问题时的不同反应，这也是本书的关注点。

他们用多种方式问受试者同一个基本问题：为什么有些人比其他人更容易受判断成见的影响？斯坦诺维奇在《理性和反省心智》一书中阐明了他的观点，对书中相关章节的主题进行了大胆而独到的论述。他对系统2的两个部分做了明确区分。这一区分十分明显，斯坦诺维奇称其为泾渭分明的两种"思维"。[12]

其中一种思维负责的是慢思考和要求很高的计算活动，他称为算法。有些人在这些脑力活动中比他人做得更好，他们在智力测试中超越他人，并且从一项任务转换到另一项任务上时，他们往往更快、更高效。不过，斯坦诺维奇认为，高智商并不能消除成见。要想消除成见，还需具备另一种能力，他称其为理性。

斯坦诺维奇对理性之人的定义和我之前说到的"勤快人"有相似之处。他的核心观点是我们应当将理性和智力区分开来。在他看来，肤浅的或者惰性思考是一个反思缺陷，是一个理性错误。这是个引人注目且发人深省的想法。

为了论证自己的想法，斯坦诺维奇和他的同事发现，在某种情况下，球拍和球的问题以及此类问题比传统的智力测验（比如智商测试）更能反映出我们对认知错误的敏感度。智力和理性之间的区别是否会引出更多的新发现，时间最终会告知我们答案。

《思考，快与慢》的不少中国读者没有注意到这段话，甚至部分读者以为"双系统理论"是卡尼曼的贡献，其实不然。它来自斯坦诺维奇与埃文斯，尤其是英国认知科学家埃文斯，少为人知。但是实际上，他才是最初的原创者，早在1989年便发表了相关论文与著述。[13]

正如卡尼曼上文中提及的肯定被人忽略的要点："他们现在更喜欢将其称为第1类型过程和第2类型过程"。近些年来，斯坦诺维奇与埃文斯等合作的论文，否定了通过卡尼曼的畅销书《思考，快与慢》的宣传而广为人知的"双系统理论"，而更倾向于使用"双过程理论"描述人类大脑工作的两种不同进程。[14]

为什么要否定自己提出的双系统呢？因为系统1、系统2的区分，容易使读者造成错觉，以为人类大脑真的存在两种不同的生理区域。然而，它仅仅是一种加工机制而已，所以斯坦诺维奇现在更倾向于使用进程1（即"第1类型过程"，Type 1 Process）、进程2（即"第2类型过程"，Type 2 Process）来描述人类大脑存在的两个进程：快与慢。

在快的心智处理进程中，我们调用的认知资源非常少，像个猛张飞。"猛张飞"常常情绪化，依赖直觉，见多识广又很会联想，擅长编故事，经常下意识做出反应。但很容易被骗，以为亲眼所见就是事情的全貌，任由损失厌恶和乐观偏见之类的错觉引导我们做出错误的选择。

在慢的心智处理进程中，我们想得多一些，调用更多的认知资源，像个诸葛亮。"诸葛亮"动作比较慢，擅长逻辑分析，"猛张飞"搞不定的问题，都丢给他来处理。"诸葛亮"虽然不易出错却很懒惰，经常走捷径，直接采纳"猛张飞"的判断结果。

这就是斯坦诺维奇提出的人类心智"双过程理论"，如下表所示。

双过程理论

名　　称	进程1（直觉的）	进程2（反省的）
定义	无须工作记忆介入	需要工作记忆介入
典型特征	快速；大容量；并行无意识；偏差反应；联想；情境化；自动化；经验性决策；独立于认知能力	慢速；容量有限；串行有意识；规范化反应；基于规则；抽象；受约束；结果性决策；与认知能力有关
进化模式	进化早 类似于动物认知 内隐知识 基本情绪	进化晚 明显的人类认知 外显知识 复杂情绪

自主心智、算法心智与反省心智

卡尼曼问道："智力和理性之间的区别是否会引出更多的新发现，时间最终会告知我们答案。"这个答案已揭晓。它就是斯坦诺维奇提出的人类心智的"三重心智模型"。[15]

自主心智

正如前文所述，我们将人类的心智区分为进程1、进程2两种。斯坦诺维奇将进程1称为自主心智（Autonomous Mind），自主心智是我们通过进化与内隐学习习得的。比如，我们看到蛇就会害怕；不同民族、不同文化中女性的择偶偏好是一致的。虽然我们现在生活在互联网时代，但我们的大脑来自石器时代。

除了来自进化习得的适应性组块之外，自主心智还包括情感化反应、学习习得的自动化反应与条件化反应等。举个例子，人一旦学会骑自行车后，就终身难忘，变为本能，这就是后天习得的自动化反应。

算法心智

进程2是传统智力研究的重心。它与进程1最大的区别是需要工作记忆（Working Memory）介入。[16]什么是工作记忆？你可以将人类大脑想象为一个简化的输入输出装置。制约这个装置输入输出速率的是工作记忆。它是人类所有能力，包括阅读速度、记忆、注意、执行的瓶颈。这个瓶颈受制于人类进化早期出现的前额皮层。因为工作记忆的瓶颈，导致进程2是个“慢慢想，仔细计算”的过程。

在智力研究领域，目前集大成的是1997年诞生、影响至今的CHC理论，强调一般智力（G因素）的重要性，将人的智力分为流体智力（Fluid Intelligence）与晶体智力（Crystallized Intelligence）两种。流体智力更多地受制于先天习得的因素，包括记忆、处理速度、逻辑推理等核心能力；晶体智力则来自后天习得，如语言等能力。[17]

其中最核心的智力元素是一般流体智力（General Fluid Intelligence），也就是智力研究者常常称呼的“大G”。斯坦诺维奇将传统智力，尤其是一般流体智力相关的认知操作过程定义为算法心智（Algorithm Mind）：“维持认知去耦化是流体智力的重要机制”。

试看一位女士不幸死亡的例子。

场景1：一位女性沿着海边悬崖散步，她试图爬上一块巨石，然而她所爬的并不是石头，而是一道深渊的边缘，她不小心跌落巨石而死。

这位女士之所以不幸死亡，在认知科学家看来，是因为她的算法心智出问题了，计算失误。

反省心智

然而，问题来了。进程2仅仅包括流体智力与晶体智力吗？答案是“否”。继续来看上述例子。

> *场景2：一位女士试图自杀，飞身跃下海边悬崖，撞到海边巨石而死。*

显然，在场景2中，这位女士的算法心智工作正常，她准确地知道自己跟悬崖的关系，也准确地知道自己行为的后果，那么，她为什么还会做这类非理性行为呢？我们不得而知。既然聪明人会做傻事，那么就意味着我们需要进一步厘清进程2，需要将理性从进程2中剥离出来，独立于传统意义上的智力。不仅仅是这位我们假设的女士会采取非理性行为，试看下面这个经典例子：

> *琳达，31岁，单身，性格外向，大学哲学系毕业。在学校期间关心歧视和社会公正问题，参加过反核武器抗议示威活动。那么，她可能是？*
>
> *A. 她既是银行职员又是个女权主义者。 B. 她是个银行职员。*

当被询问琳达更有可能是哪一种人时，绝大部分人认为她更像A。虽然选项A出现的概率要比选项B出现的概率小得多，不过人们似乎认为A是对琳达更贴切的描述，更像她的代表性特征。

这就是来自卡尼曼的经典实验——“琳达问题”。[18]多数人在这一问题上，都会回答错误，只有少数人回答正确，而这跟他们的智力测验成绩无关。同样，认知科学研究发现大量类似“琳达问题”的认知偏差。试看另一个经典例子：

> 杰克正看着安妮，而安妮正看着乔治。杰克已婚，乔治未婚。请问是否有一位已婚人士正看着一位未婚人士？
>
> A. 是　　B. 不是　　C. 无法确定

你会选择哪个答案？A、B还是C？如果你选择的是C，恭喜你！你是正常的人类……一定会选错的那批人。研究表明，大约有80%的人会选C。最后，再看一个类似的例子：

> 球和球拍的总价是1.1美元，已知球拍比球贵1美元。请问球的价格是多少？

如果你脱口而出的答案是0.1美元，恭喜你，你又一次答错了！而上述题目，研究者发现，即使是就读于麻省理工学院、哈佛大学等顶尖学府的学生，都会答错。大脑是个“认知吝啬鬼”，能省就省。这就意味着我们需要对进程2继续拆分为算法心智与反省心智。除了那类偏计算的算法心智外，斯坦诺维奇将这类对人类心智过程进行监控，帮助执行决策与判断的人类心智加工过程称为反省心智（Reflective Mind）。

斯坦诺维奇注意到传统智力理论作为考察人类认知能力的理论，缺失了两种机制：自主心智与反省心智。因此，斯坦诺维奇重新定义了人类的认知能力，将其分成自主心智、算法心智与反省心智三种。这就是斯坦诺维奇的三重心智模型（如下图所示）。其中：

» 自主心智来自进程1，同时受到进化与内隐学习的影响，比如看到蛇就会害怕，或者一旦学会骑自行车后不再需要思考就能骑。

» 算法心智与反省心智来自进程2。算法心智就是传统意义上智商测验考察的能力，比如记忆、处理速度、逻辑推理。

» 反省心智主要指对人类心智过程进行监控，帮助执行决策与判断，如行为经济学关心的非理性偏差等。

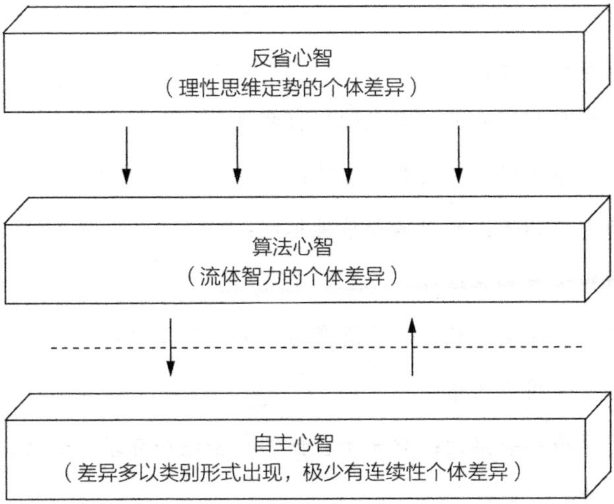

三重心智模型

流体理性与晶体理性

那么，理性是否可以习得？

斯坦诺维奇的答案坚定不移：理性可以习得，甚至比智力更容易习得。

既然可以将人的智力分成流体智力与晶体智力两种，那么同样地，仿照智力领域的CHC理论，我们可以将人们的理性分为流体理性（Fluid Rationality）与晶体理性（Crystallized Rationality）两种。[19]

其中流体理性更多是指人类大脑早期习得的模式，比如人人都是“认知吝啬鬼”；晶体理性更多的是关乎后天习得的能够增进理性的知识，比如概率知识有助于增进我们的理性。斯坦诺维奇整理了人类最重要的13个流体理性如下。

1. 认知吝啬鬼；
2. 避免自我中心偏见与准确的自我评估；
3. 决策中不受不相关背景影响；
4. 信念灵活性：积极的开放性思维；
5. 重视理性和真理；
6. 倾向于寻求信息、享受思考与充分处理信息；
7. 客观的推理风格；
8. 对矛盾的敏感性：倾向于在信仰和争论中寻求一致性；
9. 自我效能感；
10. 双曲线贴现（审慎贴现未来）；

11. 自我控制能力；
12. 细粒度的、可控的情绪调节；
13. 与奖励相关的情绪调节。

既然我们的大脑会安装各种各样的心智程序，那么，有好的心智程序，也有坏的心智程序。斯坦诺维奇将能够促进人类理性的知识称为晶体理性促进剂（Crystallized Facilitators），主要包括5大类知识。

1. 概率推理：如明白基线概率；
2. 决策科学知识：如明白决策偏好；
3. 科学推理知识：如明白自变量、因变量与控制变量，会区分相关与因果的不同；
4. 逻辑的一致性与有效性的规则：如明白证伪、证据的不同层级，个人经验作为证据的不足；
5. 经济思维：如明白什么是机会成本、沉没成本；什么是指数增长。

将世界最聪明的头脑汇聚在同一房间中的Edge.org，曾经提过一个有意思的问题：有无数能够增进人们心智能力的科学概念，普通人最应掌握的是什么？ 答：双盲实验。《自私的基因》的作者道金斯认为，你只需要理解其原则，领悟到为什么有必要这么做，就能感受到其优美。在这些晶体理性促进剂中，或许双盲实验是最重要的，如果每个学校都教学生做，那么会提高我们抵制坏的心智程序的能力。[20]

同样，那些阻碍人类理性的心智程序，斯坦诺维奇则将其称为晶体理性抑制剂（Crystallized Inhibitors），主要包括8大类“知识”。

1. 信仰超自然与迷信；
2. 信仰直觉；
3. 过度依赖民间智慧与民间心理学；
4. 信仰“特殊”的专业知识；
5. 金融误解；
6. 屡教不改的反思（过度自信自己的反思能力）；
7. 个人信念功能失调；
8. 自我鼓励，自我中心。

怎样才能避免大脑被安装上这些“坏”的心智程序？斯坦诺维奇认为我们需要遵从以下几个规则。

» 避免安装可能对你（宿主）产生生理伤害的心智程序，比如自残。
» 关注影响你的目标的心智程序，确保它不妨碍目标选择的多样性，比如让你只相信它的思想。
» 关注同认识世界相关的信念和模型，努力只安装正确的心智程序，也就是真实反映世界的心智程序，比如不选择过激的价值观。
» 避免拒绝对自身进行评估的心智程序，比如神秘主义色彩的思想。

可以说，斯坦诺维奇将人类对理性的认识提高到一个新的水准。

他将传统行为经济学辐射的50多种认知偏差重新归类。其中，多数与人们的流体理性、晶体理性相关，从而为我们提高理性提供了一条清晰可循的路径。

如果一个人有两个大脑

那么，提高人类理性的意义何在？我们来玩一个思想实验。

在前文中，我们指出，人类工作记忆作为大脑信息处理的瓶颈制约了人们的记忆、注意力等。因此，研究大脑的科学家之间有个玩笑：如果神灯只能增进你的一种能力，那么就请魔鬼将你的工作记忆能力提高一倍。然而，如果你的工作记忆能力真的提高一倍，这个世界会变得更好吗？

No。

当人类的智力，比如工作记忆、注意力提高了几倍，变得更强，这个世界并不会变得更好。如果一个人有两个大脑——

那么，他/她只会加倍愚蠢。

当你的能力提高了一倍，如果你不具备理性思维，你犯错的概率也伴随增加，造成的社会危害也越大。正如常常为纳粹辩护、高呼希特勒万岁的海德格尔，他是举世闻名的思想家；又如精通文字的著名诗人庞德，在“二战”期间专注于通过意大利广播为法西斯宣传。“二战”后纽伦堡大审判，绝大多数纳粹战犯的智商高于125分，最终策划大屠杀的14人中，有8人拥有博士学位。

这就是认知科学历史上著名的IQ之辩。认知心理学家乔纳森·巴伦（Jonathan Baron）在1985年的著作中介绍了上述思想实验。[21]巴伦让我们设想一下，如果能给每个人服用一种无害的、又能增加他们的算法心智的药，结果会怎样呢？从人类幸福感的角度来看，发生戏剧性变化的可能很小。你不可能在服药后的第二天就能更好地实现自己的愿望，很可能依然在重复昨日的事情，只不过效率更高而已。

通过上述思想实验，可以再次强调："如果一个人有两个大脑——那么，他/她只会加倍愚蠢。"荷兰学者马蒂斯・范博克塞尔（Matthijs Van Boxsel）甚至整理了一本图书，叫作《痴愚百科全书》，记录了人类生活中各式各样的痴愚。[22]

对于身处信息大爆炸时代的人类来说，理性更具备非凡的意义。随着进化心理学的流行，人们普遍意识到，我们携带着石器时代的大脑生活在互联网时代。不过，人们并没有普遍意识到，大脑刻下了三个历史时期的印记，如下。

- A周期：数百万年，从600万年前人类与猿人分离后到200万年的更新世；
- B周期：数万年，符号语言诞生后到现代科学诞生前夕的数万年；
- C周期：数百年，近代科学诞生后的数百年。

在不同历史周期，人类的各种认知能力发育不平衡。在A周期，选择匮乏、忙于狩猎的男人与忙于采集的女人，需要大幅度改善视觉、听觉与记忆，调整身体的各个部位。比如让喉咙处于咽部下方，为语言诞生做好准备。此时更多地习得与强调记忆、注意力等认知能力元素。

在B周期，人类的选择权多了一点，已诞生符号语言。此时主要习得和强调经验、学习。有的人作为奴隶或佃农，通过积累捕猎、种地等经验，扩大生存权；有的人则拥有丰富的文字能力与特殊的专长，伴随而来的是拥有相应的生存特权。

在C周期，新学科层出不穷，需要更频繁地从一个领域切换到另一个领域。此时，反省心智隆重登场，即使是普通大众，也需要提升理性。

小结

“河岸边上，树木交错；花草覆盖，鸟鸣林间；昆虫畅快飞舞，蠕虫缓缓爬过湿润的土地。生命以此观之，何其壮哉！”达尔文在《物种起源》中如是结尾。人之为人，正是因为我们同时具备一颗三心二意的大脑：自主心智、算法心智与反省心智。你，我，我们的祖先，一代又一代行走在理性崖边的钢丝绳上。那些人类中的最杰出人士，总是在让整个人类的理性多一点点。

第四章

Chapter ★ 04

升级你的情绪系统*

20年前，我在一所大学的心理系就读本科时，恰逢心理学家郭德俊先生退休后，被学校返聘，担任情绪心理学课程导师。她生于20世纪30年代，与其丈夫同为知名心理学家，在学术界德高望重，被后辈们尊称为“先生”。郭老师有大师风范，讲课举重若轻，深深吸引了我们这些年轻学子。

郭老师授课与国外同步，那时，莉莎·费德曼·巴瑞特（Lisa Feldman Barrett）教授主编的《情绪手册》第2版出版不久，郭老师即将其引入，让大家翻译。我认领的是第一章——“情绪与认知的哲学基础”。

《情绪手册》是情绪科学领域研究的经典读物，从1993年的第1版到2016年的第4版，见证了情绪研究的突飞猛进。[1]遗憾的是，它是一本大部头的学术著作，对于普通读者有一定的难度。幸运的是，巴瑞特教授后来又撰写了《情绪》一书，用通俗的笔法，向各位读者介绍

---

* 本文首次发表日期为2019年3月12日，后曾用作莉莎·费德曼·巴瑞特教授所著《情绪》一书推荐序。

情绪科学研究领域的重大突破：情绪建构论。[2]而她，正是该理论的创立者。那么，什么是情绪建构论？情绪建构论对我们有什么启发？

传统情绪观

如果说传统情绪理论是“情绪 1.0”，那么，情绪建构论正是“情绪 2.0”。两者之间有何区别？请尝试完成以下题目。不要翻阅任何参考资料，快速回答。

» Q1. 情绪是一种独特的心理状态吗？
» Q2. 情绪是由特定的机制产生的吗？
» Q3. 情绪是由特定的脑结构产生的吗？
» Q4. 每种情绪都有独特的表现，比如面部、声音、身体状态吗？
» Q5. 每种情绪都有独特的反应倾向吗？
» Q6. 主观体验是情绪必不可少的特征吗？
» Q7. 情绪是全人类共通的吗？比如不同种族都拥有某些普遍情绪？
» Q8. 情绪的变异重要吗？
» Q9. 非人类的动物是否有情绪？
» Q10. 因为进化的不同，我们的大脑是否会复现人类演化的历史，最终在大脑中呈现为爬虫脑、哺乳脑和皮质脑三重脑？

如果你是心理学家保罗 · 艾克曼的粉丝，看过美剧《别对我撒谎》，你在Q1、Q2上会回答“是”。如果你是神经科学家安东尼奥 · 达马西奥的粉丝，读过《笛卡儿的错误》，那么你会学到一个名词：躯体标记论，在Q3上会回答“是”。如果你是情绪识别爱好者，你会在Q4、Q5上回答“是”。如果你是史蒂芬·平克的粉丝，深受《语言本能》的影响，那么，你会在Q7上回答“是”。如果你是小动物关爱协会成员，你会认为动物也有情绪，在Q9上回答“是”。[3]如果你爱读商业畅销书，你准会接触到三重脑这些内容，在Q10上回答是。反之，你会认为主观体验并非情绪必不可少的特征，我们能客观地识别出某种情绪；你也会认为情绪的变异不重要，所有人的情绪都是一样的，白日放歌须纵酒，悲欢离合总无情。

但是，巴瑞特教授却告诉你，这些观点统统都是错误的。她将这些错误的但构成流行文化与心理学教材的理论称之为“传统情绪观”：

> 传统情绪观表现形式多样，已存在了数千年。最早的代表人物包括柏拉图、希波克拉底、亚里士多德、勒内·笛卡儿、西格蒙德·弗洛伊德和查尔斯·达尔文，以及佛教圣僧。当今，一些著名思想家，如史蒂芬·平克、保罗·艾克曼，他们对情绪的阐述都源于这种传统情绪观。几乎每本大学心理学入门书籍中都可以发现传统情绪观，绝大多数讨论情绪的杂志或者报刊文章也多以这种观点为本。在全美所有的幼儿园里，都张贴着带有微笑、伤心以及生气等面部表情的海报，这些面部表情全球通用，人们可以通过它们判断他人的情绪变化。……传统情绪观深深扎根于我们的文化中。电视剧《别对我说谎》也据此提出了假设：你的心率或者面部动作会暴露你的内心情感。儿童教育节目《芝麻街》告诉孩子们，情绪是我们内心独特的属性，它们可以通过面部表情和肢体语言表达出

来，就像皮克斯动画工作室出品的电影《头脑特工队》里描述的那样。[4]

情绪建构论

巴瑞特教授的情绪建构论与传统情绪观究竟有何不同？2011年，她与斯坦福大学科学家詹姆斯·格罗斯（James J. Gross）在《情绪评论》上合作发表了一篇论文。[5]在文中，两人沿着上述问题，将情绪理论整理成了一个光谱。他们发现，情绪科学家采取了四种典型的取向：基本情绪论、情绪评价论、心理建构论、社会建构论。

基本情绪论，以保罗·艾克曼（Paul Ekman）为代表；情绪评价论，以理查德·拉扎勒斯（Richard S. Lazarus）为代表；心理建构论，以巴瑞特与詹姆斯·拉塞尔（James A. Russell）为代表；社会建构论，以巴塔·梅斯基塔（Batja Mesquita）和布莱恩·帕金森（Brian Parkinson）为代表。

我们拿恐惧情绪举一个例子。有三个人走在郊外，走在最前面的男生突然发现路中间有一条蛇。蛇的形象经过视网膜—视神经—视皮层的传输，出现在他的脑海中。此时，他大脑中的情绪是怎样形成的？

» 基本情绪论：脑干负责产生恐惧，皮层负责调节脑干产生的情绪，具有情绪的决定权。情绪产生和调节是两个独立的过程。

» 情绪评价论：脑干和皮层的责任界限开始模糊，它们对男生脑中的恐惧情绪都有相对平等的发言权，互相投射，共同决定情绪的最终状态。

» 心理建构论：恐惧情绪的产生是一个由分布式的不同脑区多次建构的心理过程。男生的认知会对情绪进行加工，比如男生如果是一个动物专家，他能识别出这是一种没有毒性的蛇，那么他可能会表现得很平静。

» 社会建构论：情绪受社会因素制约，是一种自我调节的行为倾向。“如果我表现得很害怕，是不是会被朋友嘲笑啊，所以我一定要淡定。”于是，这个在意朋友评价的男孩会表现得情绪平静。

巴瑞特教授在此书中，博采众家之长，将基本情绪论、情绪评价论称之为传统情绪理论；而将心理建构论、社会建构论以及近些年发展的神经建构论称之为情绪建构论。我们会发现，传统情绪理论与情绪建构论截然不同，如下表所示。

情绪1.0 VS 情绪2.0

		传统情绪理论	情绪建构论
Q1.	情绪是特殊的心理状态吗？	是	不是
Q2.	情绪是由特定的机制产生的吗？	是	不是
Q3.	情绪是由特定的脑结构产生的吗？	是	不是
Q4.	情绪有特定的外部表现吗？	是	不是
Q5.	每种情绪都有特定的反应倾向吗？	是	不是
Q6.	主观体验是情绪必不可少的特征吗？	不是	是
Q7.	什么是全人类共通的？	情绪	心理成分与社会影响
Q8.	变异性在情绪中重要吗？	不重要	重要
Q9.	非人类的动物是否有情绪？	有	存疑
Q10.	进化如何塑造情绪？	特定的情绪得以进化	基本的心理成分得以进化

什么是情绪？情绪如何产生？

情绪不是进化而来的，而是大脑构建出的体验。人类大脑好比一位厨师，不断地将各种原料，如触觉的、嗅觉的这些感觉输入，与头脑中已有的知识混合在一起，最终形成概念。大脑得先理解情绪概念，才能构建出情绪实例。就像巴瑞特教授所言：

> 在每个清醒时刻，你的大脑都会根据过往的体验形成概念，从而指导你的行动，赋予你的感觉以意义。当涉及的概念是情绪概念时，你的大脑就会构建情绪的实例。[6]

在构建情绪时，大脑依据的原料并非只来自特定大脑区域，而是来自大脑网络的协同。巴瑞特教授的突出贡献是发现了内感受大脑网络对情绪生成的重要性。[7]什么是内感受（Interoception）？你的任何身体运动，都伴随着体内运动。甚至当你处于睡眠中，你的体内运动依然在不断进行。那些体内运动产生的感觉，巴瑞特教授称之为内感受。当你看到蛇，你会血压上升、心跳加速。你的大脑对血压、心跳的感受，就是一种内感受。

内感受存在一些非常重要的网络。其中一组被称为“身体预算分配区域”，它是指我们加快心跳、血压下降这些对身体内部的操作，主要由大脑凸显网络与大脑默认模式网络构成；另一组被称为初级内感受皮质，即后脑岛。[8]

我们与其问情绪是在哪里被激发的，不同情绪对应大脑哪个特定结构，还不如问问情绪是如何炼成的。人类这台“计算机”正是在内感受网络与执行控制网络等不同大脑网络的交互下，将感官输入大脑中的情绪概念，解码为某种情绪实例。在解码时，大脑不断进行各种预测，当大脑的预测和感官输入相匹配时，情绪实例从此诞生。当大脑的预测和感官输入不匹配时，我们的大脑会体验“失明”。

如何预测、掌控情绪，成为情绪高手？

事实上，无论是预测情绪还是掌控情绪，你都要重视内感受网络及预测回路。如何提高内感受网络？比如休息、放松、睡眠都会有益于大脑默认模式网络。只有当我们给予内感受网络足够多的身体预算分配资源，大脑与情绪相关的算力才会改善。同样，当你试图提高大脑对情绪的预测准确度时，你需要提高情绪粒度。什么是情绪粒度？就好比一个优秀的作家，其词汇量远远大于普通人，同样，情绪粒度足够高的人，往往拥有数千个情绪词汇来描绘情绪；情绪粒度低下的人，往往只有数个词汇描述情绪。巴瑞特教授建议，你可以通过阅读小说、旅游等手段，不断提高自己的情绪粒度。[9]

在二十一世纪，体力劳动减少，脑力劳动剧增，心理疾病高发。其中，多数心理疾病都与情绪疾病相关，比如抑郁、焦虑、恐惧。以前种种心理疗法尝试正面突破“马其诺防线”。巴瑞特教授的研究却告诉我们，你越将情绪看作一种在大脑中存在的特定结构，你越可能难以改变。

巧妙的情绪调节，都是与内感受网络、情绪粒度相关。巴瑞特教授将其总结为情感现实主义、概念与社会现实三者。人生的意义在于建构，建构来自你相信你的经验，这不仅包括外在的感受，更包括内感觉；你的学习，尤其是增加情绪粒度，会让你更好地描绘情绪光谱；而人类与环境的互动就构成了我们的社会现实。

小结

我们正在从一个“情绪 1.0”时代步入一个“情绪 2.0”时代，在这个时代，我们是一台在不断进行学习、运动、计算的碳基机器人；我们也是在不断与他人交换意义、情绪同频、构建社会现实的人类，并拥有只属于人类的喜怒哀乐。

第五章

Chapter ★ 05

奖赏会伤人*

如果说动机是人类行为的食物，驱动着你去做事。那么，这些食物分成哪些种类？偏食会带来什么恶果？如何将偏食损失最小化，培养更好的动机？

工作与学习

当你还是孩子时，你会观察到成年人穿上工作服后，似乎变成了另一类人，就像在玩“假装游戏”。每天早上，在穿衣镜前，将快乐的“私人自我”脱下来，收拾妥当，叠放在衣架上，然后套上严肃的“工作自我”出门上班。大人们谈起工作，总是一副精疲力竭的样子：

> 你不懂，工作哪有不累的？！
>
> 那么，为什么还要工作？
>
> 还不是为了挣钱？！

---

* 本文首次发表日期为2013年5月12日。

在大人眼里，哪有不累的工作？工作首先是解决温饱问题；其次才是个人发展；只有极少数时间属于快乐。那些奖励，如各类奖金与福利，足以让大人们高兴一阵子。

是啊，工作哪有不累的？小孩带着疑问，背着书包上学。奇怪的是，你在学校也会观察到同样的模式：学习哪有不累的？学习首先是解决进一步受教育的问题，比如，考上大学；其次才是个人成长；只有极少数时间属于兴趣。大人们将成人世界中的模式，理所当然地迁移到孩子的世界中来："只有写完家庭作业，才可以玩游戏，看电视或课外书。"小孩喜欢的娱乐，就像大人的领导给大人发的奖金，是奖赏。

这就像是一场交易。你付出社会认可的辛劳，奖赏伴随而来，反之，则是惩罚。人类社会日趋温和，战争与暴力日益减少，惩罚日渐隐蔽。渐渐地，社会已经习惯用表扬、声望、金钱、奖品与排行榜等各种奖赏来与你交易。人们相信付出奖赏，就会"买回"期待的行为结果，如听话的下属或孩子。

你已默认这种交易是正常的吗？工作与学习必须很辛苦，必须用奖赏来刺激吗？人类真的是斯金纳箱中的小白鼠，给予反复正强化的奖赏，期待的结果就会自然而来？

德西等人的实验

在挑战陈腐观念时，心理学史上总是少不了一位初出茅庐的心理学家。这一次，登上历史舞台的是刚刚毕业的心理学博士爱德华·德西。1970年德西从诺贝尔奖得主赫伯特·西蒙（Herbert A.Simon）所在的卡内基·梅隆大学获得心理学博士学位。德西相信人类的好奇心、兴趣的重要性超乎人们想象。他是美国心理学家罗伯特·怀特（Robert W. White）的粉丝，怀特是学术史上第一次质疑奖励的人，他在1959年的经典论文中，令人信服地论证道：

> 在发展能力中，比起只通过满足基本生理需求进行奖励，任何动物都更多地受到好奇心和兴趣的驱使。[1]

“裸猿”们当然也不会例外。

与怀特不同，德西第一次在心理学史上设计实验来证明奖赏会伤人。这就是他的博士论文。[2]在实验中，德西让实验参与者玩一个趣味智力游戏——索玛立方体（Soma Cube）。这是类似于俄罗斯方块的嵌套游戏，玩家需要将7个索玛方块拼成图纸上指定的形状。

德西将玩家分成A、B两组，他们都使用同样的图纸。他让两组玩家分别玩三天。每次都骗实验对象说，你需要玩三次。可是在玩到第二次时，他就会放玩家鸽子，说，现在他需要录入数据，不得不暂时离开实验室10分钟左右，玩家可以继续玩，也可以看看杂志。实验室中摆放的杂志有《时代周刊》《纽约客》和《花花公子》等。

当然，他没有离开实验室，而是躲在实验室镜子后窥测。镜子是单面镜，德西能看到玩家，玩家看不到他。德西偷偷观察玩家们在等待期间，会继续玩索玛游戏多久，还是立即去看杂志。A、B两组都这么处理，唯一的区别是德西会在第二天，奖励A组一美元。

两组玩家的经历如下表所示。

实验分组方式

	第 1 天	第 2 天	第 3 天
A 组	不奖励	奖励	不奖励
B 组	不奖励	不奖励	不奖励

当德西溜走之后，第一天，A组与B组差异不大，两组玩家都继续玩了三五分钟；第二天，与大家猜想的一样，拿到奖励的A组玩得更久，他们都玩了超过五分钟；然而，第三天发生了大逆转！与第二天相比较，之前拿到钱的A组只玩了较少时间，相反，一直没拿钱的B组反而玩了更长时间。

在心理学史上，德西第一次成功地通过实验证明了金钱等外部奖励对人们的动机的伤害！与此同时，另一位初出茅庐的心理学家、耶鲁大学的马克·莱普（Mark Lepper）博士于1973年登上历史舞台。[3]他的实验对象更低龄一些。在他设计的游戏中，道具是彩色马克笔。在莱普的研究中，在第一阶段，参与游戏的孩子们被分为三组。

» 预期奖励组（Expected Award）：这一组的孩子被告知，如果他们按要求画画，就能得到奖励（一张特别的卡片）；

» 无奖励组（No Award）：这一组的孩子不做任何处理，没有奖励；

» 预期不奖励组（Unexpected Award）：这一组的孩子事先并不知道会获得奖励，结果获得意外之喜。

在第二阶段，研究者把孩子们重新带到实验室，给他们大量好玩的玩具，包括他们前几天玩过的绘画游戏。这一次，不给任何孩子奖励。结果发现，预期有奖励的孩子对绘画游戏的兴趣远低于没有得到奖励的孩子，如下图所示。

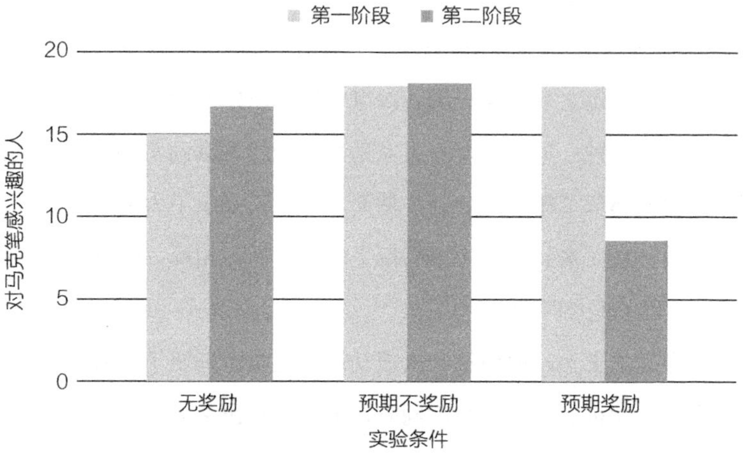

马克 · 莱普的实验结果

不仅仅类似于金钱与玩具这样的实在奖励，有时候名声或称赞等内在观念的诱惑，也会给人类的动机带来伤害。

时间来到1985年，这一次，是文艺青年登上舞台。在西方，从文艺青年变身为专业作家，离不开各个大学开设的创意写作培训班。实验对象来自布兰迪斯大学与波士顿大学创意写作培训班中的72位文艺青年。[4]特蕾莎 · 阿马比尔（Teresa M. Amabile）也将他们分为三组。

- A组：出于内部动机写作；
- B组：出于外部动机写作；
- C组：不做任何处理。

A组文艺青年听到和相信的是这样的写作动机：

» 我从阅读自己写过的作品中得到了极大的乐趣；
» 我喜欢自由表达；
» 通过写作，我能获得新的洞见；
» 我非常满意自己作品的清晰与雄辩；
» 在写作时，我很放松；
» 我喜欢玩文字游戏；
» 我喜欢和写作时的创意、文字、事件与图像打交道。

B组文艺青年听到和相信的是这样的写作动机：

» 我意识到，每年都会诞生几十本杂志，自由作家市场正在不断扩大；
» 我想让写作老师对我的写作潜能留下深刻的印象；
» 我听说某畅销小说或诗集得到了财政支持；
» 我会因为作品而受到公众的关注；
» 我知道最好的工作岗位都要求具备良好的写作能力；
» 我知道写作能力是被研究生院录取的主要标准之一；
» 我的老师和家长都鼓励我进入写作行业。

所有学生都被要求写一首诗，独立评审员会根据诗中的创造性为其评分。你猜，分数最低的是哪一组？如果你是文艺青年，你属于哪一组？

不仅仅是实验室研究发现奖赏会伤人，来自真实生活的调研也证明了这一点。在学校里，受外部动机驱使的学生成绩往往比受内部动机驱使的学生差，尽管差异并不是很大[5]。多数时候，你想两者兼具，然而，研究建议你追逐内部动机。心理学家艾米·瑞斯尼斯基（Amy Wrzesniewski）和巴瑞·斯瓦兹（Barry Schwartz）等人2014年发表在名刊PNAS上的论文是在1997—2006年对11 320名西点军校学员进行跟踪调查后完成的。他们发现强内在动机驱动组比其他同学从西点军校顺利毕业的几率平均高20%；与内在动机驱动组相比，混合动机驱动组的毕业几率低10%。[6]同样，科研人员在企业进行调查也得出大量类似的结论。约翰·代考波（John Deckop）等人2000年的研究表明，绩效工资制度降低了员工的自主性与内在动机。[7]

两段历史公案

在二十世纪九十年代，类似实验证据的累积达到了新的高峰，因为“奖赏的惩罚”这一概念与多数假装着在努力学习或工作的人们的常识不符。恰逢二十世纪七八十年代，不自信被看作人生所有问题的罪魁祸首，如婚姻适应不良、猥亵儿童与暴力犯罪。欧美掀起了一场“提高自信运动”。在操场上，一大群人相互狂热地喊道：你真是太棒了！你干得太出色了！因此，“奖赏的惩罚”支持派与反对派在二十世纪九十年代，分别在《哈佛商业评论》与心理学术期刊上激烈争辩，导致两段历史公案。

首先是美国著名作家、育儿专家艾尔菲·科恩（Alfie Kohn）在1993年出版《奖赏的惩罚》，然后在当年《哈佛商业评论》9—10月的合集上发表《为什么奖励计划难以发挥作用》，指出奖赏在企业失灵的表现与原因。[8]科恩的文章引起了组织行为学家、咨询公司老总们的“群殴”，次月起，后者分别发表文章驳斥科恩。你是相信以兜售企业员工奖励方案为主要业务的管理咨询公司，还是科恩？

其次是1994年发生在心理学界内部的纷争。当时，德西已成为业界权威，却面临人生第一次理论上的大挑战。青年心理学家卡梅隆（J. Cameron）在博士论文中使用元分析研究技术，综述100多项实验研究成果，结论是，大多数奖励无害，奖励促进了创造性。[9]她试图反驳德西、莱普与阿马比尔等人的研究结论。

德西等人能经得住考验吗？在这场卷入多位著名心理学家、持续6年多的学术争论中，结局是德西等人完胜。在指出卡梅隆与她的导师的各类研究错误，比如挑选对自己有利的研究报告，忽略不利的研究报告，对奖励厘定不清之后，德西等人在1999年通过一份非常完善、堪称元分析典范之作的研究报告彻底捍卫了声誉，从此将这场争辩一锤定音。[10]德西等人在这份研究报告中，对过去30年128项实验研究进行审慎调查，结论是：外部奖励削弱内在动机。这场争论使得在动机心理学中，自我决定论令人信服地领先于其他研究模型。

小结

保罗 · 格雷厄姆（Paul Graham）在《如何才能去做喜欢的事情》中写道：

> 最危险的谎言来自孩子的父母。如果某人选择无聊的工作是为

了让全家人生活得好一点，很多人也真的是这么做的。那么他的孩子很可能受其影响，也认为工作挺无聊的。如果父母能为自己多考虑考虑，教出来的孩子反而会好一些。热爱工作的父母对子女的影响是昂贵的房子无法带来的。[11]

就像在玩一个天平游戏，你以为满足基本温饱再去追求兴趣，成功会自然而来，却不知道你一天只有24个小时玩这个天平游戏。你认为，虽然得不到爱，但能赚很多钱，这样自然就会有爱。于是钱成了爱的替代品。然而，当你用钱寻欢作乐时，你会发现，你已经“买”不起爱。同样，一旦你习惯用外在奖赏而非兴趣、好奇心奖励自己；那时，你已经“买”不起兴趣、好奇心了。

第六章

Chapter ★ 06

幸福的来源*

如何选择更易带来幸福？正在成长路上的你，如何更好地激发自己与别人的内部动机？且让我们从人类基本的心理需求谈起，看看是否有比马斯洛需求层次论更靠谱的理论。

幸福的来源

2004年，我带领团队做了一项研究，主题为“普通人的幸福”。研究领域侧重教育，调查对象主要是该领域的从业人员，如教师与校长，询问人们以下问题。

» 您第一次感觉到幸福，是什么样的情景？
» 您认为最幸福的事情是什么？
» 您认为最不幸福的事情是什么？

---

* 本文首次发表日期为2013年4月29日。

» 您现在的职业，对您的幸福有什么影响？

» 如果您可以换一份工作，您最想从事什么职业？

在进行访谈后，我们会邀请每位参与者填写一份问卷，内容包含主观幸福感、心理健康、工作满意度、薪资水准与人口学信息等。接着，将录音转为文字，进行中文分词与词频统计。最后，基于扎根理论[1]，使用质性研究[2]辅助软件 ATLAS.ti 与 NVivo，试图从中挖掘出幸福的通用模式。

在访谈者问及“如果您可以换一份工作，您最想从事什么职业？”时，我们听到很多特别的回答，比如这位参与者：

> 广告业或服装设计。
>
> 因为小时候家里有布娃娃，我会做衣服给她们穿……我妈妈上班出门前会问我，这样穿漂亮吗？我会认真回答怎样穿会更漂亮。到现在，我的服饰搭配风格还是蛮好的，比较前卫的风格我也能接受。如果有另外一种职业可以选择，我觉得我会选择这种比较时尚的职业。如果真的能让我实践的话，我会觉得这是很幸福的事情，能实现梦想，很开心！

对大量样本的研究中，我们获得了什么有趣的发现呢？

按照心理学传统，我们将幸福分成主观幸福感与幸福表现行为。什么是主观幸福感？这是心理学经常使用的概念，它指你对生活的整体满意程度、快乐程度等体验，一般用积极情绪与消极情绪形容词表来评定，如下。

以下将涉及到您的一些生活感受，请从“1”至“5”的数字中选出一个最符合您的实际情况的数字：

1. 总的来说，我认为自己是一位 ________ 的人。

	1	2	3	4	5	
非常不快乐 ←						→ 非常快乐

2. 跟大多数我的同事们比较，我认为自己：________。

	1	2	3	4	5	
非常不快乐 ←						→ 非常快乐

3. 一些人无论干什么事情总是很快乐，您觉得自己是这种人吗？

	1	2	3	4	5	
非常不同意 ←						→ 非常同意

4. 一些人无论干什么事情总是很不快乐，您觉得自己是这种人吗？

	1	2	3	4	5	
非常不同意 ←						→ 非常同意

主观快乐自评量表（SHS）部分题目

你可以尝试完成第一部分的4个题目，它是主观快乐自评量表（SHS），表示当前快乐程度。在进行这项研究时，我们将这一测量结果当作主观幸福感参照值来计算。第二部分的题目则是主观幸福感问卷。

以下将涉及到最近三个月以来与您的生活感受相关的一些词汇。这些词汇都将成对出现，例如：

开心的	1	2	3	4	5	痛苦的

越接近“开心的”的数字则表示越开心；越接近“痛苦的”的数字则表示越痛苦。请您根据最近三个月以来的生活感受，进行选择。假设最近三个月以来，您觉得自己的生活非常开心，愿意选择数字“1”，则敬请您在答题卡上将“A”涂黑。

以下为正文部分，敬请您填写：

		←				→	
5	幸福的	1	2	3	4	5	不幸的
6	不满的	1	2	3	4	5	满意的
7	幸运的	1	2	3	4	5	倒霉的
8	痛苦的	1	2	3	4	5	愉快的

主观幸福感问卷部分题目

幸福表现行为主要是指影响人对幸福的感知的行为事件，也就是主观幸福感的来源。早期研究幸福的心理学家往往将主观幸福感与幸福表现行为混为一谈。我们则在研究中对二者进行了严格区分。最后，我们从中发现了幸福表现行为中有什么样的通用模式呢？如下图所示。

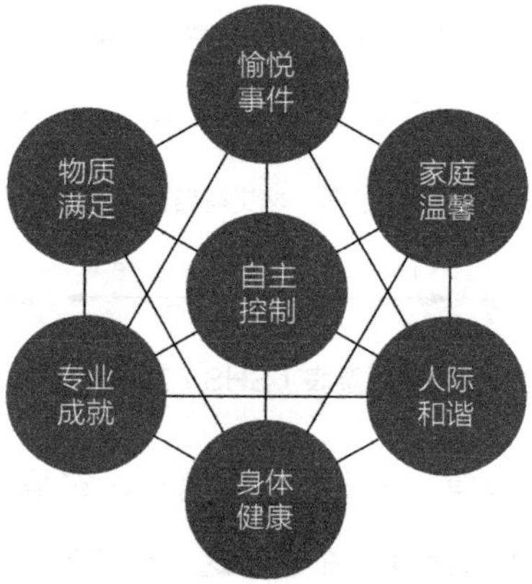

幸福在哪里

这些术语分别代表什么？模型图的左边与成就、能力相关。

» 物质满足——指对金钱、名誉、地位等外在条件感到满意。
» 专业成就——指在工作中表现出来的出众业绩和成果。

模型图的右边与人际关系相关。

» 家庭温馨——指家庭环境拥有一种亲切、体贴、和睦的氛围。
» 人际和谐——指人际关系稳定和睦，与他人交往的过程很愉快。

模型图的中间与自主性相关。

- 愉悦事件——指能带给自己身心快乐的活动或事件。
- 自主控制——指对自己的日常生活和工作的自主把握与控制空间。
- 身体健康——指身体状态良好，有足够充沛的精力和体力应付日常生活和工作。

我们将其称为“幸福7S模型”。在研究后期，根据这个幸福模型建立测量问卷，计算的分数对主观幸福感、心理健康、职业倦怠、离职行为与工作满意度等很有解释力。

自主、胜任与归属

这项研究作为一款商业产品的一部分，很快大规模用在教育实践与教师培训中。不过，当时我就有个疑问：为什么从大量访谈中提取出来的幸福模式偏偏是7种？不像1998年台湾学者陆洛所言的9种，也不像美国学者卡罗尔·罗夫（Carol D. Ryff）与科瑞·凯斯（Corey L. M. Keyes）在1995年提出的6种，维度指向也与他们的研究出入较大。虽然来自教育实践一线的反馈与数据校验，证明我们的幸福模型有效。[3]

2008年，我的疑问意外得到了解答。因为共同发起一个灾后心理支持组织，我得以与一位专门研究人类动机与情绪发展的朋友相识。有一天，我向她分享了自己2004年建立的幸福模型，她用自我决定论（Self-determination theory，SDT）给了我一个漂亮的解答。

原来，我们建立的幸福模型与自我决定论不谋而合。美国心理学家爱德华·德西与理查德·瑞安提出的自我决定论认为，人们存在三种基本心理需求。[4]它们从人类动机层面解释了幸福的来源，如图所示。

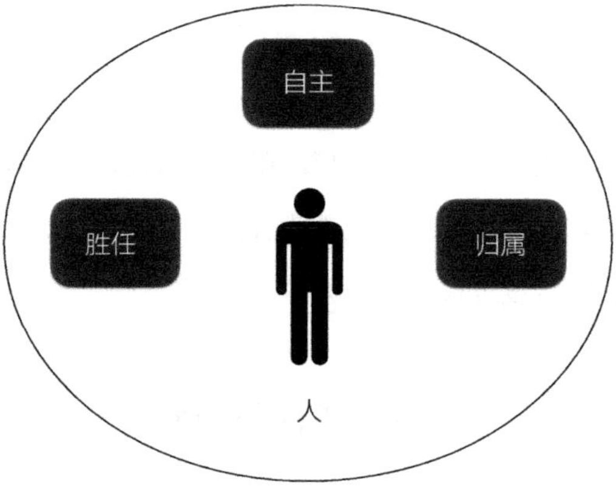

人的三种基本心理需求

它们的各自含义如下。

- 自主感（Autonomy）：或称自主需求，是指人们感觉自己行为是自发的，并且完全出自自己的选择，它强调的是人们对主动权的感受；
- 胜任感（Competence）：或称胜任需求，是指人们对行为或行动能够达到某个水平的信念，相信自己能胜任该活动，它强调人在与环境互动时，希望能够产生有效的反馈；
- 归属感（Relatedness）：或称关系需求，是指人们感觉到自己与别人有关联，是一种在意别人，也同时希望被别人在意的感觉感受，它强调人们希望与他人发生关系的渴望，如同事间的人际和谐或者恋人间的亲密关系。

人类的动机行为都是为了满足这三种基本心理需求，幸福感也就与此密切相关。当我意外地发现幸福7S模型与自我决定论三种基本心理需求之间的关系，我才意识到，原来，幸福的来源本来就是人们的动机！我们的模型恰巧与自我决定论相互佐证，如下图所示。

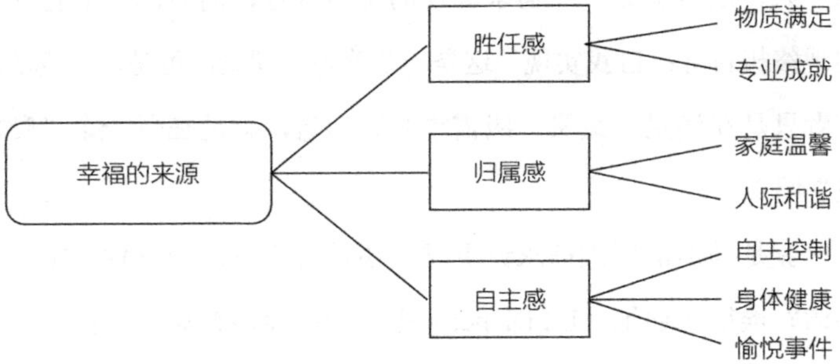

幸福与基本心理需求

并不只有我们的幸福模型与自我决定论的研究相互佐证。来自德西的研究同样发现，在公司里，通过测量雇员自主、能力和归属这些基本心理需要的满意度，可以预测他们工作时的业绩和快乐程度。作为人类跨文化、跨历史存在的基本心理需求，大量研究都发现了类似的规律。[5]

这里再来看一看科学家通过一项大型调查得出的证据。

爬梯子 VS 万花筒

在人类动机理论中，马斯洛需求层次论最为知名。马斯洛将人类需求像阶梯一样从低到高按层次分为5种，分别是：生理需求、安全需求、社交需求、尊重需求和自我实现需求。[6]即使不是心理学专业研究者，也能侃上几句。乍看之下，马斯洛似乎对人生意义给出了答案：人活着不就是满足一层又一层需求，直到最后“自我实现”吗？这样一来，活着就是一个需求驱使的生命过程，活着的目的也就是为了实现终极目标：自我实现。这是一个美妙的理论，可是，人真的就是在或者只是在满足一级又一级需求吗？活着，就是在玩一个“爬梯子游戏”吗？

究竟是马斯洛层次需求论更靠谱还是自我决定论三种基本需求论更靠谱？埃德·迪纳（Ed Diener）等人借助盖洛普调查，做了一项大型研究。在2005年到2010年，对123个国家十多万人调查发现，马斯洛层次需求论最重要的观点——底层需求制约高层需求，没有得到证据支持[7]。

研究者们在采访时发现，生活在加尔各答贫民窟的一部分人虽然不满意贫困的现状，但非常快乐，因为在家庭和朋友方面，他们是富足的。迪纳发现，即使在危险的环境下，人们也不是不能得到快乐。相反，迪纳等人的大型调查在很多方面都支持自我决定论的需求观。缺失自主性将伴随消极情绪，归属感会带来积极情绪。

支持这三种基本心理需求普世存在的不仅有心理学证据，管理学研究也存在大量类似的说法。哈佛商学院教授、《创新者窘境》的作者克莱顿·克里斯坦森（Clayton M. Christensen）在《你要如何衡量你的人生》一书中引用了类似的框架[8]。在书中，他引用乔布斯的演讲，说道：

> 唯一让人有工作满足感的方法就是从事你认为伟大的工作，而通向伟大工作的唯一方法就是爱上你所从事的工作。如果你还没找到这种工作，那就继续找。不要将就，要跟随自己的心，总有一天你会找到的。

另一个类似的框架是《哈佛商业评论》经典之作《成功万花筒》。[9]人生可以采取两种策略：单一策略与万花筒策略。传统观念追求单一目标，比如创业者拿赚钱作为唯一目标，这种错误观念就是单一策略，只追求成就。与单一策略相对的是人生万花筒策略，即人生中的每一件大事，都尽量获得快乐、成就、意义、传承4方面的乐趣。一一解释如下：

- 快乐（Happiness）：对生活感到愉快或满足。
- 成就（Achievement）：你取得的成绩超过其他人苦苦追求的类似目标。
- 意义（Significance）：感觉自己对所关心的人产生了积极影响。
- 传承（Legacy）：建立价值观并取得成就，以帮助他人在未来也获得成功。

这种人生策略就好比万花筒，它有4个体现着人们基本心理需求的小隔间。在你的一生中，可以不断地往每个隔间放入一些色彩斑斓的玻璃碎片（即你追求并实现的目标），使属于你的万花筒图案越来越丰富多彩。

小结

人生并不像马斯洛需求层次论一样，在玩一个爬梯子游戏，先通过乏味的工作获得物质满足，幸福与快乐就会接踵而来。与“爬梯子游戏”越爬越累的策略相反的是“万花筒策略”，它强调把玩、观察、惊奇与自主。精彩人生，如同万花筒般，三类基本心理需求纷纷扬扬，涌现出积极情绪之花。

在你所拥有的时间里，你，看到了那自主、胜任与归属的人生碎片吗？还是局限在了成就这一个维度？

02

第二篇

Part Two

行动模式

从小白成为专家，你离不开练习。《刻意练习》介绍了高效的“练习模式”是怎样的。一方面，你需要进行刻意练习，形成心理表征，培养长时工作记忆能力，像专家一样不断构建自己关于某个领域的记忆组块。另一方面，你需要找到自己的“学习共同体”，当一名“认知学徒”。刚开始围绕着重要成员转，做一些外围的工作。随着技能增长，渐渐进入“学习共同体”圈子的核心，做越来越重要的工作，最终成为专家。

从认知到行动，我们常计划常失败，往往是因为采取了错误的“目标模式”。为了提升你的行动力，你需要从目标意图转换至执行意图。在《执行意图》入门之后，你将在《升级你的行动工具箱》中了解更多提高行动力的模式，比如，将执行意图与心理对比结合的“WOOP大法”以及成长型心智、自我决定论等。

制定目标后，我们该如何提高实现目标的概率呢？以换工作为例，一种执行模式是“先计划后实施”，另一种执行模式是“先做后想”。前者假定存在一个“真实的自我”，后者则是在行动中，用现实来测试各种“可能的自我”。详细内容请参考《如何转变职业生涯》。

错误的社会比较与过度焦虑，导致行为瘫痪。“社会比较模式”与“反焦虑模式”给你介绍了一些应对方法。先说“社会比较模式”。未来已经来临，只是分布不均匀。那么，这种分布是一种什么样的分布呢？《人生标准九》探讨了智力的正态分布，以及人与人的社会比较。随着人类智力进化的加速，牛人与牛人将更频繁地短兵相接，会将大量牛人“拖下水”，在这样的竞争态势下，我们该采取什么样的姿态自处？你需要从追求完美的“最大化者模式”切换为适可而止的“满意者模式”。

再说“反焦虑模式”。这是一个焦虑的时代。《焦虑时代的反焦虑》提醒你，为了避免过度焦虑，你需要建设自己的根据地；在不同的时间周期选择不同的行动策略；探索模式与利用模式交错进行。

第七章
Chapter ★ 07

刻意练习*

在中国互联网上流传着一个错误概念："1万小时定律"。它是如此深入人心，甚至有媒体人用它创办视频节目，有心灵鸡汤写手用它制订改变自我的会员计划。然而，它真的错了！在提升自己的技能、不断精进的道路上，没有人能否认练习的作用。但"1万小时定律"错在哪里了？提出这个概念的安德斯·艾利克森教授的本意是什么？成人如何更好地学习？

超越1万小时定律

如何习得专业技能？没有人能否认熟能生巧的意义。生性懒惰的我们，总在寻找借口，试图回避练习。有一天，畅销书《异类》的作者马尔科姆·格拉德威尔（Malcolm Gladwell）告诉你："人们眼中的天才之所以卓越非凡，并非天资超人一等，而是付出了持续不断的努

* 本文首次发表日期为2013年1月30日，后曾用作安德斯·艾利克森教授所著《刻意练习》一书推荐序。

力。只要经过1万小时的锤炼，任何人都能从平凡变成超凡。”

只要练习1万小时，就有了成为领域内领先者的希望，无论天赋，无论出身。你是不是怦然心动——平凡的人生终于可以开始逆袭——立即购买作者的图书，并且报名参加各类1万小时练习小组呢？

然而，真相是，从来不存在“1万小时定律”，它仅仅是畅销书作家对心理科学研究的一次不太严谨的演绎而已。

“1万小时定律”，它的来龙去脉是什么？让我们回到诺奖得主赫伯特 · 西蒙那里。

1973年，赫伯特 · 西蒙（1978年获得诺贝尔奖）与威廉 · 蔡斯（William Chase）合作发表了几篇关于国际象棋大师与新手的比较论文。[1]他们经研究发现，对有或没有长期训练经验的人来说，虽然他们工作记忆的容量相差不大，但是国际象棋大师在摆盘、复盘等实验当中的表现都显著强于一级棋手和新手。其中，国际象棋大师、一级棋手、新手三类人能记忆的组块分别是7.7、5.7和5.3。什么是组块？为了方便记忆，我们把一些需要记忆的东西加以分类或加工使之成为一个小的整体，在认知科学上就称为“组块”。比如，我们记忆电话号码的时候，将13912345678，拆成“139-1234-5678”，那么这就是3个组块。

西蒙在文中首次提出专业技能习得的“十年定律”（Ten-year Rule）。他推测，国际象棋大师能够在长时记忆系统中存储5万～10万个棋局组块，获得这些专业知识大概需要10年。这就是西蒙的“十年定律”。

当时间来到1976年，一位来自瑞典的心理学家移民美国，他就是安德斯 · 艾利克森。艾利克森参考西蒙论文中的“十年定律”，两人在国际象棋的专业技能习得领域合作发表了论文。[2]

后来，西蒙渐渐老去，而学术事业正值上升期的艾利克森在专业技能领域积累的证据越来越多。1993年，他发表了另一篇论文，阐释他对一个音乐学院三组学生的研究结果。[3]这就是被格拉德威尔引用，以致演绎出“1万小时定律”的实验：

> 把学院学习小提琴演奏的学生分成三组。第一组是学生中的“明星演奏者”，具有成为世界级小提琴演奏家的潜力，第二组的学生只被大家认为“比较优秀”，第三组学生的小提琴演奏水平被认为永远不可能达到专业水准，他们将来的目标只是成为一名公立学校的音乐教师……实际上，到20岁的时候，这些卓越的“明星演奏者”已经在他的生命中练习了1万个小时，与这些卓越者相比，那些“比较优秀”的学生练习的时间是8000个小时，而那些未来的音乐教师，他们的练习时间只有4000个小时。

有趣的是，格拉德威尔丝毫没有提及西蒙的贡献，是故意忽视，还是真的没有读到？从论文标题到实际内容，艾利克森的研究报告强调的也仅仅是刻意练习（Deliberate Practice）而已，而非“1万小时”这个魔术数字。心理学史上从来不存在所谓的“1万小时定律”。2012年10月，艾利克森在捍卫“刻意练习”的观念时，提到了格拉德威尔的错误演绎，以致他的研究经常被当作一个“稻草人”，遭到心理学界的批评。对于格拉德威尔没有提及刻意练习，他也略有微词。

“1万小时定律”究竟有哪些问题呢？

首先，不同专业领域的技能习得时间与练习时间并不存在1万小时的最低阈值。如，优秀专业演员的专业技能习得往往需要3500小时；记忆类专家的技能习得也并不需要1万小时，而是数百小时。

Hacker News（黑客新闻）的读者们已经整理的证据表明，不少互联网公司创始人习得专业技能所需的时间同样不是1万小时。[4]在《刻意练习》一书中，艾利克森使用的数据也不能印证“1万小时定律”，接受音乐教育的学生18岁之前花在小提琴训练上的平均时间为3420小时，而成绩优异的小提琴学生平均练习了5301小时，最杰出的小提琴学生则平均练习了7401小时。[5]

其次，成功与练习时间并不完全成正比，天赋虽然在其中不起决定性作用，却也会是一大影响因子。如心理学家史蒂芬·平克指出，优秀科学家的平均智商在125以上。[6]同样，医生、律师、会计的智商多数位于中上水平。某些体育项目更是会对身高和身材有要求，这类身体特点上的差异更不是时间和简单的练习可以弥补的。

再次，练习的成果并不与时间呈正相关，这一点，也取决于练习方法。我们身边就不乏一些看似努力，其实没有成就的人。练习时，我们有没有采取阶段性进步，有针对性，有技巧性，随着时间和效果改变和调整策略？抑或是机械地每日花上几小时，只为达成“1万小时”这个目标？有没有发现更为有效的训练方法，能不能辨别练习中的漏洞，去弥补已取得的进步？这其间的差别，最终便是新手、胜任者和专家的区别。

最后，用一个巧妙的思想游戏驳斥“1万小时定律”，这就是公元前4世纪古希腊哲学家米勒特斯的欧布里德斯（Eubulides of Miletus）提出的沙堆悖论（Sorites Paradox）：

1粒沙子不是堆，如果1粒沙子不是堆，那么，2粒沙子也不是堆；如果2粒沙子不是堆，那么，3粒沙子也不是堆；以此类推，如果9999粒沙子也不是堆；因此，1万粒沙子还不是堆。

在“破解”沙堆悖论时，我们经常不得不设定一个固定的边界。如果我们说“1万粒沙子是一堆沙”，那么少于1万粒沙子就不能称之为一堆沙。那么这样区分9999粒沙和10001粒沙就有点不合理。这样就不得不设定一个可变的边界，但是这个“边界”所指代的沙子数量是多少呢？我们现在并不知道。那么，最初设定的那个“1万粒沙子是一堆沙”作为知识的价值就被消解了。

同样，在沙堆悖论的视野下，“1万小时定律”的价值也就被消解了。正如真实的心理学研究表明，成为专家的时间往往随着不同专业技能领域的变化而变化。

刻意练习的本质

熟悉写作技巧的畅销书作者们，常常会提供清晰的行动规则，如：练习1万小时成为专家、21天养成好习惯等，来激发你的行动。但是，究竟有多少人能够坚持1万小时？1万小时是否真能将人引向成功？坚持1万小时的关键节点是什么？1万小时练习的本质是怎样的？……对这些问题，他们却置之不理。这些畅销书作者略过不谈的细节，恰恰是科学着墨最多，也是对人们提升自我最有帮助的地方。

事实上，艾利克森的“刻意练习”的核心观点是，那些处于中上水平的人，拥有一种较强的记忆能力——长时工作记忆（Long-term

Working Memory)。[7]长时工作记忆正是区分卓越者与一般人的一项重要能力，它才是刻意练习的指向与本质。

那些卓越的专家，能够将工作记忆与长时记忆对接起来，从而在进行钢琴、象棋等自身熟悉的专业活动时，能够调用更大容量的工作记忆。如同西蒙等在1973年那篇开创性研究报告中指出的一样：国际象棋大师在长时记忆这块“硬盘”中存储了5万～10万个关于棋局的组块。

如果说专家和准专家们已将自己的大脑升级，工作记忆内存条可以同时调用一块SSD硬盘来当虚拟内存用，那些专业领域的新手们往往还在使用很小的内存吃力地跑程序。

幸运的是，进化给普通人留了一条路。这种长时工作记忆能力是领域相关的，通过刻意练习能够习得。只要你努力，“砸锅卖铁”，做从几十小时到成千上万小时不等的苦力，就有可能“买”来那块可以被工作记忆内存条调用、当虚拟内存使唤的SSD硬盘——长时工作记忆。

一般人怎样才能买得起那块硬盘？刻意练习的任务难度要适中，能收到反馈，有足够次数的重复练习，学习者能够纠正自己的错误。

在练习过程中，我们需要格外强调心理表征的重要。什么是心理表征？心理表征是一种与我们的大脑正在思考的某个物体、某个观点、某些信息或者其他任何事物相对应的心理结构，或具体或抽象。举个例子，经验丰富的攀岩者在开始攀岩之前，会仔细观察整堵墙，以找到他们将会选择的最佳路径，想象着自己从一个把手的位置攀爬到另一个把手的位置。刻意练习的主要目的就是通过不断进行各类心理表征训练，最后让新手能看到专家才看得到的细节；让新手将越来越多的细节“自动化”。

多数不靠谱的成功学选择了错误的练习方式。虽说喊的口号是刻意练习但实质不是刻意练习，因为没有激活长时工作记忆能力。比如，只是积累下象棋的次数毫无作用，即便积累10个“1万小时”，也成不了国手。但是，如果看着已经发表的棋谱来推测国手的下法，这种刻意训练方式就是往长时记忆硬盘里面攒SSD硬盘——存储关于象棋棋谱的组块。

长时工作记忆的培养要点有：

- 赋予意义，精细编码：（准）专家们能非常快地明白自己领域的单词和术语，在存储信息的时候，可以有意识地采取元认知的各项加工策略。比如，以诺贝尔物理学奖得主理查德·费曼（R. P. Feynman）命名的“费曼学习法”强调将知识用通俗的语言讲给别人听，就是一种很好的精细编码方法。[8]
- 提取结构或模式：提取专业领域知识的结构或模式，以更好的方式存储知识，比如，专家级别的开发者善用设计模式。
- 加快速度，增进连接：经过大量重复的刻意练习，专家的编码与提取过程会比新手快很多，反复编码提取也增加了长时记忆与工作记忆之间的各种通路。

所以，刻意练习的指向是去攒SSD硬盘，而不是纯粹卖苦力，更不是帮畅销书作者们营销，喊喊热血口号：1万小时，今天，你坚持了吗？

隐性知识

目前对刻意练习最大的批评是，艾利克森关于刻意练习的证据多在认知复杂度较低的活动，对认知复杂度较高的活动，作用有限。[9]

什么是“认知复杂度”（Cognitive Complexity）？认知复杂度是指你建构“客观”世界的能力。认知复杂度高的人具有高度复杂化的思维能力，更善于同时使用互补与互不相容的概念来理解客观世界。在真实世界中，黑白对错并非截然分明。比如象棋、钢琴、篮球、出租车驾驶、拼写是认知复杂度偏低的专业技能；而销售、管理则是认知复杂度偏高的专业技能。怎样练习成为卓越销售与卓越CEO，从哪里练起？怎么练？练什么？

认知复杂度高与认知复杂度低的学习活动的差异很大程度上在于隐性知识（Tacit Knowledge）的多少与比重。什么是隐性知识？它来自英国哲学家迈克·波兰尼（Michael Polanyi）1958年的著作《个人知识》。人类的知识可以分为两部分，一部分是显性知识，可通过文字、图表、公示等正式的语言表述；还有一部分是隐性知识，它是难以用正式语言表述的知识，是植根于个体经验的个人知识，涉及个人信念、视角及价值体系等无形要素。[10]

之后，美国心理学家雷伯在此基础上做了大量研究，于1967年在著作《人工语法的内隐学习》中正式提出了内隐学习理论。[11]在有关内隐学习的系列实验中，雷伯等人发现，在内隐指导条件下学习的被试者似乎能够习得一些符合语法的字母串。这些内隐知识的习得是不知不觉的，是在意识层面上无法觉知到的，其习得效果却能通过间接测试证明。某些特定情况下，如语法规则较复杂时，内隐学习甚至比外显学习更有效。这种无意识学习的神奇效果引起了无数心理学研究者的热情，从内隐知识到内隐学习再到内隐认知，构成了当今认知科学的热门研究议题。

隐性知识需要到情境中去寻找。仍然是西蒙，他认为人是“有限理性”的。[12]体现在学习中，就是“情境理性”。[13]“在哪里用，就在哪里学”。人的学习受到情境制约或者促进。你要学习的东西将实际应用在什么情境中，那么你就应该在什么样的情境中学习这些东西。比如，你要学习编程，就应该在程序员代码托管网站GitHub里学习，因为你以后编程就是通过GitHub。再如，你要学习讨价还价的技巧，就应该在实际的销售场合学习，因为这一技巧最终是用在销售场合的。

刻意练习虽然并没有否认情境的重要性，但是在畅销书中，那些已经被证实的主流学习方式被放在一个不起眼的角落。与学习密切相关的隐性知识被忽略了。学习科学的大量研究表明，成人的最佳学习方式并非独自练习，而是在情境中学习。有效的学习方式是进入相关情境，找到自己的“学习共同体”（Learning Community），学习者刚开始围绕共同体里的重要成员转，做一些外围的工作。随着技能增长，渐渐进入“学习共同体”圈子的核心，做越来越重要的工作，最终成为专家。[14]

这就是学习科学日益主流的观念：从“情境学习”（Situated Learning）出发，当一名“认知学徒”，它的要点包括以下几点。

» 找到“学习共同体”：因为大量知识存在于“学习共同体”的

实践而不是在书本当中，所以有效的学习不是关门苦练，而是找到属于自己的学习小团体。

» 隐性知识显性化：隐性知识是使人们有能力利用概念、事实以及程序来解决现实问题的知识。
» 模仿榜样：榜样可以是现实生活中的导师，也可以是网上的导师。
» 培养多样性：在多种情境中实践，以此扩大所学技能的应用范围。裁缝出师并不是因为已经练习了1万小时，而是因为能够缝制足够好的衣服。

小结

图灵奖得主理查德·汉明（Richard Hamming）谈到如何变得卓越时表示，练习时间并没有那么重要，也无法精确，无法明示。他写道：

> 在许多领域，通往卓越的道路不是精确计算时间的结果，而是模糊的、含混不清的。没有成就伟大的简单模型。

这或许才是西蒙的“十年定律”对我们真正的启发：你必须耐心、谦虚地保持大时间周期的刻意练习。

第八章

Chapter ★ 08

执行意图*

如果你想让上帝发笑，那么就告诉他你的各种计划；如果你想让上帝大笑，那么就告诉他你的新年计划。就像蛇喜欢蜕皮一样，新年之际，多数人总是喜欢写一份计划，期盼从此焕然一新。

为什么人类偏好制定新年计划？在《星际穿越》中，你会震撼于克里斯托弗·诺兰（Christopher Nolan）用五维空间来具象时间。其实，你我现在也是以空间的方式具象时间。比如，你常常说“回顾过去，展望未来”。“回顾”“展望”与空间相关，你是往“后”回头，向“前”展望；而“过去”“未来”则是时间名词。人类以思考空间的方式思考时间，这就是语言学著名的时空隐喻。[1]回溯“新年”词源，它总是伴随宇宙运转，星辰起落。

每一次新年，对人类都意味着一次大型认知冲击。你会隐隐感知到，自己被推到一个新的陌生空间。当你被带到一座陌生的城市，会迫不及待地寻找一份新地图。而人类为了适应新年，同样会急迫地寻

* 本文首次发表日期为2013年1月5日，后于2015年2月10日改后发表于《财新周刊》。

找一份大脑地图，这就是新年计划。

遗憾的是，年底回顾年初制定的新年计划，总会让上帝连番大笑。因为人类最擅长自我欺骗。你来到城市，拿到地图，你的旅程才刚开始；但大脑不一样：它的自动脑补功能过于强大。当你阅读这篇文章时，“汉字序顺并不一定影阅响读”，因为大脑会自动脑补成正确的语义；当你看到三根并非连续的线条时，你会将其脑补成一个三角形。

大脑会自动脑补

同样，人类强大的模式处理能力会影响到你目标的实现。在你写下“我要减肥10斤”这一计划的瞬间，大脑会自动脑补，既然你没有指定谁在什么时候以什么方式完成减肥任务，那么大脑干脆以为已经完成了，然后将其扔进记忆深层。这么一来，事后提取会非常困难，需要借助GTD或任务清单这类记忆外部化辅助工具。如果将人类大脑想象为一个简化的输入输出装置，制约这个装置输入输出速率的是工作记忆，它是人类记忆、注意力等所有认知能力的瓶颈，容量非常有限，仅仅能记住4～9个电话号码。狭小的工作记忆内存不足以兼容多个目标，于是，多数新年目标在“敌消我涨”的竞争下，变得相互冲突，难以提取。这就是为什么绝大多数新年计划必然会失败的原因。

那么，怎么提高新年计划成功的概率呢？认知心理学家彼得·格尔维茨是一位天才。既然人类自动脑补功能如此强大，阻碍了目标的实现，那么，为什么不反过来利用它？格尔维茨将“我要减肥10斤”这种制定计划的方式称之为“目标意图”（Goal Intentions），他强迫自己的实验对象使用一种“执行意图”（Implementation Intentions）的方式制定目标。[2]

什么是执行意图？就是使用“如果……那么……”（If...Then...）的句式来制定目标。你可以将“我要在2015年减肥10斤”改写为“如果现在是周一清晨上班前，那么我就去晨跑”。因为“如果现在是周一清晨”尚未发生，你的大脑不会以为此指令已经完成，所以它始终是“箭在弦上”，即将射出。又因为该指令是事先存储而非当天派发，所以并不会挤占狭小的工作记忆内存，会采取一种多线程并行工作方式，消耗最小的认知资源。当周一清晨真的来临时，你的潜意识会自发地启动该线索，脑补当初制定的执行意图，不知不觉去跑步。这规避了在制定目标初始时的自动脑补，并反过来利用大脑的未完成情结，让它未来在潜意识层面帮你脑补，这就是执行意图的巧妙之处。[3]

多数人终其一生，常计划常失败，是因为始终在使用目标意图的思考方式——“我要……我要……”，但你会注定得不到。为了更好地实现目标，首先，你可以将所有计划与目标从“我要……”改写为“如果……那么……”。其次，你可以在“如果……那么……”的前半部分嵌入时间、地点等情境信息，比如上述例子的“周一清晨上班前”。时间、地点是未来很好的情境触发器与记忆提取线索，能够帮你在未来某个情境来临的时候，自动从潜意识中提取出相关指令，激发目标完成。

从减肥、戒烟、写作再到拖延症，实验数据表明，执行意图完成计划的概率往往是常规方式的两倍以上。[4]比如，圣诞来临之际，格尔维茨在校园中逮住一群即将参加考试的学生。一半学生按照传统方式制定计划——“假期我要写一篇如何过圣诞的作文”；另一半学生按照执行意图方式制定目标，必须当场决定何时何地进行写作——“如果圣诞节期间第二天晚上在家，那么我写一篇如何过圣诞的作文”。结果令人大跌眼镜，没有安排时间地点的学生，只有32%上交了作文；而安排了时间地点的学生，有71%上交了作文。[5]

每次新年对于人类来说，都意味着一次新的认知冲击；此时，人人都比平时更急迫地寻找一幅新地图，所以人类偏爱制定新年计划。为了提高新年计划实现的概率，你可以将以往制定目标的方式从目标意图切换为执行意图，巧用人类的自动脑补能力，或许能迎来一个更好的新年。

第九章

Chapter ★ 09

升级你的行动工具箱*

上一章我们提到，每年到了年底，不少人都会懊恼过去的一年，因为他们浪费了时光，而且不少计划没有完成。然而，奇怪的是，新年伊始，很多人还会制定野心勃勃的计划。花开花落，春去秋来。又一年过去，不用猜，不少人又会开始新一轮的懊悔。

这是为什么呢？因为我们带着石器时代的大脑，活在一个信息爆炸、人际复杂的互联网时代。今天，人们制定计划、执行计划的习惯，不少都是错误的。

来，让我们看看下面三个新年计划：

（1）在新的一年中，我希望自己加入某家名声赫赫的大公司，得到越来越多人的认可。

（2）在新的一年中，我希望自己考试拿A，或者达到一个新的绩效目标。

（3）在新的一年中，我要学会编程；我要坚持健身；我要读完

* 本文首次发表日期为2018年12月28日，后曾用作海蒂·格兰特·霍尔沃森教授所著《如何达成目标》一书的推荐序。

100本好书。

这三个计划是不是看着眼熟？然而，它们都是“错误”的或不够高效的。

自我决定论：更换动力系统

第一个计划涉及人类的动机。如果说动机这一人类行为的燃料驱动着你去做事，那么这些燃料分成外在动机与内在动机两类，如图所示。[1]

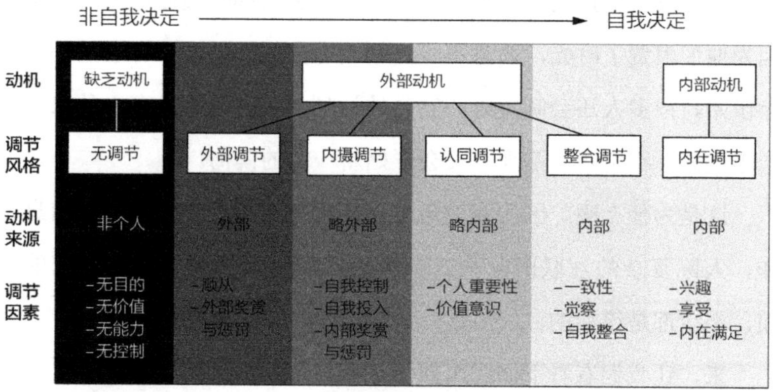

自我决定论图解

最左边的“缺乏动机”很好理解，即类似机器人，有一些人因为特殊原因会表现得近似机器人；最右边的“内部动机”也好理解，即依靠兴趣、内在满足而活的人。较难理解的是外部动机，人们常常不觉得自己是在为外部动机而活，事实上却是——受到外部动机控制的有四类人。

第一类人属于外部调节。这类人受外部奖赏和惩罚影响大，多发一点工资，就多做一点工作；哪个事情带来的声望大，就做哪件事情。在他们眼中，工作就应该和薪资、名望捆绑在一起。钱与名，多多益善。却不知，当你一旦习惯于这种外部奖赏，一旦失去奖赏，你从此也会失去做事的动力。

第二类人属于内摄调节。这类人吸取了很多外在规则，但并没有完全接纳，将其整合成自我的一部分。这类人经常体验外部规则与内在自我不匹配导致的冲突。比如常常有人在痛苦，究竟是为钱工作还是为兴趣工作。

第三类人属于认同调节。这类人因为某个规则或价值观能够给自己带来好处而接纳它。相对第二类人来说，第三类人更少体验到冲突，自我决定成分较高。比如一位大臣，故意挑皇帝的毛病，皇帝要杀他，他还很高兴，这就是认同调节。这类人依然不是因为内在兴趣或自我满足而活，而是因为“忠于君主”的声名能给自己带来好处，因此将此条价值观作为自我的一部分。

第四类人属于整合调节。这种调节相对前三种来说，最为隐蔽。如果说外部调节是奔着名利做事；内摄调节是社会多数人的生活常态：人们多数时候奔着名利做事，偶尔兴趣来了，内心就会产生冲突；认同调节的人是精致的利己主义者，很少感到内心冲突；那么，整合调节的人是欺骗自己的成功的政治家。这类人已经将外部动机完全整合到自我中。虽然他们的自我决定成分高，但其行为依然是指向那些与兴趣、热情等内部动机分离的外在。

你也许认为，当你开始为某个目标奋斗时，它就能给你源源不断的动力。然而并不是这样。只有那些靠近内部动机的目标，才能让你更好地持续努力。

我们发现有些目标对人类身心发展的基本需求更加有益。它们能使我们的内在世界更加丰富，增强我们的自我价值感，从而不再从他人的眼中寻找肯定。如果你想真正快乐并且动力十足的话，你不光要注重目标所含的内容，还要顾及目标的源头。

奖赏会伤人，外在名利和他人的肯定无法满足这些需求时反而削弱你的动机。那些能满足我们内部动机的目标，更能给我们带来源源不断的动力。

升级你的行动工具箱的第一步，就是给自己安装一套新的动力系统——基于自我决定论，从外部动机转变为内部动机。

成长型心智：升级导航系统

第二个计划涉及你如何看待你的目标。

在看待目标时，你是注重出色的表现还是成长进步？注重出色的表现是多数人的选择，它让你力争上游，也会让你在遇到障碍时备感耻辱，甚至一蹶不振。而追求进步的人，在遇到阻碍时，会聚焦在问题解决上：我是不够努力吗？是方法用错了吗？我要不要请教别人？这样一来，他们面对困难时更加坚韧，收获也更多。

追求成长进步的目标同成长型心智密切相关。什么是成长型心智？它是斯坦福大学心理学教授卡罗尔·德韦克（Carol S. Dweck）提出的概念。[2]

德韦克发现，一些人常常相信智力、性格是不能改变的，故倾向于从自己的智商、性格的角度看待任务的挑战；而另一些人则倾向相信智力、性格是可以改变的。前者，德韦克称之为“僵固型心智”；

后者，德韦克称之为“成长型心智”。拥有“僵固型心智”和“成长型心智”的两类孩子、两类成人自学者、两类领导都会表现出不同的发展取向。

拥有“僵固型心智”的人往往倾向于炫耀自己以往的智商与既定成果，一旦遭遇挫折，则感到郁闷；而拥有“成长型心智”的人则会更灵活地看待人生中的挑战性任务。德韦克曾将400名五年级学生分为两组，一组获得“用功”的表扬，另一组获得“聪明”的表扬，被赞赏用功的那组学生测验成绩较好，也较能应付困难的功课。实验结论是：赞美孩子的天赋，往往使他们误以为凭天赋就会成功，不必努力，结果他们害怕考验，不会努力保持好成绩，反而停下来任人赶上。

升级你的行动工具箱的第二步，就是需要给自己安装一套新的导航系统，从僵固型心智转变为成长型心智。

执行意图：善用行动杠杆

第三个计划涉及你如何提高计划执行成功的概率。

上一章提到，人类的大脑爱脑补，一旦你把“我要读完300本书”“我要去周游世界”“我要成为更牛的人”写下来，大脑会以为已经完成了这些计划，因为它们没有任何具体的行动步骤。在未来一年内，你的大脑不会有任何行动。

于是，痛苦的自责开始了……

为什么要这么费力气说服自己呢？我们尝试使用一个小小的心智黑客技巧就会更容易克服拖延症，达成目标。这就是本书第8章介绍的“执行意图”。它由认知心理学家彼得·格尔维茨发明。[3]

格尔维茨将“我要减肥10斤”这种制定计划的方式称为“目标意图”，他强迫自己的实验对象使用一种“执行意图”的目标制定方式。比如：

- 把“我要多运动”改成“如果到了每周三、周五的傍晚五点，我就去操场跑步”。
- 把“我要减肥”改成“如果今天已经摄入了1800卡路里，就不能再吃了”。

听上去是不是很简单？格尔维茨曾经做过一个“执行意图”的实验：给放暑假的十年级学生进行“学业能力倾向初步测验”（PSAT）。实验者发给学生10套模考题，要求他们假期内完成。一半学生用执行意图制定了时间、地点计划（“平日早餐后，在我的屋子里做模考题”），一半学生没有这样做。实验结果是：没有做时间、地点计划的学生平均完成了100道习题，而做了计划的学生平均完成了250道题，是前者的两倍之多。[4]

这个改变，仅仅来自制定时间、地点计划所花费的一点时间。执行意图能帮你将目标拆解为具体步骤，在大脑中埋下时间、地点的触发点，化解可能的障碍。它巧妙运用心理的时空转换，利用大脑对未来许下的承诺。

格尔维茨曾经和同事分析上百人的执行意图计划评估结果。结果发现，它几乎在任何一种目标上都可以提高成功率，比如小心开车、少吸烟少喝酒、执行新年计划、改变思维偏见、战胜拖延症……[5]

执行意图不仅在个人自我管理上能显著提升效率，促进目标达成。格尔维茨与卢卡斯·蒂尔莫（J.Lukas Thürmer）、弗兰克·维贝尔（Frank Wieber）等心理学家做的系列研究还发现，执行意图可以促进组织内部信息互通，优化决策，提升绩效。[6]

加布里埃尔·厄廷根是格尔维茨的妻子，也是一位心理学家。她的研究发现，积极幻想未来无助于实现你的目标。比如，她研究了肥胖女士的减肥过程。她发现，那些对自己过往经历做出客观判断的人，要比那些只是积极幻想未来的人一年多减 24 磅。积极幻想未来的频率越高，消极影响反而越大。[7]因此，她发明了一个术语叫"心理对比"（Mental Contrasting），将人们对未来的幻想分为两种：一种是纯粹的积极幻想未来，只看到未来实现某个目标的好处，比如减肥成功，从此踏上人生巅峰；一种是更现实、高效的幻想未来，不仅想到实现目标的好处，还将现实的障碍考虑进去，与之对比。[8]

在格尔维茨提出"执行意图"时，厄廷根恰巧提出"心理对比"，那么，这两个概念能否合二为一呢？两位心理学家合作，将心理对比与执行意图放在一起，称之为：MCII 方法（Mental Contrasting Implementation Intentions 4 个单词的首字母缩写）。他们开展了大量研究，发现这的确促进了青少年的自律以及改善了人们不健康的饮食习惯等等。[9]

当然，你会发现 MCII 很难记忆。为了更好记，厄廷根将其改名为"WOOP 大法"，含义如下。

» W：代表 Wish（愿望），设定你内心渴望实现的目标。

» O：代表 Outcome（图景），想象你实现愿望后的最好图景。

» O：代表Obstacle（障碍），即为了实现愿望，你将遇到的困难。

» P：代表Plan（计划），用执行意图（If...Then...）来设定应对场景的反应。[10]

举个例子吧，参见下图。

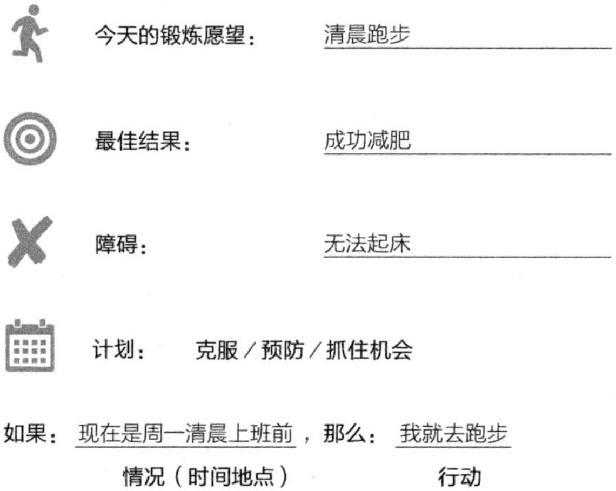

WOOP大法

再比如，想完成的目标是“傍晚跑步”。如果只想到完成跑步的好处——“感觉身心舒畅”，你可能不会完成目标。采用心理对比方法，我们不仅想到完成跑步的好处，还想到不能完成这个目标的障碍是——“下班回家后很累”。因此，我们需要针对这个具体场景设定一个执行意图。在设定执行意图时，你需要包括具体的时间、地点，从而才能更好地在场景（如果）与行动（那么）之间搭建一个桥梁。

针对跑步这个场景，我们设定的执行意图是：如果7点到家时已经很累，那么我就换上跑步鞋出去跑步。其中的7点是时间；家是地点。

当执行意图遇上心理对比，这就是大幅提升人类行动效率的

WOOP 大法。

升级你的行动工具箱的第三步，就是你需要善用行动杠杆，从目标意图转变为执行意图。

小结

这个世界存在着太多的行动破坏者。这首先是一个矛盾的世界。它既要求你严守纪律又要求你富有创意，既要求你忠诚可靠又要求你激情澎湃。其次，这是一个容易令你分心的世界。从老板、客户到你的同事，那么多人随时可以打断你。甚至，多数人错误地选择了开放办公空间，误以为能提高沟通效率，然而越来越多的研究发现，对于知识工作者来说，开放办公空间弊大于利。最后，这个世界还是一个充满诱惑的世界。只是，今天的诱惑在科技与媒体的包裹下，变得日益隐晦。

世界越复杂，你就要越简单。与矛盾、分心、诱惑同行，你需要升级你的行动工具箱。自我决定论、成长型心智与执行意图这三个行动工具箱分别来自动机心理学、人格心理学与认知心理学的前沿进展。正是在科学的武装下，我们才得以在这个世界上更好地生存与发展。

第十章

Chapter ★ 10

如何转变职业生涯*

你希望换一种职业吗？像罗伯特·海因莱因（Robert Anson Heinlein）一样，从工程师到科幻作家？抑或像大前研一一样，从核工程师到管理咨询顾问？日复一日、重复无趣的工作也许进一步激起了你的这种想法。既然仅仅满足温饱的饭碗岌岌可危，何不抛开一切，从头再来？埃米尼亚·伊瓦拉向人们揭示了转变职业生涯的新方法。

伊瓦拉及其研究

伊瓦拉1989年获得耶鲁大学心理学博士学位。在2002年进入欧洲工商学院法国校区担任组织行为学教授之前，她曾在哈佛商学院任教13年。伊瓦拉，这位享誉世界的心理学家，曾在《哈佛商业评论》《社会心理学季刊》等刊物发表多篇学术论文，并被《哈佛商业评论》评选为二十一世纪最重要的50位管理思想家之一。她之所以获

---

* 本文首次发表日期为2009年2月12日，后曾用作埃米尼亚·伊瓦拉教授所著《转行》一书的推荐序。

此殊荣，是因为其在关于职业身份、企业战略等方面的研究。[1]

那么，伊瓦拉关于职业身份的研究给了我们什么新的启发呢？2003年，哈佛商学院出版了她关于职业生涯转变研究的专著《转行：发现一个未知的自己》。[2]这本书是对伊瓦拉的研究的小结。

在研究中，伊瓦拉和她的团队跟踪调查了一批来自各行各业的专业人士和管理人士。这些人的年龄介于三十二岁到五十一岁之间，平均年龄为四十一岁，同时65%的参与者为男性。这些研究对象都属于典型的职业生涯中期人士。他们中多数人的职业属于两类：互联网行业创业者，以及投资银行、法律顾问等专业人士。所有受访者都有大学学历，74%的受访者拥有硕士学位（专业是商业、科学、法律等）。在两三年的时间里，研究人员对他们每个人平均进行了三次开放式访谈。

伊瓦拉重点观察的是这批专业人士和管理人士的职业生涯转变。其中，对职业生涯转变的界定来自三方面：工作环境（如离开大公司自行创业）、工作内容（离开受过长期训练的专业，如医疗、法律或科研领域）、心理感受（调查对象曾经体验过的、站在“十字路口”时的感受）。伊瓦拉会向受访者提出类似这样的问题：

» 请说说你到目前为止的职业生涯。
» 你为什么想要改变你的职业？
» 你花了多长时间进行职业转型？
» 说说你是怎样度过过渡期的。
» 有谁对你产生影响了吗？为什么？
» 你考虑过多少不同的想法或可能性？对每一种可能性做出了

多少努力和尝试？

» 在整个转型过程中，最困难的事情是什么？

» 除了工作的变化，你工作和生活中有过其他的改变吗？

伴随职业生涯的转变过程，以下问题则变得非常重要：

» 你为什么要离开某公司或某职务？

» 关于备选的公司或职务，你有什么想法？

» 你主动研究了哪些方面？是怎么做的？

» 谁在你考虑的过程中给了你帮助和激励？谁帮到了你？

» 你会如何描述整个转换过程？什么是最困难的？

» 你得到了哪些结论或排除了哪些选项？

这些问题也是人们在转变职业生涯过程中思考最多的典型问题。伊瓦拉发现，人们之所以转变职业生涯失败，并不是因为害怕改变、缺乏准备。多数人都具备改变的动机，但是，在如何选择真正适合自己的新工作的具体方法上，传统职业生涯规划的方法就出问题了，你需要从“先计划，后实施”转为“先实施，后计划”。

传统职业生涯规划的思路看上去颇有道理。

» 确定职业目标：此时，你往往会听到诸如“寻找真实的自我，听从内心的声音”之类的建议，于是尽最大努力去尝试厘清自己真正想要的是什么。

» 确定职业发展策略：此时，你往往会根据上一步的思考结果确定哪些工作或领域能将自己的兴趣、技能与经验结合起来，在这个过程中，你往往还会从那些最了解你的人或者相关专业人士那里获得建议。

» 采取实际行动：一旦明确职业目标，确定职业生涯发展策略，那么，接下来只要按部就班，根据以上思考实施相关行动计划即可。

这种“先计划、后实施”的思路流传甚广，听上去令人感到安全踏实，合情合理。然而，伊瓦拉的研究令人震惊地发现，这种传统思路会导致最悲惨的结果：你会一无所获，永远无法从事最初渴望的职业。

传统方法的问题

“先计划，后实施”这类传统方法的问题在哪里？

传统方法第一步：了解自己

大多数人被教导，在改变职业生涯之前，先要了解自己。你需要对自己的性格、需要、能力、核心价值和优先考虑的事项进行了解与详细分析。然而，这种做法植根于一个错误的观念——认为人们有可能发掘“真实的自我”(True Self)。[3]

这些理论认为，一个人在成年初期，就已经形成了相对稳定的个性结构；通过自我反省和心理测验，一个人就能更好地发现真实的自我，最终就更容易找到适合自己的工作。这种对真实自我的定义，实际上与“先计划，后实施”的做法完全吻合，即，一旦你找到了真实的自我，剩下的事情就是行动了。

然而，斯坦福大学心理学家黑泽尔·马库斯（Hazel Markus）的研究提出了一个新的概念：“可能的自我”（Possible Selves）。[4]什么是“可能的自我”？就是你对自我所希望、所预期、所恐惧的。佛家有三毒：贪、嗔、痴；儒家君子之道有三：仁者不忧，知者不惑，勇者不惧。而在西方心理学看来，根据马库斯的定义，“可能的自我”是三我：希望我、预期我和恐惧我。

» 希望我：希望自己达到的自我。
» 预期我：预期自己能达到的自我。
» 恐惧我：害怕自己成为什么样的人或自我。

你是由许多个自我组成的。这些自我部分不仅像传统观念认为的那样，由你的过去决定，它很大程度上也会取决于你目前的环境以及你对未来的希望和恐惧。“真实的自我”植根于过去；而“可能的自我”则立足于现在与未来。一部分“可能的自我”可以由你当前所做的事情和现在所在的公司确定；另一些“可能的自我”却仍然模糊不清，只存在于你的个人梦想之中。

通过“可能的自我”的观念来反思传统职业规划的错误，你会发现以下几点。

1. 你不可能通过在头脑中的反省来发现可能的自我。人们是通过实践而不是通过反省来了解到自己可能的自我。

2. 你需要甜头，过多的反省会导致行为瘫痪。传统观念认为，痛苦是变化的唯一动力，但在现实生活中，痛苦会导致行为瘫痪。因为只有我们有了可以感觉、触摸和品尝得到的诱人选项后，才会改变。
3. 对“真实的自我”的执着导致多样性的丧失。如果一上来就急于弄清真实的自我，往往也会导致行为瘫痪。在等待自己豁然开朗的过程中，机会已经从你身边溜走。

软件开发界有个术语是“设计过度”——迭代过慢，最终产品失败。“真实的自我”就等于程序开发者过于追求基础架构的强大，从而思考过度，导致认知资源的衰竭，最终反而阻碍了行动，行为瘫痪，停滞不前，难以迈入新领域——也就是“可能的自我”所辐射的范畴。

传统方法第二步：找信得过的人参谋

传统观念认为，当你计划职业生涯转型时，你应当向那些最了解你的人和那些了解市场的人请教。但是，当你想要重塑自己新的职业身份的时候，最了解你的人反而最可能阻碍你，而不是帮助你。家人或是朋友本意是很想给你支持，但他们往往会加强或拼命保住你想摆脱的旧身份。

自我评价、亲朋好友的忠告，以及职业咨询专家的意见都帮不了真正的忙。我们真正需要的是曾经有过相同经历并了解自己方向的指引者。打破框框并获得心理支持的最佳途径是：跳出我们平时生活的圈子，去接触新的朋友、新的交际网络和专业群体。

传统方法第三步：追求一步到位

我们习惯性地认为完成自我重塑可以一步到位——如果有了改变的愿望，只需做个决定就行了。传统方法告诉我们，别用微小的、表面上的调整愚弄自己。实际上，急切的重大改变会欲速则不达。一步一步采取一些小措施，反而会使我们在重新界定自己的职业身份时，更加全面，更有依据。

多数人职业生涯的转变都需要三年左右的时间，这个轨迹很少成为一条直线——进两步，退一步，最终驻足的地方会让自己大吃一惊。就像伊瓦拉所言：

> 在新的可能的自我刚刚开始形成时，往往不会被我们注意到；但随着他们变得越来越形象、具体，他们会挤占旧有自我的空间，使我们不得不开始对两者进行比较。我们无法轻而易举地抛弃自己过去的（虽然是可能已经过时的）职业身份。这些旧有角色无时无刻不在提醒我们长期以来对于事情的轻重缓急，以及对整个世界的固有看法。要想在转型的路上走得更远，我们必须重新审视这些固有的观念。这一步会走得非常艰难。因为一旦进入转型初期（离转型成功还早），各种不同的自我就会不停地打架，这是一个漫长而痛苦的过渡阶段。

如何重塑“职业身份”？

既然传统的“先计划后实施”方法有问题，那么，新方法是什么？这种新方法就是“检验和认识”。塑造职业身份应该是一种实践，是对可能的自我进行测试、检验和了解的过程。

当各种“可能的自我”漫无目的地变来变去时，使职业生涯转变产生的唯一途径就是把我们各种可能的身份变成现实，然后不断地对这些身份进行锻造，直到我们积累的实际经验足够丰富，能够指导我们采取更有决定意义的行动为止。按照这种思路，成功转变职业生涯的关键做法有：创造试验机会，改变关系网，以及解释我们正在经历的转变。

创造试验机会

“职业身份”（Working Identity）是由你所做的事情和你所从事的专业活动确定的。[5]要想知道自己真正想要做的是什么，唯一的办法就是放手一试。很多人在想转变自己的职业生涯时找不到落脚点，不肯跨出第一步。更多人习惯的是列出各种可能性。举个例子，我有一位学生，之前在一家事业单位从事人力资源管理类工作，现在想离开这家单位，那么，绝大多数人跟他的反应一样，第一步是列出各种可能：

» 选择一，换到另一家事业单位，但依然从事人力资源管理工作。
» 选择二，换到互联网行业，从事人力资源管理工作。
» 选择三，彻底放弃人力资源管理工作，从事自己感兴趣的教育工作。
» 选择四，彻底放弃人力资源管理工作，从事自己擅长的运营工作。
» 选择五，从事跑步运动，因为个人热爱跑步。

大多数人都会幻想自己想要成为的那个人，却忘了最重要的事情：立即行动！转变职业生涯的最佳方法是立即将至少一种选择代入现实进行考量。

你可以利用业余时间以兼职的形式试试身手，比如在周末拿些项目来做。还有一个方法是利用临时性的任务、外包、咨询和第二职业来获得在新领域的相关经验，或者培养自己的相关技能。比如我的一位朋友有个非常好的习惯：每年夏天都会参加一个短期的、全新领域的培训课程。这样不仅可以在新的领域学到知识，同时还能强迫自己跳出日常事务，并且有机会接触有趣的事和有趣的人。

改变关系网

职业身份也是由你所在的公司、你的工作关系，以及你所属的专业群体确定的。在职业生涯发展中期，绝大多数人相比于改变工作内容，更想改变工作关系。怎么改变关系网呢？你可以遵从建立人际网络的三原则。

- 类我原则：在建立人际网络的时候，应避开跟自己性格、生活环境比较类似的人，比如老乡、校友等；
- 邻我原则：在建立人际网络时，还应注意避开跟自己属于同一个生活圈子的人，比如同事；
- 共同活动原则：在建立人际网络时，应该注意与能够共同参加某些活动，如某些志愿者组织举办的活动当中的参与者产生联结。[6]

类我原则与邻我原则侧重的是，我们不应该总是与那些人交往；共同活动原则侧重的则是，我们应该与什么样的人交往。要想告别过去，你必须敢于涉足未知的关系网络，这不仅仅是为了寻找新的门路，更重要的是真正发现自己想成为什么样的人。因为最有可能帮助我们认识真正自我的人，往往是那些我们不熟悉的人。

你需要加入一个新的专业社群，往往是一个“学习共同体”。[7] 在学习共同体中，你还需要寻找一位角色榜样来指导和衡量你的进展。从他们身上，你可以了解到未来可能的自我。同样，你需要尽可能让角色榜样成为自己新的导师。

转变职业生涯是漫长而痛苦的过程。新的专业社群与角色榜样能为你提供保护和缓冲，最终帮助你成功转变职业生涯。

为转变做出解释

职业身份还由形成你生活的事件，以及“你过去是什么人”和“你将成为什么人”有关的故事来确定。你需要发现或创造促成转变的催化剂或触发事件，把它们当作你改写生活故事的由头。

你需要为自己的职业生涯转变做出解释。创造你寻求变化的诱因，也就是为一些事件做出解释，然后将这些事件串成一个故事：一个有关你想成为什么样的人的故事。

每个变换过职业生涯的人都有在某个时刻“顿悟”的故事。这些例子很容易使人相信，职业生涯的改变都是从这样的关键时刻开始的。但实际上，这样的顿悟都是转变的结果，而不是转变的原因。如欧洲社会心理学创始人赛奇·莫斯科维奇（Serge Moscovici）30 岁时读皮亚杰的著作时顿悟；又如乔布斯在印度朝圣时顿悟；再如鼠标之父道格拉斯·恩格尔巴特（Dr. Douglas C. Engelbart）25岁刚订婚时顿悟[8]。中国文化史上最著名的悟道时刻则是王阳明的龙场悟道。

> 一天晚上，正值“中夜”之时，他忽然领悟了“格物”的真义。大约20年前，他曾被这个概念折磨得形销骨立。他领悟到，“格物”的真正意义应求于内心，而不是求于外部。根据大家公认的记载，事情的发生非常有戏剧性：在值夜之时，他辗转难眠。忽然，他感到有个声音在对他讲格物。他在恍惚之中呼喊欢叫，从床上跳了起来。他的仆人吓了一跳。阳明初次认识到，“圣人之道，吾性自足，向之求理于事物者误也。”然后，他回顾心中记得的“五经”中的话，印证他的新认识。他发现“五经”之言与他的认识完全相合。[9]

那些人生中百思不得其解的疑惑豁然开朗，此后的心路海阔天空。就像主题曲的最强音一样，这些悟道时刻构成激励后生小辈的素材。

好故事来之不易。只有经过多次尝试和磨难之后，这种顿悟时刻才会降临。如同王阳明是在被发配贵州的人生低谷时，才获得悟道时刻。好故事需要多次重复。将自己的职业生涯转变故事告诉大家，你就能更清晰地说明自己的意图，从而争取到别人的支持。

小结

是的，人们之所以转变职业生涯失败，绝大多数情况并不是缺乏改变的动机。多数人都知道自己想远离什么：因循守旧、范围狭窄的职业生涯，朝不保夕或者枯燥乏味的工作，冷酷无情的公司政治，没有时间安排业余生活，以及非常难处理的工作与家庭平衡。

“先计划，后实施”的传统方法更多地是在教会我们如何固守以往的位置。现在，重新启程，你需要先做后想。

第十一章

Chapter ★ 11

人生标准九*

人类变得越来越聪明了吗？在这个牛人辈出的世界，我们该选择什么样的生活方式？

人类变得越来越聪明了吗？

1984年11月的一个星期六，一位年逾五旬的科学家在新西兰一所高校翻阅数据——他的同事发来的荷兰两代18岁少年的智商测验结果。他注意到一个奇怪的现象：相同的测验，那些1982年接受测验的孩子，得分比1952年接受测验的孩子高多了。人类是否在变得越来越聪明？这位心理学家好奇地给同行们发了封邮件，向世界各地的研究者申请数据。综合来自不同国家的数据后，他发现了一个人类智商变迁的小规律：

* 本文首次发表日期为2013年1月30日，后曾用作詹姆斯·弗林教授所著《智力是什么——超越弗林效应》一书的推荐序。

每年智商提高0.3%左右，每10年提高3到5个点左右，每30年提高12到20个点左右。[1]

这就是著名的弗林效应（Flynn Effect）。这位好奇的科学家就是詹姆斯 · 弗林（James R. Flynn）。1987年，弗林收集了14个国家不同时期的智商数据，在《心理学公报》上发表论文《14个国家的智商大幅提高：智商测试真正衡量的是什么》。[2]

当时恰逢美国反思教育平等与种族主义的高峰期。1994年，一位心理学家理查德 · 赫恩斯坦（Richard J. Herrnstein）与合作者出版了一本有关智商的专著《钟形曲线》[3]。理查德在书中提出：

1. 低智商人群容易出现各类犯罪与反社会行为。
2. 相对于白人与东亚人，非裔美国人各项智商测试成绩越来越低。
3. 美国最低智商人群是一个印第安人保留区。

基于诸如此类的观点，作者们宣称：

1. 智商测验测试的特质是可靠的。
2. 这些特质是由我们的基因决定的，稳定且难以改变。

这样的结论，在今天看来纯属胡说八道，因为理查德的结论很容易得出另一个结论：白人必然比黑人聪明。更不可思议的是，理查德他们当时在书中公开建议，政府应该减少外国人移民到美国，避免全国平均智商被他们拉低。

《钟形曲线》一出版即成为畅销书。黑人与白人是否真有先天差异，成为美国当时的热门议题。各路人士纷纷吐槽，其中有分量的“板砖”不计其数。[4]美国心理学会（APA）也卷入了这段公案：他们派遣学术调查组去详细调查了心理科学中关于智商与种群等的各类证据。多年前，在我创办心理测量公司时，发给同事们的手册《教育与心理测试标准》中，还留下了关于这段公案的争议痕迹：

心理测验并不能证明也不应用于证明种族与文化高低。[5]

弗林效应在这个公案中，也经常被各路“板砖”人士拿来引用。但与理查德相反，弗林是一个坚定的种族平等主义者，他研究智商的目的是捍卫自己的种族平等观念。毕竟全人类都在变得越来越聪明，凭什么阻止黑人移民呢？凭什么相信黑人的智商不如白人呢？凭什么不给黑人提供更好的教育环境呢？凭什么不相信黑人智商在更好的教育环境中也会提升呢？

弗林效应之所以起作用，原因有很多。除了弗林曾经提到的环境改善、生育技术改善、教育水平提高，以及人们对智商测验愈发熟悉之外，在他2011年出版的著作《智力是什么——超越弗林效应》与2012年出版的另一部著作《我们变得越来越聪明了吗？》中，可以看出弗林逐渐开始相信一种新解释，就是那1%的由于基因遗传而拥有卓越智商的人，会主动去寻找更多新鲜刺激、更复杂的多元化工作环境。慢慢地，这1%的遗传优势扩大为99%的优势，遗传给下一代，通过个体指数在个人层面扩大，通过社会指数在社会上继续扩大。[6]

什么是标准九?

成为历史公案焦点的钟形曲线（Bell Curve）是什么呢？它就是被高斯、达尔文的表弟高尔顿等人誉为“上帝曲线”的正态分布曲线。高尔顿叹道：“我几乎不曾见过像误差呈正态分布这么激发人们无穷想象的宇宙秩序。”

钟形曲线的形态如下图所示。

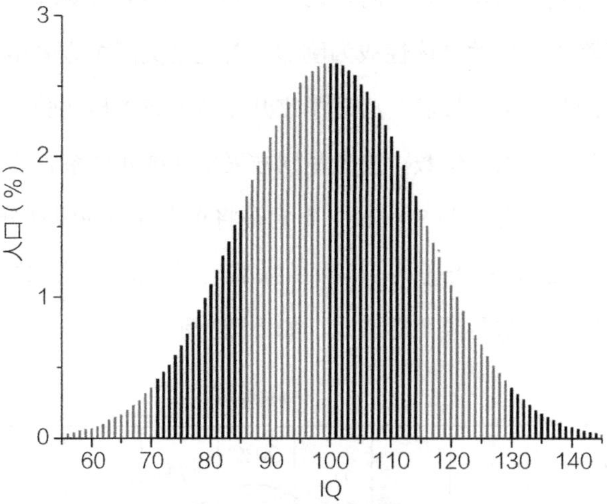

智商的钟形曲线

正态分布的概率密度函数曲线因形状似钟形而被称为“钟形曲线”；它又因被高斯首先用数学证明，也被称为“高斯分布”。如果有机会，让我们穿越到1809年，与高斯一起玩个高明的思想游戏：假设上帝是个倒霉的造人实验科学家，需要进行大量造人实验。每次实验结果都会出现误差，比如人类的智商、身高、胆固醇含量等，那么，这些误差将如何分布呢？

高斯，这位站在上帝旁边的宇宙观察者总会发现：无论上帝造人的实验结果怎么出现偏差，一个“看上去不错”的人，各项指标必然趋近算术平均值。那么反过来，我们推导这些误差分布，就可以得出以下结论：误差分布的极大似然值必然等于算术平均值。当我们明确知道，人类的智商、身高、胆固醇含量等的误差分布的最终走向是算术平均值，那么，反过来推导出正态分布的公式就变得容易了。

我们继续沿着历史长河漫溯，来到第二次世界大战期间。这是个心理学大出风头的年代。当时美国军队普遍采用心理测验选拔将士，提高心理测验结果的易读性成为刚需。首先是美国军方采用标准九体系来表示测验分数，接着，心理学家开始普遍将人格测验、智商测验的结果解释降级为个位数，也就是同样采用标准九体系表示分数。

什么是“标准九”（Stanine）？它是将正态分布曲线划分为9个部分，平均值为5，标准差为2，除了标准一与标准九两级之外，各个分数的范围全部都是半个标准差，如下图所示。

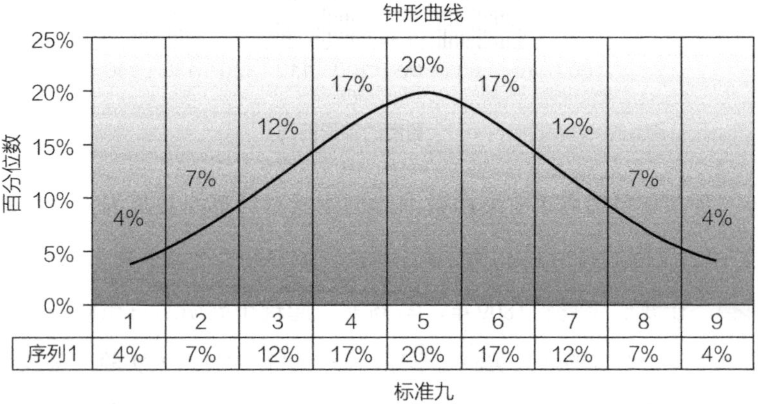

标准九分布图

这样有什么好处呢？首先，它让我们更好地理解测验结果。心理学家向普通用户解释测验结果时，不用说你的“宜人性”是68分，而是说你的“宜人性”是7分；不用说你的智商是115分，而是说你的智商是7分。这样，参与测试的人马上就明白自己处在一个什么样的区间。其次，它能让我们更好地整合不同来源的测试结果。一般来说，在平均数加减两个标准差以内的是正常群体，在此之外是需要格外注意的极端值。最后，它更符合人类大脑这个“认知吝啬鬼”（Cognitive Miser）的习惯——本能地选择最简单、最偷懒的思考方式。我们难以清晰地认识到智商135分和100分的孩子之间有什么差异，但是，智商为标准九与智商为标准五的孩子之间的区别一目了然。[7]

社会比较会带来什么影响？

标准九对我们有什么启发呢？一般来讲，智商在标准七分（以下简称为“标准七”）以上的只有极少数人，智商在标准八的人只占总人口的7%，智商在标准九的人只占4%。事实上，多数国家的教育并不是按普通人的标准制定的，而是采取精英导向。为什么要让“标准五”的人与“标准九”比较，让“标准五”努力成为“标准九”？

事实上，人类进化史长达300万年，进化出阅读与教育功能的历史只有数千年。我们大脑的阅读功能并不是在几十万年前就事先被设计好的，而是在原本的大脑机制里，拥有进化出阅读功能的可能性；在阅读进化的基础上，整个人类社会的教育制度才进化出来。所以，今天的阅读与教育必然受到既有大脑机制的局限。人类教育体制设计的初衷，一方面是为了解放家长的时间，使多数家长不受孩子拖累，白天有充足的时间从事捕猎、繁殖、战争、交易，乃至科研、艺术等各项社会活动，避免年青一代与年老一代争夺同样的时间与同样的地盘；另一方面是为了通过创造一种社会比较的氛围，提供丰富的社会刺激与多变的环境，使那些聪明的基因能够继续保留，并变得更聪明，从而推动人类整体的继续进化。

什么是社会比较（Social Comparison）？它是由美国社会心理学家里昂·费斯廷格（Leon Festinger）发明的概念。[8]社会比较一般划分为3种。

1. 平行比较：与那些和自己差不多的人比较，比如，一个标准五与一个标准五比较。
2. 向上比较：与那些比自己强的人比较，比如，一个标准五与一个标准八比较。
3. 向下比较：与那些比自己差的人比较，比如，一个标准五与一个标准三比较。

人的自尊体系非常有趣。一个人身为“标准七”，会自以为是“标准八”，会与更多“标准八”的人“平行比较”，但一般不会与“标准九”的人比较。这就是认知偏差中常常提到的“过度自信偏差”“乐观偏差”等。这种现象的一个极端的变式，是心理学家戴维·杜宁（David Dunning）与贾斯汀·克鲁格（Justin Kruger）在1999年的发现，即2000年荣获“搞笑诺贝尔奖”的杜宁-克鲁格效应（Dunning–Kruger Effect）——无能的人从不觉得自己无能，因为他们不具备识别自己无能的能力。[9]杜宁等人通过实验发现，成绩处于末尾12%水平的人会认为自己的成绩等级至少在前67%，也就是说，当一个人身处标准三这一区间太久了，反而会认为自己是“标准六”。与此同时，那些能力更强的人往往会低估自己的能力，比如，“标准九”的人常常以为自己是“标准七”。

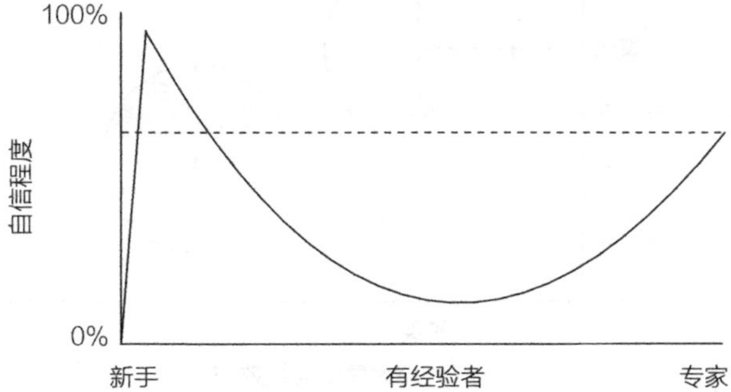

如果“标准七”恰好处在一位“标准九”社交网络的前三层（人数极其有限的亲朋好友圈），那么，这位“标准七”会很受打击，很快将自己下移到“标准六”，甚至“标准五”、“标准四”。当一个“标准七”在标准五区间待久了，他会变得更有自信。另一个相反的极端是，“标准七”在标准八、标准九区间待久了，会降低自我评价。这就是教育心理学史上著名的大鱼小池塘效应（Big-Fish-Little-Pond Effect，简称为BFLPE效应）。[10]心理学家赫伯特·马什（Herbert W. Marsh）等人在1995年进行了一项实验：将两组超常儿童中的一组放在超常儿童组成的实验班，另一组放在由普通儿童组成的普通班。一年之后，在普通班的超常儿童的学业自我概念（自我体验和反省的能力）显著强于实验班的学生。

如果“标准六”比较幸运地遇到良师益友：他们处于标准八区

间，性格友善，善于做榜样，正面鼓励人……那么，原本的“标准六”会慢慢跃迁到标准七乃至标准八区间，这就是皮格马利翁效应（Pygmalion Effect）。[11]

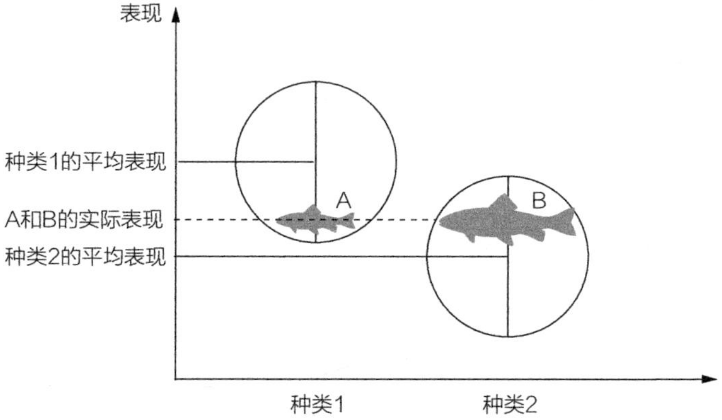

大鱼小池塘效应

人的自尊体系会在不同领域反复经历这种跃迁或下降过程。这样的过程与衡量心理健康的一种指标相关，它就是心理韧性（Psychological Resilience）。[12]如果说人的心理健康可以用强度与韧性来形容，人的自尊体系多导向强度，而忽视韧性。那些韧性强的“标准六”能够意识到，自己在科研这样的领域可能做到“标准七”，但在艺术等领域只能做到“标准三”。这样，他们的动机强度适中，自尊体系的来回切换不会导致情绪崩溃。

不少韧性差的“标准六”会走向极端——在每个领域都伪装成为“标准六”甚至“标准七”、“标准八”，但其心理不具备在不同领域来回切换的能力，整个人会绷得很紧。表面上看，他们具备高自尊、高成就动机。但是一旦在某个领域受到打击，而且这个打击还被社交网络前三层的人感知到了，他们就会脆弱得失去动力，滑向“标准四”，甚至“标准二”。[13]比如，1997年，心理学家马克·埃里克（Mark D. Alicke）等人发现，个体应对消极的社会比较时会夸大优秀他人的能力。当你是“标准七”时，你或许不觉得“标准八”是天才；但当你下滑到“标准四”时，你常常感叹“标准八”是天才。你会发现，社会上的天才总是那么多。这种现象被称为“天才效应”（Genius Effect）。[14]

* * *

恰当的社会比较促进人类进步，而不恰当的社会比较不仅损害心理健康，同样损害人际信任。心理学家将信任分成两种，一种是对事的信任，因为你做了某些事，从而信任你，也就是认知信任；另一种则是对人的信任，自己有多大程度受到他或她的感染，信任他或她，也就是情感信任。在一篇2012年的研究报告《两方面的伤害：社会比较如何伤害情感信任和认知信任》中，研究者发现，当人们在进行向上比较时，自己的考试分数比同学低，他们对同学的情感信任（Affective Trust）会降低——在类似于“我会向这个人承认我最糟糕的错误”事情上，“标准六”不倾向于告诉“标准七”；同样，当人们在进行向下比较时，自己的考试分数比同学高，他们对同学的认知信任（Cognitive Trust）会降低——在类似于“我认为这个人的工作做得很好”这样的事情上，“标准七”倾向于对“标准六”说：“不”。[15]

然而，实验出乎研究者预料的一个结果是，“标准六”们进行社会比较的次序也有重要作用。当首先进行向上比较，再进行向下比较时，只会损害情感信任。因为“标准六”与处在牛人区间的“标准八”、“标准九”们比较，此时此刻，向上比较是自己进行的唯一重要的比较，那么，接下来的与“标准五”们的向下比较就无关紧要了。

当首先进行向下比较再进行向上比较时，“标准六”们对“标准七”与“标准八”们的不信任更少。因为“标准六”们已经在向下比较时，从分数比自己低的那批人获得了情感资源，研究者写道：

（首先进行）对自己有利的比较，可能会让受试者对随后进行的向上比较产生的威胁拥有了“免疫力”。受试者无需非难或疏远分数更高的那个人，因为他们已经知道，自己的表现比另一个同学更好；其结果就是，情感信任就此保留下来。

上述效应，综合为下表所示。

	平行比较	向上比较	向下比较
标准一二三		杜宁－克鲁格效应	
标准四五六		皮格马利翁效应；天才效应；情感信任降低效应	认知信任降低效应
标准七八九	天才效应；大鱼小池塘效应	低估个人能力效应；情感信任降低效应	认知信任降低效应

理解之后

除了选择不恰当的社会比较标准，比如，与盲人比阅读速度；或者逃避正常的社会比较，比如故弄玄虚和故作清高，我们还有哪些积极的选择？

从追求最优到追求满意

将自己的目标定在标准六、标准七附近的中高区间，而非标准

八、标准九这样的区间是一种极其符合心理学原理的做法。诺贝尔经济学奖得主赫伯特·西蒙在二十世纪五十年代首次提出决策中的牺牲（Sacrificing）这一概念。他指出，当所有的成本（时间、金钱和精力）都耗费在收集选项的信息上时，满足就是最大化的策略。[16]之后，心理学家施瓦茨依据西蒙的思想编制相关问卷，将人们区分为了两类人。一类是确保每个选择都是最优决策的人，他将前者称为最大化者（Maximizer）；将后者称为满足者（Satisficer）。两类人的区别总结如下。[17]

最大化者	满 足 者
一直在寻找最佳方案	方案足够满意就停止搜索
经常担心有比现在更好的选择	不会担心可能存在比现在更好的选择
只有当获得最好的才会满意	当达到心理预期就很满意，不会追求最好

选择友善的集体智慧创作群体

参与人类智慧的集体进化，这是最简单的让自己变得更智慧的方法，如开放科学、开源软件、开源硬件这样的领域。法国哲学家让-弗朗索瓦·利奥塔（Jean-Francois Lyotard）在《后现代状态：关于知识的报告》一书中写道："知识的传播不再是为了培养能够指导民族走向解放的精英，而是为这个系统提供一些能在其体制所要求的实际岗位上合格地完成他们的角色的扮演者。"[18]

探索"可能的自我"

如前所述，"标准八"和"标准九"是如此罕见，但我们从小接受的教育却是让我们与这批人做比较。这怎么可能不导致行为瘫痪呢？我们要避开进化带来的社会比较陷阱。在一个智慧加速进化的时代，牛人与牛人、大牛与小牛会非常频繁地短兵相接。很快，大量牛人会被拖下水，走下神坛。在这样的趋势下，一批人觉得“标准八”不过如此而已，于是继续活在自己的小世界，因为自己的社会比较标准已经下放。另一批人却走上了不同的道路：从诉诸外界的标准改为对自己提高要求。如塞奇·莫斯科维奇所言：

> 我没有汽车，甚至不会开车……首先要有一种尺度：某个人占据第一的位置，他就代表进步。你必须接受同样的尺度，尽量靠近第一位，否则你就是落后的、欠发达的，等等。接下来，每一种需要都对应一种受到承认和贴好标签的东西：如果你没有这个东西，你的需要就没有得到满足。多么蹩脚的逻辑！[19]

小结

社会上永远存在“人比人”的问题。我们不会因为自己的愚蠢而悲伤，只会因为比周围的人更蠢而痛苦。

第十二章

Chapter ★ 12

焦虑时代的反焦虑*

1

这是一个焦虑的时代。2019年2月18日，《柳叶刀·精神病学》发表了北京大学第六医院黄悦勤教授团队的大型科研项目“中国精神卫生调查”的第一批研究成果。这次中国首次大规模精神障碍流行病学调查共调研了全国31个省32 552人，发现在所有精神障碍中，焦虑症的患病率最高，终生患病率达到7.6%的人口比例。[1]

如果将心理健康看作一个光谱，左端是正常人群，右端是焦虑症人群。在临床上，焦虑症常常表现为焦虑、紧张、不安等情绪高频发作，伴有头晕、心悸、呼吸困难等生理表现。多数人达不到临床上被确诊为焦虑症的地步，但的确在生活中或多或少地感知到焦虑。

今天我们不讨论临床心理学上的焦虑症，而只讨论正常人的焦虑：在这个焦虑时代，我们该如何反焦虑呢？

---

* 本文首次发表日期为2019年3月5日。

2

焦虑，八面来袭。有来自工作的；有来自生活的；还有来自社会的。媒体、商家又在合谋利用人们的各种焦虑套利。一个小孩子刚生下来，就面对不要输在起跑线上的压力；接着就是中小学生的升学压力，竞相超纲补习；工作后，又是千军万马抢一份工作。

好不容易工作多年，又开始面临失业。当我们打开百度指数，按关键词“找工作”搜索，会发现“找工作”一词的百度指数在2018年12月5日才不到5万，但是到2019年2月12日就飙升到近30万；“裁员”一词的百度指数2018年12月5日是1830，2019年2月12日是651。微信指数的趋势也大体相同，2018年12月5日“找工作”的微信指数是1 843 108，“裁员”的微信指数是2 838 718；到了2019年2月12日，“找工作”的微信指数是6 477 076，“裁员”的微信指数是417 194。

好像突然间每个人都陷入到了找工作的焦虑中，而且似乎不得不焦虑。

3

不妨尝试换个角度看看。

首先，变换一下空间尺度。当搜索非一线城市的相关信息，出来的报道却是画风一变：“洛阳小镇青年：贩卖焦虑没有市场”，还有一篇则是“一部手机背后的小镇青年：吃着蜜糖，喝着毒药”。小镇青年们和在“北上广深”打拼的同学焦虑程度似乎完全不一样。[2]

接着，切换一下时间尺度。前面提及的百度指数、微信指数数据来自90天的数据。如果我们尝试将时间尺度拉到百度收录的所有数据，2010年12月27日百度指数的数据是：找工作指数是3132，裁员指数是108。当将所有数据展开后，你会发现，在找工作指数上，每年的1–4月都是一个阶段性高峰，然后2019年的这个阶段性高峰又是过去9年的最高峰。而裁员指数在过去的8年多相对平稳，几次高峰分别出现在2012年8月、2015年9月、2018年12月至今。微信指数暂未开放90天以上的数据，感兴趣的读者可以跟踪记录微信指数，形成历史存档，看看曲线变化。

在空间尺度上，当我们从"北上广深"切换到小镇青年；在时间尺度上，当我们从90天拉长到8年，就对信息的看法大不一样。看了这些数据，你可能变得更加焦虑，因为你发现2019年找工作的峰值的确是8年来的最高值；你也可能变得没那么焦虑，因为还有个解释理由是使用手机的人变多了。你看，"裁员"一词的曲线在过去8年一直相对平稳。

变化空间尺度和时间尺度比较容易理解。那么，还有一个不容易理解的角度是什么呢？我们尝试来切换一下成本尺度。什么是成本尺度？即为一件事情投入的成本，包括各类显性的成本，也包括各类隐性的成本。那么，当从成本尺度来思考人们的行为，你会发现一个有趣的现象：人人都关心裁员，但鲜有人给自己投入防范裁员的成本。一个侧面佐证是，互联网上充斥着各种和职业发展、财富自由相关的书，但是像如何在职场中规避风险的书，包括如何在裁员时得到应有的补偿、如何避开一些高裁员率的行业等信息，却少有人关注。

事实上，如果我们在成本尺度上注重个人风险控制，不仅偏好获得，更注重规避损失，那么，你更容易以小投入获得大收益。

4

有趣的是，当我们变化角度之后，人生的绝大多数难题似乎迎刃而解。

这就是我推崇的“STC算子”，它出自创新算法。什么是创新算法？它是由根里奇·阿奇舒勒（Genrich S. Altshuler）发明的一套创新方法论，被我誉为二十世纪人类智慧的最伟大的贡献。其中的“STC算子”是创新算法的核心概念。它分别指空间（Space）、时间（Time）和成本（Cost）。使用“STC算子”解决复杂问题时，首先分离出系统的基本参数（阿奇舒勒将其称为“基本场”），然后对系统进行空间S、时间T和成本C三个维度的变形。比如，你可以将两个维度固定，剩下一个维度进行极端化变形，或无穷大，或无穷小，从而获得复杂问题的创意解。[3]

人生亦然。当我们创新地来看待焦虑，似乎变得没那么焦虑了。试举几个例子[4]。

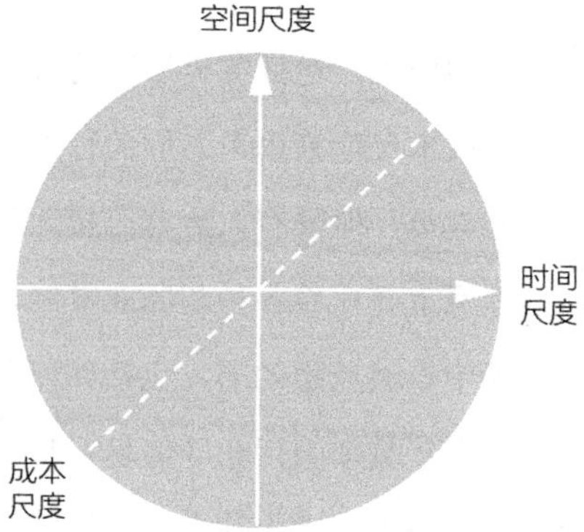

三种尺度

首先看空间尺度。我们既可以选择更靠近未来的城市，比如波士顿、北京，也可以选择那些朝气蓬勃、27岁人口流入比例较大的新一线城市，比如成都、武汉。

再看时间尺度。复利效应就是一个很好的示范，无论学习知识还是个人投资，我们都需要设法通过时间积累形成对特定领域知识的驾轻就熟。

最后说一下成本尺度。绝大多数创业公司都在拼命地融资扩张，而你同样可以选择小而美的极简主义创业方式。

那么“STC算子”中的空间、时间和成本的优先级是什么样的呢？空间先行。[5]三种尺度，三类例子。知识复利效应和极简主义，这两种实现起来都有难度。但是，如果我们试着先选择空间尺度，它更容易执行，也更容易带来质变。人类看似没有直接受益于空间尺度，但它却像空气和水一样无处不在。当焦虑蔓延，压得自己喘不过气来时，就尝试给自己换个工作环境或居住地点吧。

5

人生多数时候是在两种模式之间交错。第一种模式是探索；第二种模式是利用。用管理学大师詹姆斯·马奇1991年开创性的论文来说，这是组织学习的两种基本模式。什么是探索？马奇将其定义为尝试新事物；什么是利用？马奇将其定义为短期内将既有的想法、技术、战略或知识常规化、完善化、精细化，并利用其来努力提高效率。[6]

不仅组织如此，人生亦然。我们在探索和利用之间反复。当陷入探索模式时，世界于你而言，是好奇的、开放的，但同样是摇摆的、不确定的；转为利用模式，我们往往是保守的、防御的，但同样是稳固的、确定的。大到一份感情、一份工作，小到一次美食、一次理发，探索和利用两种模式可以不断交错。

人亦有两种焦虑。第一种焦虑是探索时遇到的陌生事物过多。在学术上，学习一个新学科、新语言；在商业上，从传统产业进入新兴科技产业，从一个节奏很慢或低智识密度的公司步入一个快节奏或高智识密度的公司；在感情上，从新婚燕尔到七年之痒，各有各的快乐和忧伤。

第二种焦虑是嫌弃自己的变现效率不够高，错过了很多套利机会。比如，当年可以买房但没买房；一家后来成为独角兽的公司在起步时邀请自己去，结果自己没去。

是探索的焦虑还是利用的焦虑？区分两种焦虑，分而治之，才是王道。结合“STC算子”，我给各位读者三个反焦虑建议：1）空间上，建设自己的根据地。2）时间上，在不同时间周期选择不同的行动策略。3）成本上，探索和利用两种模式交错进行。

6

避免过度焦虑的方法之一，就是一定要有自己的根据地。有志青年们瞧不上传统的生活方式：老婆孩子热炕头。其实不然，这种中国传统生活方式颇有合理之处。在这种生活方式之下，你不容易焦虑，不会时时刻刻想着去和别人比较。它给你建立了一种稳固的根据地，而这个根据地同时兼容了人类的三种基本心理需求。[7]第一种是自主，你现在是吃香的喝辣的，而且你有热炕头，这就充分地说明你能掌握自己的生活。第二种是胜任，过去只有富农和地主家才烧得起热坑头，这意味着你在村子里，能力也没问题。第三种是归属，你有老婆孩子，表明你能够与别人建立稳定、持续的人际关系或者亲密关系。

你需要有学识的根据地。做人低调谦虚，但做学问不可不狂妄，不可不自信。历史学家桑兵说，放眼读书，前十年未必胜，中十年不会败，后十年无须战。[8]如果读书、治学、写作没有这类“无须战”的志向，那就是典型的书呆子。万卷过眼，仅为一本输出。这是洪业、王国维、钱锺书、陈寅恪等众多大师的殊途同归。

你还需要有人际的根据地。年长者为师长；同辈为死党；小了你几岁，为嫡系。什么是师长？传其志向，承其衣钵。什么是死党？与死党不对事只对人，与外人才对事不对人。什么是嫡系？你一手扶植，相互信任，俗世洪流，相互守望。当然，还有家庭的根据地。贫贱富贵，对家人好一点总不会错。血缘关系，不谈交换，各尽所能，各取所需。

7

避免过度焦虑的方法之二，在不同时间周期选择不同的行动策略。[9]

一个关于焦虑的常见误区，是很多人在该焦虑的时候不焦虑，在不该焦虑的时候又焦虑，这其实归结于我们选择了错误的时间周期。

人的时间周期可以简化为大中小三类。比如说，你当下思考着怎样抓住时代给你的机遇，这就是大的时间周期问题。而小的时间周期问题则是那些每天都要处理的现实问题。比如今天老板给我布置了一个任务，要求我今晚五点之前必须交出来，而我又毫无头绪。显然，大小时间周期里是完全不同的两类问题。

那中等时间周期是什么？比如你在高一的时候很焦虑，因为你从初中升上来了，需要重新认识老师、同学与学校环境。大一的时候你很焦虑，因为你又要面对如何跟人建立关系。刚毕业工作时，同样又如此。在中等时间周期，你要解决的是社会化和个性化的矛盾。一方面你希望在高中同学、大学同学和公司同事中形成一个良好的人际关系，另一方面你又希望在以上不同年龄段的人群中能展现自己的个性。

我们看到，不同的周期各自对应不同的核心问题，但是绝大多数人的焦虑是什么呢？是纠结于小的周期，比如说昨天看到某某公司裁员了，他就焦虑自己是不是会被裁员，今天又看到某某公司发展不好了，他又会再次焦虑起来。这就是他选择了错误的时间周期。

那么该如何走出这个误区呢？方法就是面对越大的时间周期，你越要选择稳定的行动来对抗这种焦虑。

它可以是你的一个习惯，也可以是你的一个爱好。比如说我已经写了20年的博客，那么写作于我而言就是一种习惯和爱好。如果你很喜欢音乐、武术，那么音乐、武术就是你的一种习惯和爱好。越是大周期你越要选择简单的行动，它能够帮助你对抗焦虑。对于一个焦虑症患者而言，往往他的爱好也丢失了。

而在小的时间周期你不要考虑太多，硬干再说。比如说老板给你布置一个任务，你纠结着它和自己的兴趣不符合，和我的人生意义不符合，和我的价值观不符合，最终你无法按时完成任务，自然就变得越来越焦虑。其实这个时候你不管三七二十一，先干再说。再举个例子，很多人学编程的时候，花了很长的时间纠结于是选择Python好，还是选择Java好，是做前端好还是做后端好，结果最终什么都学不好。

简单来说，3个月往往解决的是一个项目级别的问题；6个月解决的是熟悉某个圈子的人际问题：你新生入学后，一个学期就与同学混熟了；18个月解决的是一个创业公司寻找并确认商业模式的问题；12年解决的是人生意义问题。越长的周期，选择越简单的行动，才能穿越时间之河；越短的周期，越要选择行动迅猛的方案。

8

避免过度焦虑的方法之三，探索和利用交错进行。什么叫探索和利用交错进行？比如，我每3年都会定义一个大主题，比如这3年侧重探索，以学习为主。这个时候会阅读大量的书籍，接触大量的人。那么，另一个3年有可能会定义成利用为主——从演讲、出书、开发App到创建并经营公司。

同样，在每个3年，我也会以3个月为单位来交错进行探索和利用。如果这3个月是以探索为主，那么接下来的3个月是以利用为主，比如集中时间写书，此时，我会关闭微信，甚至连手机也不用。

再举个探索和利用交错进行的例子。今天大家都知道微信公众号的确是一种高效获取信息来源的方式。我有两个微信号，一个微信号关注了近千个公众号，另一个微信除了我自己公司的公众号之外，不关注任何公众号。那么，我会如何看那些微信公众号呢？每隔一阵，集中置顶40来个同类的公众号，猜测其文风。当我能准确预测其下一周的发文风格了，再换一批公众号置顶。

这也是一种探索和利用交错进行。我关注的公众号非常多元化。有谈怎么养猪的，有谈怎么开饭馆的，可我这辈子都不太可能去从事农业或餐饮业，那为什么要关注这样的微信公众号？实际上是它给我提供了社会上多元化的信息。这样，我的探索效率足够高，且给未来的利用提供了一个独特的信息来源。当我进入到社交模式时，我会将那些探索时积累的问题跟行业中的人确认。比如猪年对你的生意是好是坏。这样就会不断地修正我头脑中关于世界运作的模型。如果你只是阅读，会缺乏大量鲜活的细节；如果你只是与人交流，又会缺乏体系与差异。

光探索，不利用，必然焦虑；光利用，不探索，同样必然焦虑。前者，我们可以称为文艺青年的忧伤；后者，我们可以称为华尔街精英的无趣。

小结

不拿别人最顺的人生对比自己的人生；不拿别人最惨的人生对比自己的人生。世界之旅，时间之舟，怡然自得，造物虽驶如吾何。[10]

03

第三篇

Part Three

读写模式

无论读书还是写作，你都可以采用“卡片模式”。纳博科夫采取的“卡片大法”为什么能大幅提高读写效率？《纳博科夫的卡片》介绍了卡片背后的认知科学原理。从“必要难度”理论到组块效应、远距联想。而认知科学对读写的影响不仅于此，你在《聪明人的写作原则》中将了解新的“写作模式”，利用古典风格修改文章。

语言对思维的伤害悄无声息。同样，借助语言，你可以体验到更多的人生乐趣。《文学怎样帮助人类》探讨了“审美模式”，其中最值得注意的是如何通过时空变形来创造美感。身体不是认知的外在，而是认知本身；语言不是思想的外衣，而是思想本身；修辞不是雕虫小技，而是发现感觉，创造新型认识，乃至人生意义。

审美是一种模式，风格也是一种模式。人生好比写作，同样的命题，有的人会老老实实按考试规范去写；有的人会坚持“风格模式”，一旦习得，不舍不弃。那么，风格的变与不变是什么？在《风格练习》中，我们继续探讨了文学如何启发你成为一个有趣的人，乃至最后形成你的风格。

好的作者也是好的读者。如何借助认知科学相关研究来改善“阅读模式”呢？在《怎样将书读得通透》中，介绍了读书八字诀：“正反上下，古今中外”；在《冷读热读》中，介绍了如何对读物进行分级以及如何主题阅读、抽样阅读等。

第十三章

Chapter ★ 13

纳博科夫的卡片*

每个工具都带有用来创造它的那种精神。

——海森堡《物理学和哲学》

卡片

艺术无非是制作一种形式，将生命装在里面；作家无非是创作一个世界，用自己的规则来搭建。有些作家搭建世界时，习惯从一个又一个俗词开始；而有些作家则习惯拼接一张又一张卡片。俗词是概念、套话、冗语；卡片则是印象、情绪、生命。

如果要评选一位二十世纪最伟大的作家，弗拉基米尔·纳博科夫（Vladimir Nabokov）必然当选。他是那类作家中的作家，才华横溢，公认的文体大家，一生特立独行："我不属于任何俱乐部或团体，我不钓鱼，不烹饪，不跳舞，不吹捧同行，不签名售书，不签署宣言，

* 本文首次发表日期为2015年2月19日，亦同步发表于《离线·黑客》。

不酗酒，不上教堂，不做心理治疗，不参加示威游行。”[1]

同样，如果要评选一位二十世纪最热爱卡片的作家，非纳博科夫莫属。就是这样一位超一流作家，在一生为数不多的几次采访里，他毫不掩饰自己对卡片的偏爱。

例1 BBC电视台（1962）

BBC：您怎样进行写作？您的创作方法是什么？

纳博科夫：我现在发现索引卡片真的是进行写作的绝佳纸张。我并不从开头写起，一章接一章地写到结尾；我只是对画面上的空白进行填充，完成我脑海中相当清晰的拼图玩具，这儿取出一块，那儿取出一块，拼出一角天空，再拼出山水景物，再拼出——我不知道，也许是喝得醉醺醺的猎手。[2]

例2 《花花公子》（Playboy）（1964）

《花花公子》：您能再给我们说说实际的创作过程吗？如萌发写一本书的想法，是因为读了一些随手写下的笔记，还是因为一部正在写的作品的片段？

纳博科夫：不说也罢。没必要对胎儿做探究性的手术。但我可以说点别的。这个盒子装着卡片，上面有我近来在不同时间写的笔记，而我在写《微暗的火》时又搁在一旁。这是一小叠弃置不用的卡片。[3]

纳博科夫在与采访过众多诺贝尔奖文学奖得主的《巴黎评论》记者聊天时，同样提到了卡片写作。

例3 《巴黎评论》(1967)

《巴黎评论》：您能说一下您的写作习惯吗？您按事先准备好的大纲写吗？您是从一章到另一章跳着写，还是按顺序从开头写到结尾？

纳博科夫：作品的构思先于作品本身。就像玩字谜游戏，我随意在空白处填写。我在卡片上写下这些段落，直到完成整部小说，我的写作计划是灵活的，但我对写作工具则相对讲究：横格的布里斯托卡片、削得不太尖的橡皮铅笔。[4]

《纳博科夫传》开卷甚至收录了数十幅纳博科夫使用卡片写作的照片。[5]不仅纳博科夫热爱卡片，钱锺书也如此。与钱同时代的夏承焘 1948 年在《天风阁学词日记》中写道："阅钱锺书《谈艺录》，博闻强记，殊堪爱佩。但疑其书乃积卡片而成，取证稠叠，无优游不迫之致。近人著书每多此病。"[6]

夏承焘批评钱锺书著作"积卡片而成"，从文学评论的角度来说，不无道理。但从创作习惯的角度来说，这是不懂钱锺书治学取向与写作背后的认知科学原理。

钱锺书善于从笔记小说、诗词中取证据与正典映照。他的笔记从来断断续续，不注重所谓的思维体系，而更注重鲜活的证据，一生积累卡片或读书笔记近十万张，所以他曾言道："积小以明大，而又举大以贯小；推末以至本，而又探本以穷末；交互往复，庶几乎义解圆足而免于偏枯，所谓阐释之循环者是矣。"[7]

东海西海，心理攸同；南学北学，道术未裂。《管锥编》作为二十世纪人文巅峰之作，也可以将其理解为从数万张卡片中精挑细选而成的目录书。今日世人只知钱锺书，与钱锺书同时代的众多宏论之著已无人听闻，这侧面验证了钱锺书的观点：体系会随时间而崩溃，鲜活的证据却永存世间。

原理

纳博科夫这类超一流作家为什么偏爱使用卡片来写作？卡片写作背后的认知科学原理是什么？可以从作家写作的基本流程来梳理：阅读、写作与修改。

- 首先，用卡片来组织阅读心得，能帮助作家更好地记忆；
- 其次，用卡片来写作，能够帮助作家提升创意密度；
- 最后，基于卡片修改文章，能够改善作家的远距联想能力。

首先，为什么写读书卡片或者读书笔记，更容易提升记忆？有什么特别需要注意的？在这里，需要介绍认知科学最新的研究进展，也是超出多数人常识的一个原理：必要难度（Desirable Difficulty）。它是认知科学家比约克夫妇（Robert A. Bjork与Elizabeth Ligon Bjork）在近30年前提出，之后历经两代认知科学家、数十个认知科学实验室发展，目前已成为认知科学中关于学习与记忆的主流理论。[8]

什么是必要难度理论？人类记忆存在广泛且普遍的元认知错觉，会误将“记住了”当成“学会了”。如果将人的大脑粗陋地比作一块硬盘，假设你的每次记忆，都是往这块硬盘中写入内容，那么，可以近似地将记忆想象成无限的内容，但硬盘上的这些信息会相互争夺空间。

人的记忆有两种基本机制：存储与提取。比约克率先区分了记忆竞争的两种不同类型：存储优势（Storage Strength）与提取优势（Retrieval Strength）。以前，人们习惯性地以为，记得越快，学习效果越好。简言之，存储越容易，提取就越快。但他的实验发现了与常识相反的结论："存储与提取负相关"，也就是说，存入记忆越容易，提取出来越困难；反之，如果你存入时有些吃力，提取时会更方便。[9]

比如，我们的常识是在课堂上记笔记。但是必要难度原理建议，别在课堂上记笔记，因为老师边讲边记笔记，你会听得太明白，写入太容易，但大脑这块硬盘未来会不易提取出来。过些日子，多数知识会遗忘。反之，如果我们略微增加写入的难度，比如晚上回到宿舍或者第二天再写笔记，这样未来提取时会更容易。即你有些困难地存入，会记忆得更好并真正学会。

卡片笔记这种方式，帮助了纳博科夫与钱锺书等人更好地记忆。杨绛就曾写道：

例4 杨绛《钱锺书手稿集序》(2001)

许多人说，钱锺书记忆力特强，过目不忘。他本人却并不以为自己有那么"神"。他只是好读书，肯下功夫，不仅读，还做笔记；不仅读一遍两遍，还会读三遍四遍，笔记上不断地添补。所以他读的书虽然很多，也不易遗忘。

……做笔记很费时间。钱锺书做一遍笔记的时间，约莫是读这本书的一倍。他说，一本书，第二遍再读，总会发现读第一遍时会有很多疏忽。最精彩的句子，要读几遍之后才发现。[10]

钱锺书、纳博科夫这类作家，无不是通过自我修炼无意中掌握了必要难度原理。所以，他们往往不会当时写笔记，而是时隔几个小时，再回去默写读书笔记或者写日记。在2013年，认知心理学家们联合在审查十项流行的学习技术时发现不少普遍流行的学习方法，如概述材料、标记、关键词助记、图像辅助学习、重读，仅在特定情境下有效，或者效果很差。[11]相反，基于卡片的记忆回放方法则对不同年龄、不同情境都普遍有效。纳博科夫曾说过："我是一个记忆力很差但热衷于记忆的人；我可以非常清晰地回想起景色、姿势、语调，以及无数的具体细节，但记不住姓名和数字。"[12]

其次，用卡片来写作为什么能够帮助作家改善创意密度？这是善用了大脑的特点。一般作家会摊开一个长长的Word文档，纳博科夫眼前则是小小的卡片。同样的心力，前者会将其分散到三千字上，后者则将其聚集于更少的内容，创意密度更大，所以纳博科夫的文章常常妙语连珠。

有人问："您如何看待美国文学？"纳博科夫回答道："每一代很少有两三个真正的一流作家同时存在。"超一流作家普遍意识到同一历史周期，只能诞生有限数量的天才。天才是什么？对纳博科夫来说，天才必须用俄语来发音——geniy，发音低沉，充满敬畏之意。因此，他们"仔细研究历史上对手的作品，包括上帝的作品"，[13]将自己的才华与心力，压缩到一张小小的卡片中；与之相反，平庸作家，则挥霍才华，将原本一张卡片的内容，稀释到一本又一本书上。

作家拖稿，举世公认。阿兰 · 德波顿（Alain de Botton）曾说："当作家无所谓文章写得好不好，而是怕交不出稿子时，他们才开始动笔。"[14]如果作家启动写作的思路有"我要写一本书"与"我要写好一张卡片”两种，显然，两者的认知负荷大不一样，后者更容易打破行为瘫痪，避免写作拖延。[15]

最后是修改。作家如建筑师，用词汇去设计斑斓多彩和形式各异的建筑。当你将作家理解为建筑师，你就明白，为何每次盖房子，比起从水泥等粗活干起，直接用预制材料来搭房子会更快更稳。普通人每次写作是在“干粗活”，纳博科夫等则是在拼接卡片。

我们的大脑一方面先天具备贪婪的模式处理能力。当看到一幅未完成的、缺了一条边的正方形，它会试图补上；另一方面，创造性却常取决于远距联想能力。好作家应当创造前所未有的阅读体验。纳博科夫如是说：“想象是记忆的一种形式。意象取决于联想的力量，联想则由记忆提供和促动。”[16]所以大脑的模式处理能力与创意需要的远距联想能力构成了写作的基本矛盾。[17]

当纳博科夫修改稿件时，他会打乱不同卡片的顺序来玩一个以卡片为基础的拼图游戏；而常人修改稿件时，还是在一个词汇、一个句子地修改。相对一般写作者，“纳博科夫们”从词汇转到卡片，从而再一次激发了远距联想能力。

例5 《花花公子》（1964）

《花花公子》：您怎么会想到记录和收集这些互不相关的印象和材料？

纳博科夫：我所知道的是，在一部小说写作初期，我很想储备一些稻草、绒毛，衔些小石子；没人知道一只鸟对它未来的巢和巢里的蛋有多清晰的设想，或者鸟压根就不去设想。

我写小说从不从头写起，我写第四章前还没写到第三章，我没有义务按顺序从这一页写到下一页；不，我这儿挑一点，那儿挑一点，直到填满纸上全部空白。这就是为什么我喜欢在卡片上写我的短篇小说和长篇小说。

当整部作品已完成，我稍后再给这些卡片编号。每张卡片改写过多次。大约三张卡片可以打出一页纸。[18]

上述认知科学原理——必要难度、创意密度与远距联想能力，都反映了认知科学的一个基本原理——组块。[19]在认知科学中，为了方便记忆，我们把一些需要记忆的东西加以分类或加工，使之成为一个小的整体，并称之为组块。相对传统写作的“词汇”、“段落”来说，卡片就是更大、更便于记忆、更有意义的一个组块。对它进行记忆、创作与修改，而非对最原始的词汇进行记忆、创作与修改，是超一流作家普遍掌握的写作秘籍。

变迁

超一流作家偏爱卡片这一习惯同样来之不易。在纳博科夫年轻时，他像每一位青年作家一样，只是用练习本写。当他三十八岁开始写《天赋》时，他突然开悟了，改用卡片写作。

例6　《威斯康星研究》（1967）

在30年代后期，我开始写《天赋》，也许是需要许多的笔记，我就改用另一种，也是更实用的方法——用橡皮铅笔在索引卡片上写。因为我向来在一开始就对整部小说有一种奇妙而清晰的前瞻，我发现卡片用起来尤为方便，因为不必按着章节的逻辑顺序，而可以在小说的任何一个部分进行替换，随时填补空表。我恐怕和柏拉图混淆起来，我并不在意他，但我确实认为，就我的情况来说这是真的：整部小说，还没写，就似乎在另外的某个空间完美地准备好了，有时清晰，有时模糊。我的工作就是尽量把我所理解的写出来，尽可能准确地写出来。[20]

钱锺书则是在牛津读书时，养成了类似的习惯。因为牛津图书馆的图书从不外借，在那里读书，只能携带笔记本和铅笔，书上还不能留下任何痕迹，只能边读边记或者回去后默想。

相对纳博科夫和钱锺书的时代，如今变化的是写作的外在条件——我们今天较少使用纸笔书写，但是卡片背后的认知科学原理没有变化。卡片发展至今，出现了很多变式。

比如，今天我们可以使用手机摄像头来扫描读书卡片，然后将扫描件保存在备忘录等手机软件中；也可以将日常看到的素材收集在备忘录等手机软件中；还可以使用专业写作软件Scrivener的卡片模式，改善写作效率；更可以将日常的写作素材发在公开或者设置成隐私的微博、推特上。[21]

变式一：使用手机摄像头扫描读书卡片

相对来说，我更喜欢阅读纸质书。心理学家通过实验发现，大脑偏爱纸质书。对于好书和需要深度研读的图书，最好以纸质书为主。电子书在元认知、记忆回放、深度理解、工作记忆加工、注意力持续时间上弱于纸质书。[22]向纳博科夫学习，我们可以准备很多彩色卡片，插入纸质书中，或者用作书签，保存阅读线索；或者用来填写灵感与心得。

变式二：用备忘录来保存写作素材

在移动互联网时代之前，很多写手都有一个本子用于记录心得；在移动互联网时代，这个本子被手机、电脑上的记事本软件取代。你可以将素材、灵感与资料保存到手机自带的备忘录上。大量阅读、积累素材是写作的必经阶段。随着阅读量的提升，你能够看见自己的成长。具体而言，你可以积累什么样的素材？观点、论据、作者联系观点与论据的巧妙方式、各类好的隐喻。

变式三：善用卡片写作软件

当我们正式写作时，可以采用一些卡片写作软件。比如，Scrivener 是一款村上春树等作家普遍喜欢的专业写作软件，它自带卡片写作模式。[23]

变式四：一个人的微博

在今天的社交媒体上，你试图享受高质量、具备知识趣味与新鲜感的对话已成为奢望。各类社会化过滤器在鼓励你更多、更快地输入，你却失去了输出的兴致。每个人都如此急急匆匆，忙着粗暴而简单地转发，偶尔闪现的评论也只是在捍卫自己的观点。技术的进步，不是帮助你更好地记忆与书写，而是帮助商家更精确地投放广告。你的记忆掺入了太多噪音，你的书写只有广告商在意。

作为抗拒，我们可以将社交媒体从噪音接收器变为写作的素材记录工具。只转发、记录有质量的资讯，以及未来写作可以引用的素材。你甚至可以像我一样，开始一个新的习惯：一个人的微博。只向自己与家人开放的微博，它仅仅是一个记忆外部化工具。在那里，我可以肆无忌惮地随时随地进行记忆外部化，回归初心——想到什么，便记下什么。它既不“社交”，也不是“媒体”，它只是一个向纳博科夫致敬、仅供自己一个人使用、用来积累脑中不断闪过的灵感的“外部记忆库”。[24]

小结

此外，每位记录卡片上万的超一流作家背后，必有一位默默整理卡片的人。正如杨绛之于钱锺书，薇拉之于纳博科夫。

> 例 7 《巴黎评论》(*1967*)
>
> “您能说一下您夫人跟您的合作吗？”
>
> “她是我的顾问和法官……我的所有短篇和长篇小说，我都至少对她读两遍。她打字的时候要重读这些作品，清样出来后要进行校对。”[25]

杨绛与钱锺书，薇拉与纳博科夫，棋逢对手，一生坚守。不同文化，同样一个关乎爱与创造力的故事。正如低调的钱锺书在《写在人生边上》扉页用“赠予季康”来表达对杨绛的爱一样，纳博科夫能做的就是，在一生每本书的扉页写上：献给薇拉。[26]

第十四章

Chapter ★ 14

聪明人的写作原则*

风格演化

中文有《诗经》，英文有《圣经》。“关关雎鸠，在河之洲；窈窕淑女，君子好逑。”“元始，上帝创造天地。地乃虚旷混沌，渊际晦冥，上帝之神煦育乎水面。”最早的写作风格由此而来。千年演化，文体多变，风格迭出。有的风格辞藻华丽，手法夸张，如司马相如的《子虚赋》——“车驾千乘，选徒万骑，田于海滨。”有的风格简约清晰，雄辩滔滔，如培根的《谈读书》——“读书足以怡情，足以博识，足以长才。”

数千年文体的风格演化，始终存在着古典风格与艺术风格的对立。前者追求平易但不平淡，言之有物，又有文采；后者重视写作形式，文学实验遍及题材音韵、节奏句式，穷古今之变。在盛唐是古文与骈文的对立：韩愈发起古文运动，向《诗经》《论语》等古典作品

* 本文首次发表日期为2014年9月11日，后曾用作史蒂芬·平克教授所著《风格感觉》一书的推荐序。

学习写作。在清朝是古文与时文的对立：桐城派领袖人物方苞号召重回经典，力求简明达意，条理清晰。在古希腊则是塞内加风格与西塞罗风格的对立：塞内加重视论点的鲜明与表达的有力，句子简短，接近口语；西塞罗讲究修辞，句子长而丰满，音调铿锵。到了文艺复兴时期是培根与巴洛克风格的对立：培根的文章简短，简明扼要，思想深刻；巴洛克风格繁复华美，带点神秘主义色彩。[1]

和汉语不同，英语经历了三个语言时期：古英语、中古英语、近代英语。三种语言虽有联系，但差异极大。因此，今天追溯英文写作传统，更多是从近代英语算起。《圣经》英文译本的诞生即是标志事件，莫尔开启了近代英语古典风格写作的源头，之后从德莱顿、班扬、笛福、斯威夫特、科贝特、萧伯纳、奥威尔，再到美国的怀特，一脉相承。在中国，则从韩愈、柳宗元、桐城派、曾国藩再到毛泽东。[2]

文风兴盛，关乎时代命运。在礼崩乐坏、生命无常的魏晋时代，那些天资绰约的名士们，不约而同地选择了华美绮丽的文风，对仗工整、数典用事。如曹植的《洛神赋》——“仿佛兮若轻云之蔽月，飘飖兮若流风之回雪”；又如阮籍的《大人先生传》——“天下之贵，莫贵于君子；服有常色，貌有常则，言有常度，行有常式；立则磬折，拱若抱鼓，动静有节，趋步商羽，进退周旋，咸有规矩”。身处盛世，你不由自主地向往尧舜古风，是盛唐之古文运动，也是康乾桐城派；是文艺复兴时期的蒙田、培根，也是十七世纪法国的笛卡儿、拉罗什福科。

当时代强调理性，则古典风格流行。1660年，英国皇家学会成立伊始，“要求全体会员用一种紧凑、朴素、自然的说话方式，正面表达，意思清楚，自然流利，一切尽量接近数学般的清楚。宁用工匠、农民、商贩的语言，也不用才子、学者的语言。”科学文章必须写得“像数学般平易”，否则会误了社会大事。今天还有几位科学家记得300年前英国皇家学会的约定？牛顿的《自然哲学之数学原理》开篇写道：

> 古代人从两方面考察力学，其一是理性的，讲究精确地演算，再就是实用的。实用力学包括一切手工技艺，力学也由此而得名。但由于匠人们的工作不十分精确，于是力学便这样从几何学中分离出来，那些相当精确的即称为几何学，而不那么精确的即称为力学。

牛顿的写法简朴自然。今天科学家普遍的书写文字是“有心理健康问题的人可能变得危险。以多样的策略来处理这个主题很重要，包括心理健康援助，也包括执法角度。”为什么非要故作高深呢？明明可以写成：“有心理疾病的人可能变得危险。我们需要咨询心理健康专业人士，但可能也要通知警方。”

当认知科学家遇上写作

幸好，还有科学家铭记古典风格。认知科学家马克·特纳（Mark Turner）与人文学者弗朗西斯·托马斯（Francis-Noel Thomas）不满当代英文写作风格，便在经典之作《古典风格》一书中重返古典风格。他们认为古典风格不同于实用风格，也不同于平实风格，并将写作看作一种智力活动，作者与读者地位平等，通过对话来交流。[3]在《风格感觉》一书中，认知科学家史蒂芬·平克则将古典风格发扬光大，他认为：

> 古典风格的指导性隐喻，就是“观看世界”。作者看到的一些东西，是读者没注意到的，读者的视线经作者引导便能看得见了。写作的目的是呈现，动机是呈现不偏不倚的真相。当语言和真相连成一线，写作就成功了；而成功的证据，在于清晰和简洁。[4]

古典风格是清晰的。作者在用文字呈现真相之前就已知悉真相，因此古典风格的作者不为真相辩论，而只是带着读者看世界——文章是望向世界的一扇窗。古典风格是简洁的，但并不简单，它总会带读者看到那些不一样的真相。“早起的鸟儿有虫吃”，这是简单风格；“早起的鸟儿有虫吃，但第二只老鼠才吃到奶酪——因为第一只老鼠被捕鼠器逮着了”，这才是古典风格。

就像我们今天熟悉的一个隐喻：现代人是使用石器时代的大脑生活在二十一世纪。你我都是使用同一颗大脑在写作。这颗大脑受制于那千千万万年以来，星辰起落、狩猎采集的人类演化大道。比如人类的语言习惯是有生命的大于没有生命的；人类先于动物；阳性大于阴性。只会说美女与野兽，而不会说野兽与美女；只会说夫唱妇随、男耕女织，而不会说妇随夫唱、女织男耕。

适者生存，人类会演化出适合交流的写作风格。在认知科学家特纳与平克看来，追求简单、清晰的古典风格正是演化的赢家。

当认知科学家遇上写作，会发生什么？那些不符合现代科学揭示的心智与语言运作规律的写作手册都要改写。因此，认知科学家们纷纷来到人文学者的地盘，谈诗论文。客气一点的特纳与人文学者合著《古典风格》；娶了小说家做妻子的平克则在《风格感觉》中致力于站在认知科学的前沿，为当代作者提供一份风格手册。平克是当代最重要的认知科学家。他不仅出版过《语言本能》《心智探奇》等科普畅销书，还曾荣获普利策非虚构写作大奖。当一流科学家与一流作家身份二合一，试看平克给我们揭示的21世纪知识分子的写作要点。[5]

原则1：节俭使用元话语

你可能听过元认知、元记忆、元学习。认知科学关比较心meta词缀，不少术语均以meta开头。元话语（Metadiscourse）是指标示话语结构的标记语言，相当于为读者“设置路标”，提醒读者该注意什么。来看平克故意编写的一个负面例子。

> 本章的剩余部分结构如下：第一小节介绍“元话语”及其主要表现形式——设置路标。第二小节讨论三个问题的坏处：致力于描述职业活动而非介绍主题，过多地使用自我辩解的语言，以及过度闪烁其词、避做正面表态；之后的第三小节解释使用惯用语的问题。第四小节谈过度抽象化的问题，包括滥用名词化和被动语态。最后，我会评述以上讨论的主要观点。[6]

如果你是一位路人，在一个满是指示牌的地方，你很容易迷路，不知所措。在上段例子中，“本章”“第一小节”“第二小节”“之后的第三小节”“第四小节”“最后”同样设置了一堆路标。充斥标记语言的文字，难以理解和记忆，应大刀阔斧地砍掉。你可以用提问代替元话语，如下。

> 改前：这一章讨论引起名字流行程度上升和下降的因素。
>
> 改后：一个名字流行或不流行的原因是什么？

或把一段文字的内容当作发生在眼前的事：“正如你刚才看到的……”你还可以用有内在大小关系的具象事物来代替第一、第二、第三、第四这种写法，如“仁者如水。有一杯水，有一溪水，有一江水，圣人便是大海水。”

好的写作善于利用读者的期待心理，曲径通幽，带着读者上路，不让读者受困于各种路标，善于利用“一致性圆弧”组织文章脉络。所谓一致性圆弧，就像平克所言，具备一致性的文章是经过设计的：一个单元里有树状结构般组织起来的小单元，一道道一致性圆弧跨越其中，贯串话题、论点、角色和主题。它能确保读者抓住主题、掌握重点、紧跟相关事物，并让概念环环相扣。

原则2：不要复杂主题

试看一段文字：

> 近年来，越来越多的心理学家和语言学家将注意力转向儿童语言习得的问题。本文将评述这一过程近年来的研究。

这样的文字无聊乏味，催人欲睡，偏偏这种文字比比皆是。将这些坏文字扔到一边，看看古典风格如何写这段话。

> 小孩子们不用专门上课，都能获得说一门语言的能力。他们怎么做到的？

对话比主题更重要。你试图向读者解释一些重要的主题，而非向他们说明该主题有多么困难，或者该主题背后有多么复杂的学术争议。

记住，你的写作是与读者对话，别把你的老本行当作谈话的主题。你关心的，并不一定是读者关心的。在非虚构写作时，常见的错误是用自己研究中的内容来混淆主旨。一位哲学家喋喋不休地谈论其他哲学家的所作所为，而不是谈论原本应该关心的主旨本身。

原则3：写作清晰有力，少用模糊词汇

一些修饰词，如“看似”“显然”“几乎”“某种程度上”，有时候必要，却过于乏味。如果你用过头了，还会给读者不良的暗示——作者不愿对文字承担责任，随时准备拍屁股走人。比如，当你在新闻报道里读到“据说死者躺在血泊里，背上插着把刀”，你对这篇报道有几分信任？

同样，“非常”“十分”“特别”这样的强调词会有过犹不及的效果，让人产生困惑。比如你怀疑一个人是否偷了你的钱，你听到两种说法：

> 杰克是个诚实的人。杰克是个特别诚实的人。

当你听到第二种说法时，你会更加怀疑杰克。对不加修饰的形容

词或名词，人们倾向于二元对立的理解——要么诚实，要么不诚实。而添加修饰词，会凸显程度的差异，“特别诚实”有多诚实呢？

原则4：陈词滥调，如避蛇蝎

请用新鲜、言简意赅的词汇来代替陈词滥调。读者读文章就像看戏一样，沉浸其中，而陈词滥调容易让读者出戏。当你听到一个又一个不加斟酌、暗淡无味的词汇时，读者会关闭视觉想象，仅仅在脑中划过一个个熟悉的音节。好作家懂得如何将陈旧的意象重新包装，写出新意。试看海子的诗：

> 黑夜降临，火回到一万年前的火
> 来自秘密传递的火　他又是在白白地燃烧
> 火回到火　黑夜回到黑夜　永恒回到永恒
> 黑夜从大地上升起　遮住了天空
>
> ——海子《献诗》[7]

如果让一位平庸的作家拿黑暗、火、永恒造句，会写成“黑暗中重生，浴火中永恒”这样的句子，只有海子会写成：

> 火回到火　黑夜回到黑夜　永恒回到永恒

此句之妙，妙在重复与同质。如博尔赫斯写的那句“死了，就像是水消失在水中”，又如“让上帝的归上帝，恺撒的归恺撒”。

原则5：抽象名词，远之；抽象概念，论之

伍尔芙曾经写过一本书《普通读者》。什么是普通读者？你可以理解为有阅读趣味与欣赏能力的人。究竟是写成晦涩难懂、寥寥数人阅读的无聊文章，还是为普通读者写作？建议你选择后者，通过多种方式谈论抽象概念，并且尽量避免使用不必要的抽象名词。滥用抽象名词，莫过于两类：性度力和官僚体。

先说性度力。当你打开网上书店检索，你会看到这类图书标题："自控力""演讲力""说服力""沟通力""领导力"……在文笔差的文章中，你时不时又能读到：

- 专注度、自由度、可信度、关联度、相关度、聚合度、生活满意度
- 显著性、安全性、易用性、自觉性、特异性、敏感性、科学性

鲁棒性、效度、演讲力，这些是在吓唬外行。奥威尔将这类词汇称为"语言的义肢"，能砍就砍。[8]另一类滥用抽象名词的例子则是官僚体。什么是官僚体？你的文章中充斥了大量"问题""模式""水平""观点"。举个例子，"一个有着心理健康问题的人会变得很危险"应删掉"问题"，改为"有心理疾病的人会变得很危险"。

原则6：去掉僵尸名词

"名词化"是指将动词改变为名词，这是写作的一大凶器。鲜活的动词密封为名词，失去了原有的力量，大大削弱了和动作发起者的

关联。比如，“确认”变成“做出确认”；“决定辞职”变成“做出辞职的决定”；“我们向参与者展示一个句子，他们判断句子的真假”变成“参与者阅读一些论断，然后透过用作评估的字眼的提供，他们对论断的真实性加以确认或否认”。

奥威尔曾深入批评学者与官员过度使用官僚体这一现象，如政治家的一句经典辩护：

> 错误已经造成了。

“我犯了错”和“错误已经造成了”，后者看起来高高在上，不容置疑。前者真诚直接，勇于担当。

原则7：采用主动和互动风格

尽量采用主动、互动的风格来提高情感指数。什么是情感指数？它语出《有效商务写作》一书，表示你是否关心读者。[9]试看情感指数低的例子：

> 我们很高兴地宣布，本实验室的新设施将对外开放，随时准备承接各类脑科学实验。

文中的“我们”“本实验室的新设施将对外开放”都不是站在读者角度，此句情感指数等于负二。为了提高情感指数，需要修改为：

> 你将有机会使用本实验室，来做你的脑科学实验。

推荐使用第一和第二人称。不要假装你还有一位经纪人帮你冲在前台，比如应该删掉这类句子：

“这篇文章会表明……”

尽量使用主动语态，试看范例。

例子A：随着时间的推移，X会带来持续的累积性毁坏。

例子B：不要使用X，它在几分钟内就可以将你杀死。

哪种表达更能引起读者的共鸣？哪个句子的情感指数更高呢？答案不言自明。

原则8：被动语态并非洪水猛兽

《风格的要素》等经典英文写作手册都反对使用被动语态。[10]不过平克指出，如果你只是偶尔用用被动语态，尽管大胆使用。只是需要记住一个原则：此时，你试图攫取用户的注意力，将其集中到你要突出的事物上。主动语态引导读者将注意力投向此时此刻的行动；被动语态则让读者把注意力放在做出这些行动的人或物上。有时需要关注的正是后者。例如：

看到李雷了吗？ 他正被一位拿着购物袋的女子扔鸡蛋。

第二句话中出现的被动语态合情合理，因为它可以抓住读者对李雷的注意，而不是关注正向他扔鸡蛋的女子——她是韩梅梅吗？

上述八条正是聪明人的写作八原则。

白云在天，丘陵自出

如何学习二十一世纪的古典风格？可以参考我推荐引入的《古典风格》《风格感觉》两本认知科学谈写作的好书。

让人略感遗憾的是，中英文差异不小。汉字是世界上唯一流传五千年的象形文字，它的信息密度和节奏感与英文不同。如“口是心非”读起来朗朗上口，同时包含深刻的语意，翻译成英文就失去了中文的韵味。余光中将中文生命的常态总结为措辞简洁、语法对称、句式灵活、声调铿锵。

除此之外，从《诗经》开始，中文就有散文句法与诗歌句法两种。文养气，诗洗心。文指什么？散文句法。诗指什么？诗歌句法。多数人不知道“诗歌句法”的存在，以为白话文只有“散文句法”，其实不然。例如，与严谨的散文句法相比，中文诗歌句法可以随意插入语气助词，可以随意省略句子成分，可以随意调整词序和语序。典型的例子如杜甫的千古名句“香稻啄余鹦鹉粒，碧梧栖老凤凰枝”，如果写成严谨的散文句法，应该是鹦鹉、凤凰作为主语在前。而在中文诗歌句法中，这些词可以任意对调。

在师法西方的古典风格时，你不应忘记，中国还有韩愈、桐城派那样的古典风格；你更不应该忘记，中文还有“卿云烂兮，纠漫漫兮”,“白云在天，丘陵自出”那来自源头的美好。

第十五章

Chapter ★ 15

文学怎样帮助人类*

《人的文学》是周作人1918年在白话文运动初期的文章。他认为新文学需要重视人的价值，并反对一切非人的文学、吃人的礼教。白话文运动已经过了100多年，中国从遭受列强凌辱、经历频繁的战乱到如今的和平强大，年轻人追寻个人价值已成为集体共识。那么，与100多年前相比，今天我们重谈“人的文学”，此时人类又在面临什么问题？文学可以如何帮助人类？

人的问题

人的多样性

神话是众人的梦，梦是众人的神话；英雄只有一个，但会带着不同面具出现。每个学习、实践写作梦想的人，都在努力成为自己的英雄。世界上有如此多迷人的心灵，不甘平庸，努力成长，通过简单的

* 本文首次发表日期为2016年7月18日，认知写作学三期开学典礼致辞。

文字构建一个又一个城堡，每个写作者都是自己城堡的君主。

在现实生活中，这些写作者有的是产品经理，有的是工程师，有的是独立咨询师。人具备如此复杂的多样性，每个人都在看见可能的自己。正如海子所说，你一定要来到人间一趟，看看那夏天的太阳，和你的心上人，打着赤脚，一起走在河边。也许，你想看到的是不一样的风景。今天与100多年前最大的不一样是，时代正在变得更快，它开始伤害人类的多样性。

鲁迅与梁实秋对战，两人指桑骂槐，论战八年，“灌水”数十万字。[1]如果换成是在三个月就是一年的互联网时代，看官们早就累了，取消关注。每个人的衣食住行、听说与阅读，都渐渐变得雷同。即便你以为自己的选择是小众的，你认可的物品或内容，也可以用一套流水线般的小众文化、垂直社群、二次元文化方法论来制造。木心曾经写过，从前那么慢，那么美，车、马、邮件都慢。[2]一个问候，要等上好多天。而今天，每个人都试图让自己变得更快，信息吞吐能力更强，刷爆朋友圈、“10万+”阅读成为创业者的追求。

有些多样性的丧失显而易见，比如网红脸的大量出现。外貌多样性的丧失，比较容易识别和警惕。人的工作观是否具有多样性，也很容易识别。越来越多的年轻人开始厌倦从重点小学到重点中学，再到重点大学，然后再找一份所谓的好工作这样的“重点人生”。斜杠青年、间隔年这些词汇成为年轻人的时尚。你有没有想过，刻意追求不一样的人生，是否也是一种重复与雷同？你不愿意变得和别人一样，但恰巧因为这个想法，你正在与别人变得相同。因为当你诉说追求的时候，你依然在使用与别人一样的词汇。这就是难以发现的一种多样性的丧失：语言。

流行文体

语言是生活的映射。当人类尚处在数万年前的狩猎—采集时代，我们通过原始的语言构建了对世界的理解。我与你属于一个部落，我们就是我，我也是我们，离开这个部落，我就不知道自己是谁。在一个部落中，你与我是平等的关系，那么，我和你并肩合作，“我与你一起上山打老虎”，这就是语言的“并列关系”；我和你要去共同完成目标，上山打老虎，“我活下来了，但是你死掉了”，这就是语言的“对比关系”；北山坡上的老虎太可怕了，“虽然身边的人已经丧身虎口，为了生存，我还不得不继续上山打老虎”，这就是语言的“让步转折关系”；“通过不懈努力，我们终于战胜了老虎，从此北山坡上的食物养活了整个部落”，这就是语言的“因果关系”。

语言和我们的思维、生活深深地纠缠在一起。它就像空气之于人、水之于鱼。人们渐渐忘记了捍卫语言，保护语言的多样性。你天天在朋友圈刷的微信公众号文章，多数可以归到以下三类文体中的一类。

» 科普文：倒卖二手三手知识的小商贩；
» 评论文：追逐每日热点的IT评论家；
» 鸡汤文：只会发廉价安慰剂的赤脚医生。

不能说科普文传授的知识一定不对，但多数时候，你并不需要二手、三手知识。多数科普文为了所谓流量，渐渐变成标题党，你看不到探索真理的姿态。至于评论文，那就更多了。你会奇怪，这个世界上真的有一批人，对任何产品、任何公司、任何商业模型都了如指掌，每天热点出来后，都能头头是道，振振有词，用强大的逻辑来说服你。你想辩论，还真反驳不过。问题是，世界上真的有如此正确的“神”吗？如果说科普文损害了我们求真的品味，评论文损害了我们的美感，那么鸡汤文通过廉价的安慰剂，让你渐渐忘记了什么是爱与善。我不得不问，如此真善美，真的是你要追寻的吗？

浸润在这些流行文体构建的坏中文环境中，不知不觉，你慢慢习以为常。你甚至以为这是中文世界的常态。只是偶尔停下脚步时，你开始变得越来越无聊，越来越难体验心流。这些流行文体慢慢地将你的智力、审美拖到一个低挑战、低技能的区域。那样的区域是什么呢？它是无聊、焦虑、冷漠、厌倦……

你花费在流行文体上的时间越多，能体验到心流的次数就越少。你渐渐忘记，除了流行文体，人类历史上还存在那么多辉煌灿烂的经典文本。它们是“卿云烂兮，纠漫漫兮”；它们也是“天上有行云，人在行云里”；它们更是“寂寞流泪，身如浮萍，断了根，若有水相邀，我也会同行”。[3]

有趣的人生

语言对思维的伤害悄无声息。同样，借助语言，你可以体验到更多的人生乐趣。我常说，身体不是认知的外在，而是认知本身；语言不是思想的外衣，而是思想本身；修辞不是雕虫小技，而是发现感觉，创造新型认识，乃至人生的意义。这里“身体不是认知的外在，而是认知本身”来自具身认知（Embodied Cognition）；“语言不是思想的外衣，而是思想本身”来自认知语言学与日本修辞学家佐藤信夫；后面的部分是我基于佐藤信夫的《修辞感觉》和《修辞认识》总结的。[4]当你将这三句话放在一起，会发现曲径通幽，大道趋同。

所谓修辞，就是对零度的偏离。什么是零度？零度就是字典、词典、规范。比如，某部门出台了一个普通话常用规范字表，一共8105个汉字，下发给各地方公务部门参考。“俞灏明”的“灏”字，虽然很多家长都用“灏”字给小孩取名，但它不在这8105个汉字的范围内，即便医院出生证明能打出这个字，它也并非生僻字，但是严格执行规范字表的公安户籍系统输入不了。一个鲜活的生命，怎么可能因为名字被禁止获得身份认证，仿佛不能在这个世界上存在呢？这是一个错误的逻辑。就像佐藤信夫所说，没有真名的东西更多。看似够用的语言，苍白匮乏。

在规范出台之前，一个人的真名在真实世界里便已经存在。就像有趣的人生，始终不是依托世界上已有的某种规范，而是偏离规范，且找到了自己的生动，创造了自己的感觉。因此，修辞让人生有意义。伟大作家不仅自身生命生动有趣，且能塑造千古流芳的有趣生命，感动一代又一代人。

文学怎样帮助人类

那么，文学怎样帮助人类？其实，有趣的人生，敏感与能力缺一不可。

蓦然回首

先说说敏感。首先看看文学如何帮助我们感知世界。我用作例子的是很多人在中学时就背过的一首词。在中学阶段，老师让你记住的可能是，辛弃疾是一位爱国词人，他是豪放派词人的代表。“苏辛风流”，辛弃疾岂止于此？《青玉案·元夕》这首词的字数虽超不过一条微博约定的字数，但它的信息量，展开来讲，恐怕七天七夜都说不完。这里仅从三个角度谈，一花一世界，各位读者可以跟我一起来欣赏，这短短六七十字中所蕴含的世界。

例1：辛弃疾《青玉案·元夕》

东风夜放花千树。更吹落、星如雨。宝马雕车香满路。凤箫声动，玉壶光转，一夜鱼龙舞。蛾儿雪柳黄金缕。笑语盈盈暗香去。众里寻他千百度。蓦然回首，那人却在，灯火阑珊处。

第一个视角。“东风夜放花千树”描绘的是一个热闹的场景；“宝马雕车”“香满路”还是热闹；“声动”“光转”是在热闹中加入声音；“鱼龙舞”还是热闹；“黄金缕”“笑语盈盈”在热闹中有人出场。突然到了结尾，热闹没了，开始转为安静——“蓦然回首，那人却在，灯火阑珊处”。

前面七八个热闹，最后一句突然转为安静；前面七八个句子，都在写群体的热闹，最后一句突然转为个人的记忆。人人都体验过在人群中的孤独，然而，有谁能像辛弃疾这样表达出来？

第二个视角。王国维在《人间词话》中说过：

古今之成大事业、大学问者，必经过三种之境界：“昨夜西风凋碧树。独上高楼，望尽天涯路。”此第一境也。“衣带渐宽终不悔，为伊消得人憔悴。”此第二境也。“众里寻他千百度，蓦然回首，那人却在，灯火阑珊处。”此第三境也。

你可以将王国维三境界与人生做类比，这就是顾随所说的人生三阶段：发心、跟脚、顿悟。

在发心阶段，你要上高楼、拜名师，结识志同道合的朋友，找到自己的初心。然而，渐渐地，总会有各种压力，有时来自社会，有时来自能力不足。你需要用大时间周期去坚持自己的发心，这就是你的跟脚。突然有一天，你有所得，产生了顿悟，强烈的心流涌上心头。

第三个视角难以用语言来表达。中国文学史上众多评论家都点评过辛弃疾这首千古名篇。但我只认同王国维与顾随的说法。他们赏析到最后，一致认为，自己实在写不出这种句子，虽然勉强评论，但强解诗句没有意义。那么，这种难以用语言表达的境界究竟是什么呢？它是斩断虚空，截留时间。

从此，空间中断，时间冻结。在中国古代文学作品中，类似于这种境界的文字极为罕见。另一句是王维的诗句："返景入深林，复照青苔上。"这就是文学之美。你可以将时间和空间冻结，使所有时代的人都能感知它的优美。一千年前的句子，一千年以后读，是优美的；再过一千年还是优美的。等人类到太空时代，在宇宙中，回望地球时读，仍然是优美的。

再说说能力。这种能力其实难以培养。各位作家都知道辛弃疾此词的好，但是写不出来。顾随从浩瀚的经典文本中，挑选了三位大诗人的类似诗句，跟辛弃疾作对比。[5]

例 2：顾随点评

• 杜甫《佳人》失之客观：

摘花不插发，采柏动盈掬。

天寒翠袖薄，日暮倚修竹。

- 韩偓《初赴期集》失之寒酸：

轻寒著背雨凄凄，九陌无尘未有泥。

还是平时旧滋味，慢垂鞭袖过街西。

- 《随园诗话》之佚名僧人失之沾沾自喜：

镇日寻春不见春，芒鞋踏遍陇头云。

归来偶过梅花下，春在枝头已十分。

你看，顾随认为诗圣写得太客观了，没意思；韩翰林写得太寒酸了，没意思；佚名僧人最接近辛弃疾的意境，却写得太沾沾自喜了，还是没意思。你的欢喜，到了太空时代，隔了几千年，那时的人类并不一定能懂；辛弃疾的欢喜，站在孤独寂寥的飞船上，你依然理解。

三个礼物

文学，不仅能帮助你在短短六七十字内，感知到一个复杂的世界；更能告诉你如何将敏感表达出来。遗憾的是，在人们用认知科学反观写作之前，很多伟大的作家多半知其然不知其所以然。你能欣赏辛弃疾的美，却无法将表达这份美的能力传授给别人。幸好，如今借助于认知科学等学科，我们能在黑暗中再进一小步。这就是历史上伟大的智者、文学大师赠予我的三个小礼物：一、万事万物，最小先行；二、一切皆卡片；三、时空变形，创造意义。[6]

人生不如意事十之八九，这是生活常态。即使是前面辛弃疾如此热闹的一首词，最后也以安静结尾。顾随点评说“乐中有忧，忧中有乐”。当你与世界交互，因为人类的认知资源有限，你需要采取最小姿态去理解世界。它们就是最小模型、最小故事、最小行动。

什么是最小行动？“最小”是中国民族文化中的优秀传承，儒家甚至被梁启超称为“一句话口号儒家”。[7]历史上最著名的一句话口号就是王阳明的“知行合一”。这是为什么呢？因为汉族是一个深受洪水影响的民族。在这样水患频发的国度，虽有百家争鸣，统治者独尊儒术——最早操持礼仪，治理水患的人成为他们必然的选择。

正常人看到洪水来了会赶紧跑，能躲多远就躲多远，无暇顾及左邻右舍的死活，自己赶紧跑到高高的南山上去，这是正常人的本能反应。但如果中国的精英知识分子也是如此，那就没有中华民族了。因此，中国古代大儒讲究用一些手段，激活人们的内在勇气。当洪水来临，人们不再逃跑，而是想方设法护佑所在村庄的居民。在语言上，这就体现为“最小行动”。中国文化历史上所有能称为大儒的人，都提出过口号。这种口号是宽泛的，适用于不同情境。

任意事情都存在最小行动。最小行动意味着你和世界的交互变得更精简。以前你和世界的交互是一百条词典规范，现在，你只面对“知行合一”四个字。从此，你的认知负荷变得简单、清晰。但仅仅把外界口令输入到脑海中还不够，还得把自己的记忆外放出去，这就是卡片。你需要用卡片封装世界，外化记忆。

一切伟大作家皆是时空变形大师

第三个礼物是时空变形。通过“最小”与“卡片”，人类可以学会如何与家人躲避洪水，并将这些记忆外化，使之成为村庄、部落或民族的集体记忆。仅仅停留于此还不够，还需要创造意义。在我开创的认知写作学中，我将伟大作家的创作手法总结为“时空变形术”。

什么是时空变形？比如，将户外的河流引入室内，河水就变成了艺术作品，如下图所示。

时空变形示范 摄影：认知写作学 @cp4 同学

时空变形术不仅适用于写作，而且适用于一切创新。历史上一切伟大作家皆是时空变形大师，接下来请看几个具体例子。

例 3：张爱玲的时空变形

对于三十岁以后的人，十年八年是指缝之间。

而年轻人，三年五载是一生一世。

——《半生缘》[8]

三年五载是时间范畴，一生一世也是时间范畴，它最终构成一个优雅的修辞。你看，对于年轻人来说，三年五载就是一生一世，这就是意义。这是一个简单的时空变形，只出现了“三年五载”与“一生一世”。接着看一个复杂的。

例4：辛弃疾的时空变形

明月别枝惊鹊，清风半夜鸣蝉。稻花香里说丰年，听取蛙声一片。七八个星天外，两三点雨山前。旧时茅店社林边，路转溪桥忽见。

——《西江月》

明月是一处空间，别枝二处、惊鹊三处、清风四处、鸣蝉五处，稻花香里六处、蛙声一片七处、星天外八处、雨山前九处、茅店社林边十处。你会发现，辛弃疾完全是在玩时空变形，在五十个字以内，一口气用十多个词写空间。

如果让一个不懂时空变形术的人来写这样的句子，他会如何写？我去了空间一，来到空间二，再去了空间三，又去了空间四，再从空间四回到空间五，再回到空间六，再去到了空间七，再回到空间八，再去了空间九，最后到了空间十。

这么一听，你的大脑宕机了。而好的时空变形会遵循某些规律，这样的规律符合人性，也具有创作美感。再来看一例，摘自北欧女诗人索德格朗的诗句。

例5：索德格朗的时空变形

我必须徒步穿越太阳系，

在找到我红毛衣上第一根线头之前，

我预感到了这一点。

宇宙的某个角落悬挂着我的心，

火从那里迸溅，振动空气，

并向其他狂放的心涌去。

——《我必须徒步穿越太阳系》（译者：李笠）[9]

在前例中，辛弃疾一口气呈现了十个不断切换的空间。在索德格朗的笔下，大小远近这些空间范畴同样任意置换。我必须徒步穿越太阳系——人类始终是渺小的，你可以像一次周末远足一样，简简单单地穿越太阳系。这就是伟大诗人创造的意义。

第十六章

Chapter ★ 16

风格练习*

生活平淡，因此追逐激情；人生乏味，所以向往有趣。然而，有趣有真假之分，什么是真正有趣的人生？文学和写作可以怎样帮助你成为有趣的人？

有趣的人

哪些人是你心目中有趣的人？在不同时期，回答大不一样。当在十八到二十四岁时，埋头苦学的你会觉得弹吉他的美少女、篮球场上耍酷的帅哥最有趣。倘若你不幸呆头呆脑，那时的你算不上有趣。不过如果你的名字叫“王小波”呢？恐怕答案不同。

王小波堪称文艺青年们心目中“有趣”的代言人。但是在哥哥王小平眼中，他却是个不折不扣的呆子：“小波从很小的时候开始，就经常闭目塞听，露出一副呆呆的表情，站在同龄儿童中间，十足是个

* 本文首次发表日期为2017年11月5日，认知写作学五期结业典礼致辞。

异类，使人怀疑他的脑袋是否有毛病，连我姥姥和我妈都管他叫傻波子。”[1]

小时候的王小波，在哥哥眼里，难以称为有趣。直到二十五岁，王小波的小说手稿《绿毛水怪》在朋友圈中广泛流传，他有趣的气质初显。三十岁时，王小波开始撰写小说《黄金时代》。这一写，几近十年。三十九岁时，《黄金时代》获第13届《联合报》文学奖中篇小说大奖，王小波成名作诞生，才正式踏上自由撰稿人之路。之后在生命最后短短五年，给华语世界留下了璀璨作品，也给文艺青年们留下了诸多竞相引用的“有趣金句”。

人生曲线

回头看看，什么样的人，称之为有趣？小时候的王小波可以称之为有趣吗？小屁孩。二十五岁的王小波呢？有点意思了。三十岁的王小波呢？很有趣了。那么，是什么将一个有趣的人与无趣的人区分开呢？人生四季，春夏秋冬，生老病死，发展心理学把人看成一条生命曲线。这条人生曲线始终有两种力量博弈。

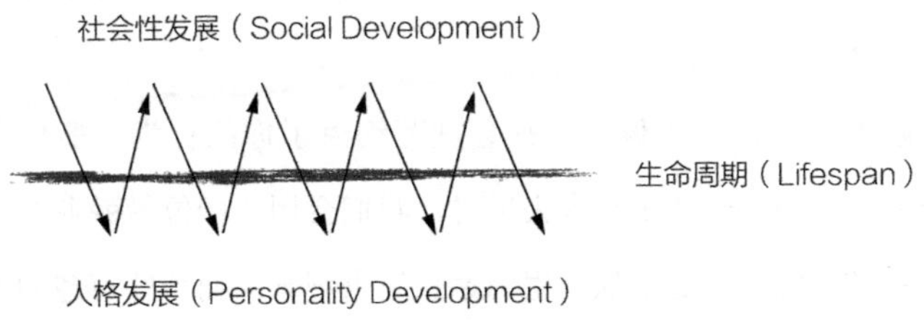

人生曲线中的两种力量

第一种力量是“人格发展”(Personality Development)，就是你将自己区分于他人。比如人人都觉得王小波和多数人的性格大相径庭。他哥哥多处使用“异类”一词来悼念王小波。当一个生活乏味的人去世后，我们只能用他的职业、官方身份来纪念他，那么，他的人格发展可能不够好。

第二种力量是“社会性发展”(Social Development)。如果说人格发展是你何以成为自己，那么，社会性发展是指你如何与他人交往，如何与世界相处。王小波12岁时，一篇作文被选为范文在学校广播，语文老师颇为欣赏他的写作能力。多年后，王小波依然对此事印象深刻。即使是王小波这样的异类，假设他在25岁时，没有遇见李银河；假设他在39岁时，《黄金时代》没有获奖，那么，我们可能会错失一个文学天才。

人是孤独的动物，也是社会的动物。你的一生，就在人格发展与社会性发展两种力量博弈中，慢慢地从婴儿到成年，从成年到老去，画出一条人生曲线。两种力量彼此纠缠，错落起伏——在少儿时期，在父母的护翼下，人格发展成为主流；在青春期与成年初期时，你更渴望社会认同，同辈群体的影响打败了父母教养的影响；人到三十，结婚生子，人格发展再次提上日程，中年危机或第二次青春期危机来袭。

有趣的人啊，在于偏离。社会规范约束了你的行为，多数人即使有波动也很有限。一个平常人去世时，我们会用“一位兢兢业业的公务员”或者“一位为家庭奉献一生的家长”来纪念；而那些有趣的人，偏离社会规范平均值更大，于是我们会用“历史上独特的一个人”来纪念王小波。有些年轻人追求的有趣看似偏离常规，却偏离得不够有力。

今天社会上流行间隔年，那么就一定要辞职旅游；明天社会上流行斜杠青年，那就边上班边卖货。

有趣的人啊，在于内在动机。你偏离社会规范，究竟是往哪个方向偏离？是什么将一个有趣的人与无趣的人真正区分开呢？长相？财富？地位？学历？并非如此。拿王小波举例，三十岁大学毕业，三十九岁成名作问世，四十五岁离世后，受到大陆众多读者追捧。不过王小波在世时，在意过这些名利吗？他始终更在意自己是否有进步。成名作问世后，他感叹道："写出《黄金时代》之前，我从未觉得自己写得好。"[2]

有趣的人呐，在于风格。真正的有趣是长期偏离固化而成的风格。并不是王小波到了三十九岁时，突然心血来潮，开始变得爱读书爱写作。小时候的王小波是那样，二十五岁、三十岁、三十九岁、四十五岁的王小波还是那样。真正有趣的人，在人格发展与社会性发展的长期博弈间，会取得平衡。反之，假装的有趣，随意波动并不稳定，常常是心血来潮、虎头蛇尾、追逐潮流。

风格种种

中国古典文学之道讲究"文如其人"。那么，如何成为有趣的人，文学可以给你什么启发？试看三个作家的例子：海明威、张爱玲与余光中。海明威凭借《老人与海》拿下1954年诺贝尔文学奖。西方文学推崇海明威风格：用词简洁、语言朴素、意象清新。《老人与海》是巅峰之作，试读开头：

例1 海明威的风格

He was an old man who fished alone in a skiff in the Gulf Stream and he had gone eighty–four days now without taking a fish. In the first forty days a boy had been with him. But after forty days without a fish the boy's parents had told him that the old man was now definitely and finally salao, which is the worst form of unlucky, and the boy had gone at their orders in another boat which caught three good fish the first week. It made the boy sad to see the old man come in each day with his skiff empty and he always went down to help him carry either the coiled lines or the gaff and harpoon and the sail that was furled around the mast. The sail was patched with flour sacks and, furled, it looked like the flag of permanent defeat.

这一段行文活泼生动，重读音节与非重读音节交错出现，推动文章的节奏缓缓向前。《老人与海》问世后，广受好评，译本林立。[3]张爱玲、余光中先后于1954年、1957年翻译这本书，两人译作的开篇如下：

例2 张爱玲与余光中的翻译[4]

张爱玲：他是一个老头子，一个人划着一只小船在墨西哥湾大海流打鱼，而他已经有八十四天没有捕到一条鱼了。在最初的四十天里有一个男孩和他在一起。但是四十天没捕到一条鱼，那男孩的父母就告诉他说这老头子确实一定是晦气星——那是一种最最走霉运的人——于是孩子听了父母的吩咐，到另一只船上去打鱼，那只船第一个星期就捕到了三条好鱼。孩子看见那老人每天驾着空船回来，心里觉得很难过，他总去帮他拿那一卷卷的钩丝，或是鱼钩和鱼叉，还有那卷在桅杆上的帆。帆上用面粉袋打着补丁；卷起来的时候，看上去像永久的失败的旗帜。

余光中：那老人独驾轻舟，在墨西哥湾暖流里捕鱼，如今出海已有八十四天，仍是一鱼不获。开始的四十天，有个男孩跟他同去。可是过了四十天还捉不到鱼，那男孩的父母便对他说，那老头子如今不折不扣地成了晦气星，那真是最糟的厄运，于是男孩听了父母的话，到另一条船上去，那条船第一个星期便捕到三尾好鱼。他看见老人每日空船回来，觉得难过，每每下去帮他的忙，或拿绳圈，或拿鱼钩鱼叉，以及卷在桅上的布帆。那帆用面粉袋子补成一块块的，卷起来，就像是一面长败之旗。

同样的原文，不同的译法。试对比如下：

《老人与海》翻译对比

张爱玲	余光中
他是一个老头子，一个人划着一只小船在墨西哥湾大海流打鱼	那老人独驾轻舟
而他已经有八十四天没有捕到一条鱼了	仍是一鱼不获
那男孩的父母就告诉他说这老头子确实一定是晦气星	那老头子如今不折不扣地成了晦气星
那只船第一个星期就捕到三条好鱼	那条船第一个星期便捕到三尾好鱼
或是鱼钩和鱼叉，还有那卷在桅杆上的帆	或拿绳圈，或拿鱼钩鱼叉，以及卷在桅上的布帆
看上去像永久的失败的旗帜	就像是一面长败之旗

张爱玲与余光中的译法大不相同，两人有明显的各自风格。张爱玲文本宽松，译后225字，余光中文本紧凑，译后192字，两者相差15%。张爱玲用词通俗，侧重刻画细节，余光中用词典雅，好用四字。张爱玲是“一个人划着一只小船”，余光中则是“那老人独驾轻舟”；张爱玲是“没有捕到一条鱼”，余光中则是“一鱼不获”；张爱玲是“三条好鱼”，余光中则是“三尾好鱼”；张爱玲是“永久的失败的旗帜”，余光中则是“长败之旗”。

张爱玲句式多变，善用流水句。什么是流水句？它是最能体现汉语口语特点的句式，一口气说几件事，中间似断似连，一逗到底。余光中在句式上追求对称，讲究平仄，尽显中文铿锵之美。比如张爱玲的翻译是“他总去帮他拿那一卷卷的钩丝，或是鱼钩和鱼叉，还有那卷在桅杆上的帆”，余光中的翻译则是“每每下去帮他的忙，或拿绳圈，或拿鱼钩鱼叉，以及卷在桅上的布帆”。两位一流作家展现了中文不同角度的美。

风格练习

人生好比写作。同样的命题，有的人会老老实实按考试规范去写；有的人会坚持风格练习，一旦习得，不舍不弃。每一种风格各有长短。张爱玲的风格简洁平淡，流畅自然，注重细节，口语生动，这种风格适于小说，张爱玲的小说堪称一绝，被夏志清在《中国现代小说史》中极力推崇。[5]

例3　张爱玲的小说[6]

上海为了“节省天光”，将所有的时钟都拨快了一小时，然而白公馆里说：“我们用的是老钟。”他们的十点钟是人家的十一点。他们唱歌唱走了板，跟不上生命的胡琴。

——张爱玲《倾城之恋》开头

三十年前的上海，一个有月亮的晚上……我们也许没赶上看见三十年前的月亮。年轻的人想着三十年前的月亮该是铜钱大的一个红黄的湿晕，像朵云轩信笺上落了一滴泪珠，陈旧而迷糊。老年人回忆中的三十年前的月亮是欢愉的，比眼前的月亮大，圆，白；然而隔着三十年的辛苦路往回看，再好的月色也不免带点凄凉。

——张爱玲《金锁记》开头

张爱玲注重细节的风格在《倾城之恋》《金锁记》两篇的开头尽显无疑。好比翻译《老人与海》，张爱玲的文本是“他是一个老头子”，余光中则是“那老人”。她一定要想方设法加上一个量词。多数作者写完“所有的时钟都拨快了”就打住了，而张爱玲一定要加上“一小时”“十一点”；或“三十年前”“一个有月亮的晚上”“一滴泪珠”。

反之，余光中的风格更擅长散文与诗歌。试看余光中的散文名篇《听听那冷雨》的开头：

例4　余光中的散文[7]

惊蛰一过，春寒加剧。先是料料峭峭，继而雨季开始，时而淋淋漓漓，时而淅淅沥沥，天潮潮地湿湿，即连在梦里，也似乎把伞撑着。而就凭一把伞，躲过一阵潇潇的冷雨，也躲不过整个雨季。连思想也都是潮润润的。每天回家，曲折穿过金门街到厦门街迷宫式的长巷短巷，雨里风里，走入霏霏令人更想入非非。想这样子的台北凄凄切切完全是黑白片的味道，想整个中国整部中国的历史无非是一张黑白片子，片头到片尾，一直是这样下着雨的。

余光中这篇堪称白话文的范文，将中文之美用到了极致，“料料峭峭”“淋淋漓漓”“淅淅沥沥”“凄凄切切”，又“天潮潮”“地湿湿”“潮润润”，又“惊蛰一过”“春寒加剧”“雨季开始”。从头读到尾，毫不呆板。再读余光中的一首诗歌：

例5　余光中的诗歌[8]

千古诗才，蓬莱文章建安骨。一身傲骨，青莲居士谪仙人。李白追月逆江河，包黑斩龙顺民心。豪气压群雄，能使力士脱靴，贵妃捧砚。仙才媲众美，不让参军俊逸，开府清新。我辈此中惟饮酒，先生在上莫题诗。酒入豪肠，七分化作月光，剩下的三分，啸成了剑气，绣口一吐，就是半个盛唐。

——余光中《忆李白》

“千古诗才”“蓬莱文章”“一身傲骨”“半个盛唐”，一看就是余光中的风格！大作家的风格很容易辨识，他们的人生也是如此。文学与人生，相互纠缠，成就了他们有趣的一生。

风格的变与不变

人生百态，有趣不一。有的人不断尝试打破边界，有的人在小镇固守一生。这在中国古典文学中，称之为辨体与破体。辨体坚持传统，破体刻意求新。那么，哪些“变”更容易帮助你形成自己的风格？哪些则是风格中的“不变”？试看之前讲过的海子的案例。

例6 海子的诗歌[9]

黑夜降临，火回到一万年前的火
来自秘密传递的火 他又是在白白地燃烧
火回到火 黑夜回到黑夜 永恒回到永恒
黑夜从大地上升起 遮住了天空

—— 海子《献诗》

画重点：黑夜从大地上升起。正常人只会写成“黑暗笼罩了大地”，天空在上，大地在下，夜色由上至下覆盖大地。但在海子那里，时空关系大不一样，夜色在下，从大地上升起。这首诗歌还妙在“火回到火，黑夜回到黑夜，永恒回到永恒”，妙在同质和重复。

再看张爱玲的案例。

例7 张爱玲的小说[10]

戈珊的一枝香烟一直不离手，她突然一把抓住他的胳膊，把香烟使劲揿在他胳膊上。他想甩开她，但是她下死劲揪住了他不放。

被烧灼的皮肤丝丝作声。他夺回了手臂，一句话也没说，走了出去。

—— 张爱玲《小团圆》

画重点：他夺回了手臂，一句话也没说，走了出去。 手从内变为外，物不再是物。

再看日本作家三岛由纪夫（Yukio Mishima）的名作《金阁寺》。

例 8　三岛由纪夫的小说[11]

金阁已经度过了无数个黑夜，至今仍继续着永无尽头的航行。白天，这只神奇的船满不在乎地抛锚止航，任凭众人观赏；而夜间一到，它便乘四周暗黑之势，鼓起帆一样的额顶昂头出海。

—— 三岛由纪夫《金阁寺》

画重点：它……昂头出海。静物变为航行中的船，生动跃然纸上。

这三个案例放在一起，你有什么感悟？这就是伟大作家的必杀技——时空变形。总有一些变，来得更有美感。静变为动，低变成高，下变成上，局部成为整体。你的变，与空间相关，助你形成独一无二的写作风格。

反之，哪些是风格中的“不变”？前文提及海明威的《老人与海》，统计单词长度及出现次数如下：[12]

《老人与海》中单词长度及出现次数统计

单词包含字母数	单词出现总次数	占总词数比例
1-letter words	1039	3.85%
2-letter words	4736	17.56%
3-letter words	8307	30.81%

（续表）

单词包含字母数	单词出现总次数	占总词数比例
4-letter words	5920	21.95%
5-letter words	2878	10.67%
6-letter words	1658	6.15%
7-letter words	1375	5.10%
8-letter words	524	1.94%
9-letter words	302	1.12%
10-letter words	149	0.55%
11-letter words	43	0.16%
12-letter words	12	0.05%
13-letter words	13	0.05%
14（+）-letter words	5	0.02%
平均词长	3.79	

海明威在《老人与海》中，使用的单词包含的字母，以二个、三个、四个为主。巧合的是，《诗经》也是如此。经统计，《诗经》的句型结构如下[13]：

《诗经》句型结构统计

	总句数	一字句	二字句	三字句	四字句	五字句	六字句	七字句	八字句
颂	734	0	0	14	686	32	2	0	0
大雅	1536	1	0	8	1414	97	15	1	0
小雅	2316	0	6	12	2211	68	16	2	1
国风	2662	6	8	124	2280	172	52	16	1
合计	7428	7	14	158	6591	369	85	19	5

为什么海明威更喜欢使用三四个字母的单词呢？为什么千古流传的《诗经》以四字句为主呢？

看来，从中国古代的诗人到海明威，他们都遵循同一个写作规律，就是人类大脑工作的规律。人类历经星辰变幻，千年潮起潮落，而人类使用的还是那颗大脑。

如果将人类大脑想象为一个简化的输入输出装置，制约这个装置输入输出速率的是工作记忆，它是人类记忆、注意力等所有认知能力的瓶颈。工作记忆的容量有限，仅仅能记住4～9个电话号码。而记忆最舒适的量恰恰是4。

不仅仅字词、句子层面如此，篇章层面也如此。从曹雪芹、鲁迅到余光中，一旦他们连续排比超过4个或到9个，就会不知不觉换个写法。如，“先是料料峭峭，继而雨季开始，时而淋淋漓漓，时而淅淅沥沥，天潮潮地湿湿”。如果继续排比下去，读者则容易疲倦。

许多伟大的作家不懂认知科学，但他的语感会悄悄告诉他应该这么写。今天我们将认知科学和写作结合起来，就更容易理解写作背后的秘密。

这就是那些不变的——我们虽生活在互联网时代，大脑却来自石器时代。我们的大脑喜欢模式、喜欢惊奇、喜欢情绪，同时还是个吝啬鬼。

你的风格

法国作家雷蒙·格诺（Raymond Queneau）在《风格练习》一书中，用99种风格来描写同一个故事。[14]风格可以多变，人类能听取多少种声音，就能识别多少种文学风格。风格三千，我独取“古典风格”，以中国古时的韩愈、桐城派的古典风格为骨干，兼容西方平克等人的古典风格，提倡简单、清晰的写作风格。

写作一如人生，表达力求清晰、简单、真实。在人类智慧迷宫中遨游，文理并蓄，美感先行，心灵自由第一，这是我的风格。那么，你的风格呢？——期待各位读者掌握写作中的变与不变，早日形成你的风格，成为真正有趣的人。

第十七章

Chapter ★ 17

怎样将书读得通透*

有一种说法：吃透一本书，才算好好读过。然而比“吃透”境界更高的是“通透”。吃透仅限于书中内容，通透则是将书中内容与正反上下、古今中外的背景知识相互关联。

当你做到读书通透，你的收获将远远大于手头那一本书。那么，怎样将书读得通透？试看读书八字诀：“正反上下，古今中外”。

“反”与“古”

读书通透的第一步是“反”与“古”，就是故意进行思想实验。

比如“反”，哲学家卡尔·波普尔（Karl Popper）在二十世纪提出“可证伪原则”（Falsifiability），今天成为科学界的通用准则。[1]然而，当你用读书“反”字诀来思考，就要假设科学可证伪性在某一时刻会失效。

一旦使用逆向思维，怀疑这类看似不可推翻的基本原则，你马上

* 本文首次发表日期为2014年7月3日。

会找到很多好书，比如，陈晓平的《贝叶斯方法与科学合理性》与尼尔森·古德曼（Nelson Goodman）的《事实、虚构和预测》。[2]你还会看到诺贝尔奖得主西蒙的论文对波普尔所做的批判。[3]站在古德曼、西蒙的角度，重新反思“可证伪原则”，你离理解科学的本质，将更近一步。

再举个例子，当你读到“一万小时定律”或“刻意练习”，感到热血沸腾，想为它写一篇科普文章，将它介绍给更多人时，如果你知道读书八字诀，在写文章之前，你得先搜索，是否存在“一万小时定律”或“刻意练习”的反证。

只要耐心搜索，你马上就能找到来自科学界的质疑文献，比如，来自密歇根州立大学大卫·汉布里克（David Z. Hambric）的论文。[4]他质疑刻意练习的一些结论大致如下。

» 结论1：练习时间长短和表现好坏有正相关，但练习时间仅能解释表现当中12%的变异量；
» 结论2：练习效果对游戏类表现帮助最多，接着是音乐、运动、教育，但练习仅能解释教育和职业表现中不到5%的变异量。

所以，当你熟练运用读书“反”字诀，就不会轻易接受或传播这些看似正确、实际错误的观点，独立思维能力也会因此提高。

再说“古”字诀，它与读书的“反”字诀类似。很多今天看似正确的结论，一旦放到不同的历史时期，结论还经得住考验吗？比如，如果你希望更好地理解学习与阅读的本质，那么你应该思考，人类的阅读与学习是怎样产生的？你马上会发现一些更本质的东西。那些跨越不同历史时期还能发挥作用的结论，是离真相更近的元知识。

从钱锺书到张五常

接着说读书“正”字诀。“反”与“古”侧重质疑基本假设，通过逆向思维与放到另一个历史周期来提升思维的品质。读书“正”字诀则首重鲜活的证据。

读书“正”字诀的集大成者为钱锺书与张五常。钱锺书善于从笔记小说、诗词中取证据与正典映照。他的笔记从来都是断断续续的，不太注重所谓的思维体系，他更注重鲜活的证据。他曾写道：

> 积小以明大，而又举大以贯小；推末以至本，而又探本以穷末；交互往复，庶几乎义解圆足而免于偏枯，所谓阐释之循环者是矣。[5]

这段关于钱锺书读书方法的典故，出自钱锺书的弟子张隆溪。张五常关于自己读书方法的完整阐述，则首推《吾意独怜才》一书当中“学习的方法”三篇。[6]在他看来，所谓正，就是假设大师是对的；所谓正，就是穷尽心力，去寻找鲜活的证据。

这就是张五常的“正”字诀。“正”首重鲜活的证据，而非观点争辩。钱锺书从山林笔记中能学到什么大道？无非是以“正”字诀逼近历史的复杂度而已。像张五常这样的一流学者，难道真的会相信每一位大师的言论吗？无非是先学到大师的好，再给大师挑刺。

好思想与坏思想的区别在于，前者侧重鲜活的证据，后者侧重说服自己或他人。所以达尔文曾言，碰到不相信的东西，立即写下来，否则隔了一段时间，大脑会本能地拒绝相信它。

从读书“正”字诀的角度来说，人们给数学再高的评价也不过分，因为它是人类心智的“皇冠”，唯有数学，才能提供思维最高抽象级别的鲜活证据。

“上”与“下”

再说读书的“上”与“下”。人们常常以思考空间的方式思考时间，比如，你习惯说：

> 回顾过去，展望未来。

这是语言学著名的“时空隐喻”（Spatio-Temporal Metaphor）。过去、未来是时间名词，回顾、展望则是空间动词。人们会采取空间动词的处理方式来思考时间。

为了在时空中生存下来，我们从小不得不形成良好的空间习惯。空间推理能力在构成智商主要指标的同时，也成了人类心理惯性的主要来源。所以，读书时有意识地改变空间维度，如高度、内外等概念，将获得更好的创意。

有两组有趣的研究，或许可以让大家更明白读书的“上”与“下”字诀——如何改变与突破空间惯性来提升创意。

第一组研究来自美国明尼苏达大学营销学教授琼 · 梅耶斯 · 利维（Joan Meyers Levy）。她发现不同高度的天花板影响了人们处理信息的方式。在天花板高10英尺的房间内，被试的思维更自由，喜欢抽象的想法；而在天花板高8英尺的房间里，被试更关注具体的事物。[7]

第二组研究是来自具身认知领域的研究。人们常常说，要跳出既有框架（think outside the box）来思考。对于多数人来说，跳出框架仅仅是一个隐喻而已。结果有几位科学家建立了一个很大的箱子，人可以舒适地坐在里面。科学家将被试分为三组，一组坐在箱子里面；一组坐在箱子外且依靠着箱子，模拟 think outside the box 的情景；一组完全看不到箱子。结果显示，坐在箱子外的那一组在完成创造力相关任务方面取得了最好的成绩。[8]

类似的研究均指向空间改变对人的创造力的影响。再举个空间方面的有趣例子。在学习与记忆领域，近年来的新研究发现，当人们在背单词时，即使其他变量都不改变，仅仅多换一个地点来背单词，效率也会提高。因为在人类生活的早期，他们就习惯在不同位置之间迁移。[9]

这就是读书的“上”与“下”字诀，即有意识地改变自己习以为常的与空间相处的方式，来获得更高的学习效率与更好的读书创意。

总结

读书通透总结起来，就是八个字：“正反上下，古今中外”。

- 正：通过正面证据去验证书中的观点；
- 反：通过证伪法检验与反思书中的观点；
- 上下：在不同的空间维度读书与思考，以拓宽思维，提高创意；
- 古今：由今联想到古，从历史变化的角度来理解问题；
- 中外：这个好理解，即从地域不同的角度去理解问题。

此乃读书八字诀。

第十八章

Chapter ★ 18

冷读热读*

世人皆知精读略读，却不知冷读热读。你的大脑习惯用数字来锚定一切。既然都是书这种载体，价格、页数成了你的挑选标准。你总是习惯赋予神作与垃圾读物一样的阅读时间。殊不知，人有好坏，书有高下。因此爱书之人均有自己的读物分级系统。

我将图书分为坏书、可用的书、力作、杰作与神作。多数图书难以超过“杰作”这条金线。所以你无须将有限的生命浪费在反复阅读“力作”之下的著作上。

可用之书与多数力作热读即可，读书万卷真须破；那些凝聚了作者多年心血的杰作与神作，则需要冷读，坐十年冷板凳，反复阅读，再三回味。

正如钱锺书所言，热读是法国人吃热牛肉，大块朵颐，痛快淋漓；冷读则是英国人冷吃热牛肉，绅士风度，细嚼慢咽。

---

* 本文首次发表日期为2015年9月25日。

冷读什么书?

时人读书，喜欢追新。然而读书追新，是将知识的根基建立在空中楼阁之上。如果将知识理解为大海，在任何一个世纪，都存在一些优先级别更高的学科，我喜欢将其称之为“元学科”。比如，我个人偏好的“元学科”有认知科学、网络科学、计算机科学、数学与诗学等。潺潺溪流，汇成肆意大海，更多学科由此生发。某种意义上，“元学科”是学科的学科、知识的知识。

如果说可用之书只包含约十篇论文的知识密度，是细枝末节，那么杰作与神作则是生发新思潮的源头。

如何冷读?

读书需要坐得了冷板凳。古人常常说，“半部论语治天下”。因为《论语》微言大义，所以需要字斟句酌，务求通达。因此，宋代大儒朱熹同样说过，冷看《论语》，熟读《孟子》。

那些需要冷读的书，往往是杰作与神作，务求通透。那么，怎样将书读得通透？试看读书八字诀：“正反上下，古今中外”（参考前文《怎样将书读得通透》）。

同时，需要提醒的是，为什么一天要同时冷读几本很难的书？毛姆、钱锺书等写的读书笔记，都强调了认知科学近些年证实的一点，那就是，不要尝试在一天内读一本难书，三五本书在一天内一起读，效果更好。应将一本难书分散到不同的时段去读，这就是所谓的分散学习。

热读什么书?

与其讨论哪些书可以热读，不如讨论读哪些书有较大概率是在浪费时间。

读别人的书，是浪费自己的生命，你读得越多，浪费的生命越多，所以请珍惜生命。书是拿来用的、拿来折的、拿来涂抹的，不是拿来炫耀的。选书时，让时间作为过滤器。作者本身不诚恳，凭什么要浪费自己的生命给他?

因此，我有“四不买原则”——不买经管畅销书、不买身心灵著作、不买专业新书、不单本买书。最好的历史学家始终是以偏见取胜。我有我的“偏见”，现在坦白从宽。

这是对科学的“偏见”。读书最怕伪作，披着实证研究的皮，实为抽样偏差的经管畅销书与打着心理学名义的身心灵著作，这两类书害人不浅。先看前一类，不少经管畅销书都有事后解释偏差，废话多多，尽量不读或热读即可。至于后一类，别再看身心灵著作了。读者或许会因为某些片段契合了此时此地的心情，丝丝情绪为其内容所感动，但这些感受的保质期很短。

信仰身心灵著作，容易因为与当时当下的心境吻合，让人激动得以为看清了世界的真相。过不了多久，人们就不得不抛弃这类作品，因为时间已经督促你走到世界的另一边。那些信仰身心灵的人，只能通过对导师的追寻和推崇，甚至成为导师的宣讲者，来维持当初的那丝感动。较好的科学理论，往往站在较长的时间周期上，被较多证据证实。你走到世界的另一边，它还在那里等着你。

你远它，你近它；你捧它，你踩它；它只看着你。

这是对原创的“偏见”。专业类图书尽可能不要买，直接以一手文献为准。比如心理学类图书，看主流数据库与高引用刊物即可。多数图书，就是观点与论据。一手资料建构观点与论据的模式更值得你学习，而二手资料会打乱或破坏原创的美感。

这是对主题学习的“偏见”。我从来不买一本书，而是一箱一箱买书。因为好书与好书会相互竞争。假设你要学习认知语言学，作为一名之前从来没有接触过它的新手，你的第一步是买5～10本认知语言学教材。拿着不同的教材，你看它们反复在讲什么问题，你就很明白该学科的核心知识体系了。比如，你拿出三四本教材来对照一下，你发现来自不同年代、不同国家的三四本教材反复地在讲范畴以及隐喻。大家就明白，这是认知语言学最核心的内容。

最后留下来值得热读的读物是围绕经典生发的新书或部分时事书。唯有人文之作，读的才是邂逅与散漫，读的才是情绪与感动，以唤醒文本与良知自觉。如何读，为什么读？要读用人类语言表达的人类情绪，你要用人性来读，用你全部身心来读。《我想遇见你的人生》是爸爸写给女儿的爱；《阅读的狩猎》是知识狩猎者遇见“猎物”的爱；《昔我往矣》是怀旧的爱；《梦与智的旅程》是男女之爱；《流浪者之歌》是自我寻找的爱。[1]

如何热读？

热读的方法，我将其称为“抽样阅读法”。

大脑喜欢脑补。依据幂律分布现象，一个网络大约20%左右的信息节点中可获取80%左右的高质量信息。那么，你该选择什么样的节点来获取信息呢？对于杰作水准之下的读物来说，非常容易，其图书篇章结构，如浊水池塘，浅薄不堪。比如，《民国秘史》或《高效能人士的七个习惯》，它们要么沿着时间线索铺陈而来，要么围绕某个论点陈列观点。

然而，杰作与神作不是这样的信息结构。杰作与神作要么微言大义，观点新鲜，读来令人豁然开朗，直指大道；要么旁征博引，气势如虹，文如汪洋。

纳博科夫就是这样的作家，《俄罗斯文学讲稿》[2]就是这样的杰作。那么，该如何跳读这类著作，找到关键的信息结构呢？这里我就以《俄罗斯文学讲稿》为例，演示抽样阅读法。你可以如此层层递推，循环往复。

首先得理解作者自身的审美偏好。像纳博科夫这样的伟大作家很少使用诸如六大技能、七大美德这样的篇章结构。此时你必须回到文本本身。比如当你了解到纳博科夫写过的唯一人物传记是《尼古拉·果戈理》，经常提到的作家是托尔斯泰，那么，这样就可以选取《俄罗斯文学讲稿》中果戈里、托尔斯泰两章来抽样。

接下来，验证第一轮的抽样结果。仔细阅读纳博科夫《俄罗斯文学讲稿》的前言以及相应推荐语，你会发现的确有多处提及果戈里与托尔斯泰，这就验证了你将这两章作为信息抽样的关键节点是正确的。比如纳博科夫高度推崇果戈里，甚至认为果戈里有可能是一种“不存在”的作家。

杰作与神作的阅读难度超出一般读物太多，即使你进入了果戈里这一章节，你仍然难以把握纳博科夫作品的核心观点与精妙之处。我们继续采取信息抽样方法进行阅读——倒过来阅读。看果戈里这一章的结尾，你会发现，纳博科夫认为果戈里最大的特色在于，他的作品更多的是一种语言现象而非思想观念。

这么一来，我们把握住了纳博科夫对果戈里的基本认识，然后回头重新读起，便会势如破竹，难处迎刃而解。[3]

接下来，我们可以将果戈里这一章划分为不同的信息组块，继续将各个信息组块打碎重组，同时每次只抽样阅读其中一个信息组块。比如，你会发现，此章有17个组块，其中，纳博科夫花费了极大的力气讲果戈里的作品《外套》。这样，你可以重点阅读《外套》这个组块。我们发现它又分成不同段落，因此需要在段落部分继续抽样。

最后，如此循环往复，得出了关于纳博科夫的至少10点文学认识，比如，他是一位高度重视感觉的作家。

其实，不少作家都采取了同样的阅读方法。比如毛姆，他在《跳跃式阅读和小说节选》一文中写道：

> 聪明的读者只要学会一目十行跳跃式阅读这种有用的技巧，就能在阅读时获得最大的享受……人人都会跳跃式阅读，但既要跳跃式阅读又不受损失，却并非易事。

为什么更多地鼓励抽样阅读而非循规蹈矩，按照篇章次序阅读呢？对容易读的书来说，抽样阅读帮助我们节省了时间。而对于难书来说，因为其代表了人类的巅峰知识，往往会超出多数人的阅读舒适区，此时你会晕晕欲睡。然而，你见过写作的时候，会睡着的人吗？

某种意义上，抽样阅读帮助你动用了更多的大脑能量，利用了

“大脑爱脑补”的特点，自发地去补齐跳过的中间组块，去思考作者可能讲了什么。如此一来，你会更深刻地理解作者的观点。

小结

随性而至，兴尽而归。或伴随作者思绪起伏，移步换景，柳暗花明，陡然开阔；或与作者促膝长谈，到秋来入兰堂，看银河，牛女星，伴添香。千千万万年以来的星辰起浮，千千万万年以来的人情世故，好一番读书美景！

04

第四篇

Part Four

人际模式

在年轻时，你可以选择两种发展模式，第一种模式是结识师友，扩展人脉；第二种模式是制定个人自修计划与接受教育。前者，我们称之为社会资本；后者，我们称之为文化资本。多年后，你会发现，“文化资本模式”更易洞穿不同阶层。这就是《文化资本与社会资本》给你提供的关键模式。

为什么有趣的女生比有趣的男生更多？为什么成为有趣的人需要平衡敏感与能力？在《有趣男女》中，你将从多重价值观冲突的角度，学习“有趣模式”。为什么有的人，看上去很擅长社交，但认为自己是一位不喜欢社交的内向者？在《理解内向者》中，你将从动机与特质冲突的角度，学习“人格模式”。

中国人发明了成千上万的名词来描述社会关系的微妙。人情与面子在中国社会中无处不在。在《别人凭什么帮你？》中，介绍了诸多关于人际关系的研究成果，将其汇编在一个人际金字塔之下，帮助你理解中国人的“人情模式”。同样，中国人对人情与面子的重视，也深深影响了我们的婚姻与恋爱，从而形成了中国人独有的《外人、自己人与另一半》的“婚恋模式”。

如果我们尝试将视野从百年尺度放大到千年尺度、万年尺度，在大时间尺度上，人类与世界现在处在什么位置？我们将去往何方？这就是《人性与暴力》提出的“信息信任模式”。

第十九章

Chapter ★ 19

文化资本与社会资本*

1

寒山苍翠，秋水潺潺。如果将人生比喻成河流，同样的源头，可能有不同的结果。因此，仕女爱姻缘，士子求前程。如果以终为始，站在四十八岁看三十六岁，站在三十六岁看二十四岁，我们发现，不同的生活方式区分了不同的人。

假设两种极端，你拿青春赌明天，赌上你二十四岁到三十六岁的12年时间。一种极端是过去12年，你只积攒人脉，在过往人生中，花费大量的时间结识人脉，维系社交关系；另一种极端是过去12年，你只闭关读书，远离人群，埋头苦修，在过往人生中，你读了1000本好书，写了1000本书的笔记。

哪条人生路径容易大概率胜出？前者是多数年轻人曾经选择过的“阳关大道”，后者则是少数人走过的“林荫小路”。康德、梭罗等

---

* 本文首次发表日期为2017年10月15日，第三届开智大会晚宴交流心得，谨以此文向布迪厄同名文章致敬。

选择了后者。即使到了如今，也只有少数人选择后者，典型如神话学大师约瑟夫・坎贝尔（Joseph Campbell），在一个与世隔绝的小木屋里，用5年时间去看自己喜欢的书。

熙熙攘攘的大道上，人们拥挤得你推我攘。无人问津的小路，反而是通往心灵自由的捷径。这是为什么呢？

因为前者积攒的是社会资本（Social Capital）。什么是社会资本？按照美国社会学家林南在《社会资本》一书中的定义，社会资本是通过社会关系获得的资本。[1]那些处在两个人际网络之间的人，就比只处在一个人际网络之中的同伴，社会资本更大；同样，在单一人际网络中，那些更受人喜欢、影响力更强的人，其社会资本更胜于那些沉默寡言、孤僻独处的人。

假设我要从候选人A与候选人B之间选拔公司高管，那么如何评估谁的社会资本更高呢？可以采用一个简单的度量社会资本的方法：看候选人在四大网络——建议网、友谊网、信任网、外界网——当中的位置。

建议网是指企业内有多少人愿意寻求这位高管的建议；友谊网是指多少人把他看作朋友，愿意邀请他参加生日晚会；信任网是指企业内部有多少人信任他；外界网则是在产业上下游，有多少信息节点离不开他。在高管评定中，我们往往可以采取董事会网络等类似的外界网指标，比如，候选高管与担任上下游相关产业的董事会、股东的关系。

社会资本不仅影响人的职业生涯，同样影响国家的发展。日裔美国学者弗朗西斯・福山（Francis Fukuyama）在他撰写的《信任：社会美德与创造经济繁荣》中，把诚信作为一种社会资本。在分析东西方各国文化传统和信任度的差别后指出，在中国及其他东南亚国家培养信任相对较难，需要很长时间。[2]

1999年，年轻的杨青刚刚博士毕业，正在硅谷的一家生物科技公司工作，他读了此书，思考道：

> 如果能在有志于在生物医药工业领域发展的华人同行间，建立一个会员制的社区，在职业生涯的早期就开始互相帮助，培养彼此的信任度。那么多年之后等会员们在职业生涯中持续发展，需要在生意上做更大的决定时，他们就可以借助在这个会员制社区所积累的人脉和彼此直接或间接的信任，获得更多的资源。如果会员之间合作，也可以对对方有更多的了解。[3]

这一思考成就了生物科技领域的百华协会传奇。更容易形成信任的时期是在人的职业生涯早期。假如入行不久，就与一批由内在动机驱动、热爱学习、用好奇心探索世界的小伙伴同行，这是积攒社会资本的最佳手段。

2

中国处处可以看到对社会资本的重视。 中国人发明了成千上万的名词来描述社会关系中的微妙。你比他更有地位，此时，你帮对方忙，这个叫做“给面子”；你和对方地位平等，你求对方帮忙，这个叫做“看我面子”。你求地位比你低的人办事，结果失败了，你恼羞成怒，叹道“丢脸”“没脸见人”；一个社会地位高于你的人帮你站台，你立即发一条朋友圈晒照片，内心笑道：“真长脸”。

金钱、财富等经济资本与人脉等社会资本前所未有地密切相关。似乎，你的人脉就代表着你的财富。因此，绝大多数年轻人推崇这条路径。甚至误以为，这是通向成功的唯一路径。

然而，历史告诉我们，不是这样。在“九品中正制”盛行的魏晋时代，上品是高门望族，中品是普通士族，下品则是寒门庶族。“九品”可以近似地理解为今天的社会阶层。社会资本在你成为普通士族时作用较大，但到了上品时则意义微弱。[4]

中国百年以上的望族，有莆田之蔡、白沙之萧、毗陵之胡、会稽之石、番阳之陈、新安之汪、吴兴之沈、龙泉州之鲍。在魏晋年代，吴兴沈氏堪称一代武宗。但因为欠缺经学传承，外加南北之争，始终入不了上品高门。直到唐宋时期，沈氏宗族经过一代又一代人的努力，从豪强沈法兴开始，再到德清沈、归安沈、乌程沈、竹墩沈，开枝散叶，猎猎张扬。[5]

相对来说，在年轻时积累社会资本，会存在极大的局限。

第一是受限于地域。比如你在郑州认识一堆朋友，若换工作到北京来，那么你需要重新构建一个人际交往圈子。开个玩笑，假设你是天津滨海新区的“老大”，在当地“横行霸道”，但是你到北京五道口，还可以吗？前文列举的吴兴沈氏的例子，佐证了此点。在当时，沈氏武力值堪称第一，却始终得不到上品士族的承认。

第二是不够稳健。比方说，你好不容易和对方建立了非常好的关系，但是对方因为利益问题，背叛了你，彼此关系从此中断。这不是你的原因，但你也不得不承受损失。极端的案例如离婚，不仅损失时间、金钱，更伤心劳神。

第三是存在明显的天花板。按照英国进化心理学家罗宾·邓巴（Robin Dunbar）的研究，受制于人类的生理限制，人类能管理的人际关系在150人左右。主要是指假如你在机场遇到，不打招呼不好意思的人，这些人加在一起，总数也不会超过约150人。[6]如今在社交媒体的帮助下，人类第一次能尝试管理4500人。做个极端一点的假设，如果你将10年时间都花在与人社交上，那么你一天什么都干不了。反之，10年时间，读1000本好书，却是可行的。

那么，为什么社会上的多数人，纷纷首选积累社会资本的发展路径呢？这是因为人类演化习得的进化偏差。我们更容易记忆人脸。我们可以不费吹灰之力，完成面孔识别这类任务，而人工智能却需要花费九牛二虎之力。反之，大脑爱偷懒，我们的大脑逃避学习抽象的概念。当你年轻时，有两个选择，一个是呼朋唤友，春风得意马蹄疾，一日看尽长安花；一个是独自一人，三更灯火五更鸡，熟读精思，多数人会选择哪一个？

3

无论是曾经从寒门子弟到士族，或从普通士族到上门高品，还是今天从草根到中产，从中产到精英，若想成功跃迁，你还可以选择另一条路径——积累文化资本（Cultural Capital）。什么是文化资本？它的提出者是法国二十世纪最重要的社会学家皮埃尔·布迪厄（Pierre Bourdieu）。他认为，文化资本是指借助教育行动所传递的文化物品。资本除了直接转换成金钱的经济形式之外，它还以文化的形式存在。[7]激发布迪厄提出文化资本概念的原因是他注意到，一个人的学术成就与他家庭所处的社会阶级相关。君子之泽，五世而斩；诗书传家，流芳百世。

具体而言，布迪厄认为，文化资本包括三种形式：具身的、客观的、制度的。什么是具身的？即它只属于你。文养气，诗洗心，是十年寒窗苦读，沉淀在你身上的精气神。它不因地而异，不可转让，始终为你所有。客观的文化资本则指你的藏书、你的作品。乱世黄金，盛世古玩。更聪明的玩法则是在家族中建立藏书楼。如沈节甫（1533－1601年）建有著名藏书楼“玩易楼”，与归安茅坤的“白华楼”、嘉兴项元汴的“天籁阁”、宁波范钦的“天一阁”齐名于世。沈氏千年望族，离不开一代又一代的文化资本积累。这也是在今天这个电子书流行的时代，我始终坚持藏书的考量，家财万贯，不如满室书香。

制度的文化资本则指各种文凭、证书与资格认证。在此事上，容易出现两种极端。一种极端是高度重视证书，比如今天各类考证狂。另一种极端是完全忽略证书。多年前的我年轻气盛，毕业伊始，就在一个高级知识分子圈内工作，原本有机会成为博士，却始终对一纸学位文凭不以为意，从而让我的某些文化资本失去了制度保证。

与社会资本受限于地域不同，文化资本更容易洞穿不同阶层，实现认知升级、阶层跃迁。2002年心理学家卡尼曼荣获诺贝尔经济学奖之后，无论在中国还是美国，都受到了心理学界的尊崇。在2002年，我第一次统计国内引用卡尼曼的论文总数，不过三四十篇而已，而今天，这个数字已经高达成千上万。[8]同样，具身的文化资本，始终属于你。黄金万两，不如一技在身。这是为什么呢？

文化资本更易被人忽略的特点是，你可以更高效地利用你的时间，让你的文化资本实现量级跃迁。以年轻人从二十四岁到三十六岁这12年的时间举例，他们之间交友的数量级的差异不会太大，因为都受制于邓巴数字（Dunbar Number），往往不过是十个好友与百个好友的差异。但是，如果你像我一样，在过去12年时间里，耐心地读了上万本书，写了上千本书的读书笔记，那么，就与社会上多数人的阅读量拉开了差距。据2017年统计，中国国民纸质图书平均年阅读量不过4本，社会上99%的人，十年时间里阅读的非虚构类著作，不会超过100本。[9]

有了量级差异，才能拥有信息不对称的优势。智商再高，天才与庸才，不过两三倍左右的差异。但如果你精读过1000本以上阅读难度较大的书，你很容易拥有十倍、百倍于同辈人群的信息差异。我经常开玩笑说，写读书笔记，百篇千篇万篇，可以区分开不同的人群。如果你与人交谈，常常有听君一席话，胜读十年书的感觉，那是因为你太懒了，读的书过少。

一个年轻人，努力向上，在从二十四岁到三十六岁这段人生最美妙的时光，将自己的心力押注在完全受自己控制的事情上，严谨地制定个人自修计划，利用人类强大的好奇心，攻占一个又一个领域，积累庞大的文化资本。另一个年轻人则在12年中，不断参与各类聚会，或者花天酒地，觥筹交错，推杯换盏；或者不断跑场子，交换名片，认识一个又一个所谓的大牛，时间、关系受他人制约。采取哪种做法更容易取得成就？

前者正是多数精英走过的路。在中国，他们是韩愈、曾国藩、毛泽东；在西方，他们是富兰克林、芒格、德鲁克。[10]就像德鲁克所言：

供职的那家报社下午出版报纸。我们早上6点开始工作，下午2点15分出版，于是我迫使自己在下午和晚上学习，学习的内容包括国际关系和国际法、社会和法律机构的历史、普通史、金融，等等。就这样，我慢慢构建起自己的知识体系。我现在仍然坚持这个习惯，每隔三四年我就会选择一个新的领域，例如统计学、中世纪史、日本艺术、经济学，等等。三年的学习当然不足以让我掌握一个领域，但足以让我对它有所了解。因此，在60多年的时间里，我不断地学习，每次学习一个领域。这不仅让我掌握了丰富的知识，而且迫使我去了解新的学科、新的途径和新的方法——我研究的每一个领域，它们的假设不同，采用的方法也不同。[11]

4

文化资本与社会资本同样可以相互转换。有一个常讲的段子是，与你来往最频繁的5个人的平均收入决定了你的收入。其实，应该将这句话改为，你来往最频繁的5个群体的平均社会经济地位，决定了你的社会经济地位。你可以主动挑选你的社交圈，积累更有助于积累文化资本的社会资本。

拿我举例，我经常往来的前5个群体是：家人、同事、书友、学员、智者。其中，家人来自血缘，难以改变。你不太可能逼着老父亲、老母亲再去学习，他们在家打打麻将就好，颐养天年，平安是福。现在依然有不少人，将希望寄托在家人身上，成人已十余年，还没有摆脱原生家庭的影响。

但是你可以选择与什么样的人同事、与什么样的师友来往。我给自己设定了3个另类群体：书友、学员、智者。书友来自网络读书社群，君子之交淡如水，有共同兴趣而已。学员则以青年精英为主，面向未来的最好方法就是与代表未来的人群在一起。与学生相处，也是传承。

除此之外，我还给自己设定了一个特殊族群——历史上的智者。我喜欢读人物传记，家中数万藏书中人物传记占据了数千本。这些智者的图书与传记，构成了我从二十四岁到三十六岁知识谱系图的一部分。12年时间，看遍神作，对我影响深远的作者，数不胜数。如西蒙、斯坦诺维奇、吉仁泽、卡尼曼、平克之于认知科学；坎德尔、达马西奥、巴瑞特之于神经科学；莫斯科维奇、帕金斯、托马塞洛、契克森米哈赖之于心理学；马奇、明茨伯格、德鲁克之于管理学；侯世达、纽曼、邓肯 • 瓦茨、霍兰、巴克、克莱因伯格、巴拉巴西、沃尔夫勒姆之于复杂性研究；伯特、格兰诺维特、布迪厄之于社会学；阿奇舒勒、野中郁次郎之于创新；艾柯、卡尔维诺、毛姆、怀特、博尔赫斯、纳博科夫、阿西莫夫之于文学；佐藤信夫、图尔敏之于修辞学；瓦茨拉维、阿吉里斯、温格之于行动科学；李亦园、杨中芳、杨国枢、黄光国之于本土心理学；普林斯、坎贝尔之于叙事学；邓巴、布洛克之于人类学。[12]

人很难在同一时间相遇，却容易在同一地点相见。与不同时空的智者促膝谈心，何尝不是一种快乐呢？

5

如果将时间、空间摊平来看，每个人不过是一只在三维空间上爬行的蚂蚁。为了更好地看清你所在蚂蚁部落的爬行轨迹，布迪厄发明了“社会空间”图示法来描述人们的阶层跃迁。[13]他用纵轴表示你所在的群体拥有的资本总量。横轴则表示不同群体拥有的不同资本类型，如下图所示。

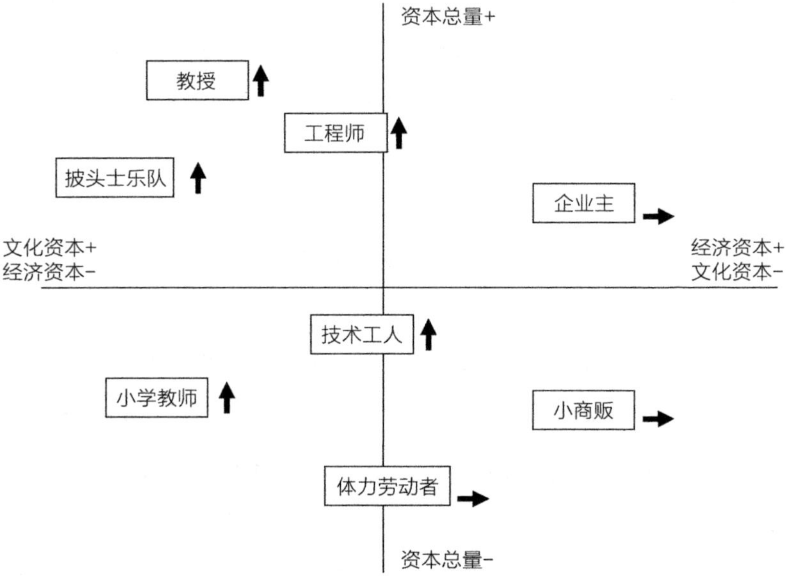

越上面的表示阶层越高，比如工程师的资本总量就高于技术工人的，因此工程师位居纵轴上方，技术工人位居纵轴下方。横轴则表示不同群体拥有的不同资本类型。比如教授、披头士乐队的文化资本大于经济资本，因此位于横轴左边；反之，企业主的经济资本则大于文化资本，位于横轴右边。

布迪厄将人的资本划分为经济资本、文化资本、社会资本与符号资本四种。在为社会空间做图示时，为简化问题，他常常只通过文化资本与经济资本来定位社会不同阶层所处的位置。上图中箭头方向表示阶层跃迁状况。布迪厄按照这个群体在社会上的就业人数比例变化，来表示该阶层的发展状况。箭头向上，表示呈上升趋势；箭头向下，表示呈下降趋势；箭头方向持平，表示停滞。如果绘制一幅中国不同群体的社会空间图，那么从事互联网相关职业的群体，如工程师、运营人员、产品经理处在上升趋势。

详细论述可参考布迪厄的经典之作《区分》。截至2017年1月，该书被引用的次数是45 827次，是二十世纪社会科学类文献中被引用次数最多的20篇文献之一。今天流行的“中产品味”“小资趣味”等词，皆发轫于此。

布迪厄的四种资本中，经济资本、文化资本、社会资本都比较容易懂。那么，什么是符号资本？符号资本（Symbolic Capital），也译作象征资本，指运用符号使占有不同形态的其他三种资本合法化，即上述三种资本——经济资本、文化资本和社会资本通过符号而获得合法化的形式。

当你处在社会中层或下层努力往上走时，文化资本也好，社会资本也罢，都会帮助你。当你处在社会中上层，你却在不知不觉地使用荣誉、信用等种种符号资本来维系自己阶层的统治地位。布迪厄终其一生，始终在维护同性恋、女性、少数族裔等社会弱势群体的利益，他这样群嘲当时那些虚伪的知识分子：符号暴力！

你们这帮人，不再使用直接的暴力，却转为使用奖赏这类隐藏的软暴力，太虚伪了！

布迪厄的一个经典研究是对巴黎高师毕业生的研究。[14]巴黎高师是法国哲学家和社会科学家的摇篮，大师辈出。布迪厄虽然毕业于此，却并不认同知识阶层的虚伪。先看一个他对巴黎高师学生选择专业的研究。他发现，从学校到教师，巴黎高师不仅极力淡化不同学科的社会阶层限制，还不断神化不同学科的智力要求、人格特质要求，从而隐形地神化那些在社会资本、文化资本上高人一等的学生群体。哲学、法语与数学，从来都需要才华与天赋，因此成为上层与中产家庭出身学生的专利；而中下阶层出身的孩子还是老老实实去学习地理、自然科学吧。

一位高三学生很难区分心理学专业与计算机专业的好坏。学校与教师在极力淡化心理学与计算机专业的阶层差异，转而强调心理学与计算机专业的智力、兴趣与人格差异。符号暴力最隐蔽的地方在于，来自阶层的差异最终却转换为个体的差异。你必须承认命运，不是你的家庭阶层不同，而是你的智力不行。而布迪厄通过系列创造了“中产”“品位”“区隔”“文化资本”“社会资本”等词汇，群嘲了知识分子阶层的虚伪。

这种虚伪，不仅在你高三选择专业时干扰你的决策，甚至在他们死掉之后，依然在影响你的判断。布迪厄的另一个经典研究则是巴黎高师毕业生的悼词研究。巴黎高师毕业生的模范人生是成为大学教授与学术精英，但依然有不少毕业生在外省中小学教师的位置上终其一生。吊诡的是，无论是巴黎的学术精英，还是在外省的中小学教师，他们离世后的悼词，多半会脱离对个人的评价，而是强调巴黎高师的神话位置。

巴黎高师的文凭本身赋予了校友制度化的文化资本。他们去世时，也在不知不觉维持这份文化资本的神话——落难的贵族仍是贵族。北大的学生即便毕业后卖猪肉，也不同于出身普通的屠夫。

从此，身份成了命运；文化成了枷锁。

小结

然而，人生除了资本、价值、阶层跃迁、工具理性之外，还可以“采菊东篱下，悠然见南山”，还有理想、意义、平静生活、广义理性。就像柏拉图时代，既有兜售精神食粮的智术师，也有努力引领人们走出洞穴的先知。

> 若身处洞穴，使自己的灵魂得以转而向上，看见智慧及真理之光。
>
> 若离开洞穴，哲学家同样不可以只沉迷在真理之光中，他们还要重回洞穴中引领束缚在洞穴中的人离开洞穴，远离无知。
>
> ——柏拉图《理想国》[15]

亘古长夜黑如墨，总有智者点亮苍穹。布迪厄2002年去世后，人们引用布迪厄在《自我分析纲要》一书中的自述，如是纪念他：“我把自己看得有点像这个中世纪的石匠，他在拉苏泰莱纳教堂里，雕刻一个表现连结并高高在上的柱头，柱头淹没在穹顶的黑暗里，注定让人完全看不到。”[16]

第二十章

Chapter ★ 20

有趣男女*

我活在世上，无非想要明白些道理，遇见些有趣的事。倘能如我所愿，我的一生就算成功。

——王小波

这是一个需要故事的年代。一方面，人们渴望有趣；另一方面，真实生活缺乏趣味。于是人们便热衷于制造有趣。自从各类TEDx、真人图书馆活动流行以来，世间有趣的人似乎一下都冒了出来。随便参加一个活动，你都会惊叹道：怎么有这么多有趣的人？然而，在我看来，多数时候，这些讲故事的人并非真正有趣。不上大学，而去创业；搞间隔年，辞职旅行……这些都不是有趣，充其量只是人生的一种选择而已，当故事听听就好，别为了他人的故事，一时冲动去效仿，那样就是被征收“智商税”了。我心目中的有趣男女，贵在真诚与坚守。低调干活，10年后且看他们的成就。

* 本文首次发表日期为2014年7月24日。

那么，什么是有趣？有趣男女是什么样的人？为什么有趣的女生远远多于有趣的男生？

什么是有趣？

先回答第一个问题：有趣源自真诚，创意出自轻松。

有趣之人最大的特点不是幽默，而是不装。线下严肃，线上段子手，无趣。许多人评价别人有趣与否总跟面子有关。你以为是院士，他非要当扫地僧；人人都认为她是大明星，她偏要亲自上厕所，亲自吃饭。这是无趣的人最爱称赞的“有趣”。

有趣最大的敌人不是无趣，而是紧张。当你与亲友都很放松时，你们更容易产生有趣的生命故事。人们评价意义的标准不一样，非要让钱锺书像段子手一样，想起来就可怕。在你的世界中，你很放松，你很真诚，已弥足珍贵。

有趣的人

再回答第二个问题。

有趣的女生多半有的气质：心善腹黑。光心善，易被人欺；光腹黑，容易刻薄。有趣的女生心明眼亮，仍温柔对待世事。

相对有趣的女生来说，有趣的男生少之又少，因为敏感与能力缺一不可。

敏感的男生才能看到现实与理想的差距；更敏感的男生，人到三十，发现理想遥远不可及，会开始痛苦，普遍经历一个“中年幻灭期”。人在十三岁时，无法区分理想与幻想。三十岁时，略有经历，却仍不被世事与社会评价体系束缚，去寻找自己的安心立命之道，是中年必须解决的问题。

然而多数男生甚至无法发现理想，更遑论经历三十岁时的幻灭，因为他们对生命的敏感度不够。

中年危机，是抛开饭碗，在成年后再次寻找自我认同的旅途。在中国文化中，最著名的中年危机是三十七岁的王阳明龙场悟道的故事。落落千百载，人生几知音。遇到良师益友是王阳明自认的人生转折点。三十四岁时，王阳明与湛若水盟誓定交，立约宣讲新儒学；同年收下妹婿徐爱为开山大弟子。龙场悟道后，他为众人之良师益友，酒会上、野餐中、田野里、月光下，随性讲习，循理践行。[1]

有趣的男生必然姿态柔和，生命故事动人，有能力建构只属于自己的生命史。相对女生来说，对男生的有趣标准要求高之又高。我们也常常可以观察到两类男生的误区：

- 有敏感无能力的男生会将对世界的洞察当作能力，以为身边的人都应欣赏自己；
- 有能力无敏感的男生会将多维的人生仅仅锁定为“成就”这一个维度。

这样的中年，以为人生追求就是成就，生命就是可以量化的目标，无趣的人啊！人生如万花筒，“快乐、成就、意义与传承”四种碎片，在你的生命中飘飘扬扬，拼接成图。[2]多数人觉得上班无趣，因为在他上班的第一天，就能看到年老时的那幅图景了。

世间的女子

为什么世上有趣的女生远远多于有趣的男生？

因为女生小时候是一套价值观系统，长大后又发展出一套新的价值观系统，而男孩从小到大都只有一套价值观系统。

女生小时候从假装游戏中习得协作，男生则通过假装游戏更多地习得竞争。在青春期时，女生会普遍经历价值观的纠正过程，从小女孩的协作游戏开始习得成人世界的竞争游戏。而男生从小到大都遵循着竞争的游戏规则。所以，青春期对女生来说，无论生理还是心理，都更危险。青春期危机更多地指向少女，青春期少女也更容易罹患抑郁症。

超一流作家必然是人性大师。所以曹雪芹曾借贾宝玉之口说道："女儿是水做的骨肉，男人是泥做的骨肉"，相信"凡山川日月之精秀，只钟于女儿，须眉男子不过是些渣滓浊沫而已"，因此"见了女儿便清爽，见了男子便觉得浊臭逼人"。同样，日本光源氏在《源氏物语》中也有类似言语，如"世间女子个个可爱，教我难于舍弃"。认为女子生性柔弱，而自己也是"生性柔弱，没有决断，所以喜欢柔弱的人"，把怜香惜玉当作义不容辞的责任。

"世上有趣的女生远远多于有趣的男生"这句话语出《哈佛商业评论》记者对斯坦福大学教授马奇的采访。[3]马奇被称为"大师中的大师"，成名极早，三十岁时即与诺贝尔奖、图灵奖双得主西蒙主编《组织》，开创组织研究的卡内基学派。马奇在采访中说道：

> 所以，我过去经常让学生解释一个反常的事实：为什么世界上有趣的女人比有趣的男人多？我不允许他们质疑这一事实，只要求

他们给出答案，但答案的关键之处在于男女的成长环境不同。

女人生下来的时候是女孩，人们告诉女孩，因为她们是女孩，所以她们做事情可以不需要正当的理由。她们可以难以捉摸、不一致、不合逻辑。然后女孩开始上学，这时人们告诉她们，她们是有教养的人，因为她们是有教养的人，所以她们做事情必须一致、符合逻辑，等等。所以，女性在一生中做事情先是可以不需要正当的理由，后来又需要正常的理由，在这一过程中，女性发展出一套非常复杂的价值观系统，所以在我主持的一次会议上，一个女人看着在座的男人说："据我所知，你们的前提是正确的，假设是正确的；而且，你们的结论是根据前提假设合理推导而来的。但是，你们的结论是错误的。"——她是正确的。

男人生下来的时候是男孩，人们告诉男孩，作为男孩，他们必须坦率、一致、符合逻辑。然后，男孩开始上学，这时人们还是告诉他们，他们必须坦率、一致、符合逻辑。所以，男性终其一生都要做到坦率、一致、符合逻辑——与两岁时的目标一致。

这就是男人不仅不如女人有趣，而且不如女人有想象力的原因。

小结

此生如此漫长，若没有遇到有趣的人，那么将是多么无趣；此生如此短暂，若是自己不努力成为一位有趣的人，那么将是多么无趣。

如果有趣如井中月，难以寻觅，那么不妨像我一样，成为一名无趣的书呆子。有趣的书读多了，以致读者多少觉得，哎，这人如此无趣。真有趣！

第二十一章

Chapter ★ 21

理解内向者*

有位读者提了一个很有意思的问题：

> 有时候，有关个性的问题，不懂心理学的人很难搞清楚。比如，现代社会很多行业都青睐比较外向的人，内向的人是不是就必须锻炼自己的人际交往技能？哪些个性是可以固守的，哪些又是需要锻炼以适应这个社会的？

这是一个很多人都会关心的问题。从小到大，我们经常听到诸如“外向的人容易成功”“外向的人更长寿”之类的说法。于是，在这些刻板印象的约束之下，很多人强迫自己装得外向，即便他们本身是内向的。毕竟，正如那位读者所言，究竟哪些个性是可以固守的，哪些又是需要锻炼以适应社会的，人们并不十分明了。

说完通俗层面的，再从学术层面谈一谈。传统人格心理学对人的

* 本文首次发表日期为2014年7月22日。

划分，少不了外向、内向这一维度。然而，这种区分很有问题。

我们可以将人格心理学对人的划分，大体上分成特质取向和社会认知取向这两类。内向、外向其实说的就是特质取向；而社会认知取向，却被特质取向的心理学家忽略了。比如，前述那位读者内心深处可能认为，有些个性应该固守，有些个性可能需要调整以适应社会。

请注意这种心理状态的微妙之处：正常人类在面对特质（也就是那位读者所说的个性，比如内向、外向这一对人格心理学中典型的特质）时，会采取不同的社会认知取向（也就是说，会依据内心需求，对不同的个性特质加以取舍或决策）。

过去的人格心理学研究往往忽略这种微妙之处。比如，特质取向的人格测验，无论是大五人格模型，还是其他模型，都没有考虑人们除了特质之外的动机、内心需求等。[1]同样，一个纯粹的考察内心需求的人格测验，如爱德华个性偏好量表，又忽略了人格特质。[2]

于是，近年来，尝试结合这两者的心理学家提出了一种新的人格测量模型。[3]在这种新的测量模型之下，心理学家会如何测量人？为了说明这种新的理论框架，这里举一个简化的例子。需要提醒的是，心理学家对人的划分实际上不会像这个例子中那么简单。

人格测量模型

动机/特质	内　向	外　向
高合群	渴望情感和友谊，却在人际交往的许多场合感到困难	在寻求广泛的人际交往关系时没有冲突
低合群	独立工作时感到舒适和更有效率；不在意别人的想法	很注意和善于建立人际关系，却并不依赖它们

按照特质来划分，可以将人分成内向、外向；按照动机或者社会认知取向来划分，可以将人划分为高合群取向、低合群取向这两类。

如果一个人的动机与他的特质相吻合，那么一般来说，在现实生活中，这个人很难产生心理冲突。而那位读者内心所发生的冲突，可能是由于，从动机上来说，她是一个高合群的人，很希望跟朋友在一起；而从特质上讲，她可能是一个内向的人，更享受内心世界的宁静，不是那么在意外界的评价。但这样一来，心理冲突就产生了，这样的心理冲突让她成了一个有意思的人。

同样，如果一个人在动机上是低合群，在人格特质上是外向，这种人常常见于销售行业。他们非常善于处理人际关系，但并不依赖它，当他们想抛弃某种情感关系时，随时都可以抛弃。动机与特质不会发生冲突的人，则分别见于内向—低合群和外向—高合群这两类人群。

按照这种理论架构去设计人格测验，传统的李克特量表、形容词评定、迫选题的思路恐怕都无法满足需求，必须采取新的设计思路。[4] 附带提一句，荣格关于人性的理解，在我看来，其深刻之处在于开始结合动机与特质，比如，“内向的情感”，这种描述做出了初步的尝试，只是不够科学与系统。荣格只是凭借朦胧的、对人性深刻的认识，做出了划分。今天的心理学家建立模型时，完全可以比荣格做得更系统、更优雅。[5]

第二十二章

Chapter ★ 22

别人凭什么帮你？*

你出身平凡家庭，毕业于普通大学，没有田晓霞这样的妻子或者普京那样的丈夫，在权力、金钱乃至能力积累方面刚刚上路。[1]你很年轻，渴望成功，可是别人凭什么帮你？

“别人”不是“自己人”

台湾心理学家黄光国在成名作《人情与面子：中国人的权力游戏》中，将中国人的人际关系划分为工具性的关系、混合性的关系、情感性的关系三类：[2]

- 典型工具性的关系是陌生人关系，在交往中遵循“公平法则”——“合则来，不合则去”；
- 典型混合性的关系是熟人关系，在交往中遵循“人情法则”——

* 本文首次发表日期为2009年1月5日。

“有恩报恩，有仇报仇”；

» 典型情感性的关系是家庭关系或朋友关系，在交往中遵循“需求法则”——“各尽所能，各取所需”。

黄光国的理论模式（1988）如下图所示。

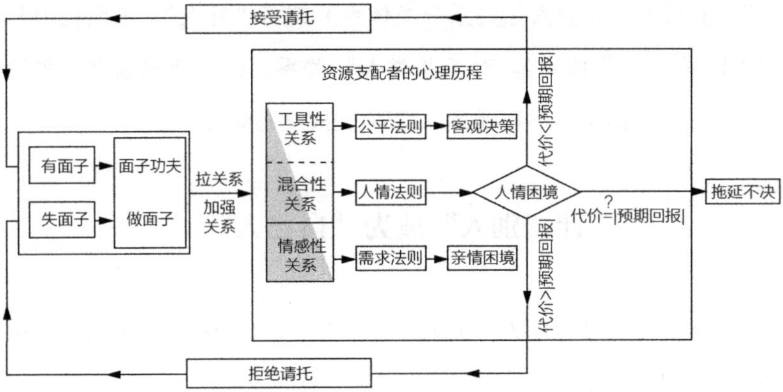

黄光国的“人情与面子”理论模式

另一位本土心理学家杨中芳改进了黄光国的理论模式。她与杨宜音在2001年发表的系列研究中，注意到中国人的人际关系里“情”与“礼”是分离的。有时你知道按“礼”（面子）应该给某人“情”（人情），但心中并无这种“情”（人情）的存在。因此，杨中芳将黄光国的情感性人际关系划分为“应有之情”（义务的、规范的情感，也称“人情”）和“真有之情”（真正的、自发的情感，也称“感情”）。理论架构体系如下表所示。[3]

人际关系的情与礼

	高真有之情	低真有之情
高应有之情	自己人（亲情、铁哥们）	身份性“自己人”（人情或恩情）
低应有之情	交往性“自己人”（友情）	外人

“别人”不帮你才是正常的。“别人”往往意味着“工具性的关系”（依照黄光国的人际关系分类体系）或者“外人”（依照杨中芳的人际关系分类体系）。对于此类人际关系，仅需要采取“公平法则”——“合则来，不合则去”，双方完成交易即可。

让“别人”成为“自己人”

如何更好地让“别人”成为“自己人”？有一些常见的心理学原则可以归纳，比如：

- 人们愿意帮助“自己人”——你的品味、你的思想、你的兴趣，都可能让“别人”觉得你是“自己人”；
- 人们愿意帮助那些实际上是在帮助“自己”的人——让自己的梦想，成为“别人”梦想的一部分；
- 人们愿意帮助有礼貌、积极向上、乐观、有奋斗精神的人——对美的欣赏与追求是人的天性或者本能；
- 人们愿意帮助能够“帮助”的人——不要让“帮助”成为“别人”的负担；
- 在社会心理学教材中，还可以找出更多原则，不过最应该记住的一条是，人们愿意帮助对于自己的帮助给予积极回应与正面反馈的人。

相信世界上存在愿意帮助自己的“别人”，并且尽可能地让这些人群越来越有层次感、战斗力，最终构成一个完善的“人际金字塔”，如下图所示。

» 第一层也是人数最多的一层，也就是秉承公平原则或者交易原则的“外人”；
» 第二层则是由交往性“自己人”与身份性“自己人”构成的。前者是“朋友”——“朋友”们没有帮助自己的义务或责任，不要将朋友的“真有之情”混同于“应有之情”；后者则是欠“人情”的人（比如婆婆家的人）——人情总是要还的。
» 第三层则是“自己人”——少而精，这是最后的避风港。

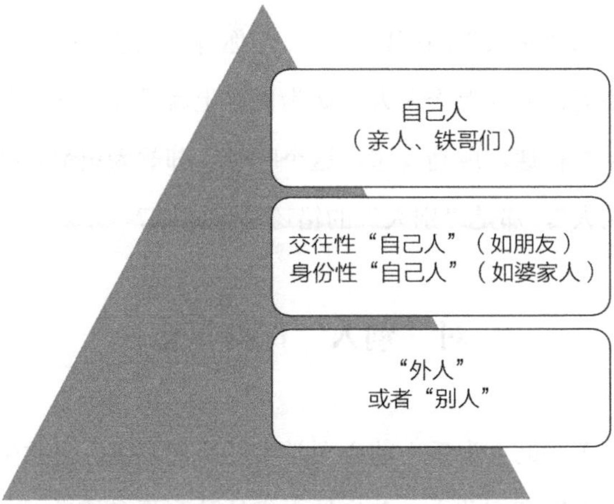

人际金字塔

“人际金字塔”的每一层各有多少人呢？你需要多少朋友？如果按照邓巴数字给出具体答案，最顶层只有7人。[4]那种你在机场遇到，不好意思不打招呼的人，全部加在一起，也不过150人左右。下图就是根据人类学家邓巴的研究给出的一个理论模型图。

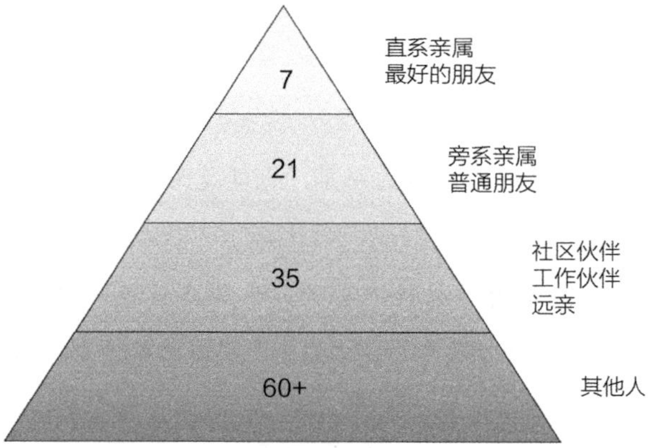

邓巴理论

求人办事，如果担心“丢面子”，即使生活压得你喘不过气，还是不主动寻求“别人”的帮助，那么，你有可能总是闷闷不乐，感慨自己怀才不遇，从此怨天尤人，认为世界上就是没人愿意帮助自己。当你因为某些机遇，成功发家，这个时候，却颇为记恨那些当初没有帮你的“别人”，那是“别人”的错还是你的错？

对“别人”保持善意

一个关于“助人为乐”的心理学实证研究发现，日常生活中善意和幸福之间存在密切关系，善良的人们体验到更多的幸福，并拥有更多的幸福回忆。令人诧异的是，无需太多实际的助人举动，仅通过为期一周对善举的记录，人们就会变得更加幸福和感恩。

因为人性是趋乐避苦、追求积极体验而非消极体验的，当他人的痛苦是我们忧伤的原因时，我们会努力去消除他们的痛苦，以便使自己感到好受一点。所以，伸出援手，会让自己更快乐。

同样，当我们能够预见，自己做了什么之后他人可能产生的愉悦，这种想象中的属于他人的愉悦，在自己的心中或许也能达到同样的愉悦强度（想象当你给别人一个惊喜时，就会有这种感受吧）。这样，快乐就加倍了（助人的快乐加上想象中他人的快乐）。

小结

对“别人”保持善意，主动去帮助别人，在给“别人”变成自己的“自己人”机会的同时，也给了一个让“自己”变成别人的“自己人”的机会。这将让我们的“人际金字塔”更厚实，人生更幸福。

第二十三章

Chapter ★ 23

外人、自己人与另一半 *

在评价婚姻成功与否时，中国本土使用的评价体系不同于西方所使用的评价体系。目前，在西方婚恋理论之中，一直占据主导地位的是爱情的三元理论，将爱情分成激情、亲密与承诺三个成分，并根据这三个成分的多少，将爱情划分为八个种类。[1]

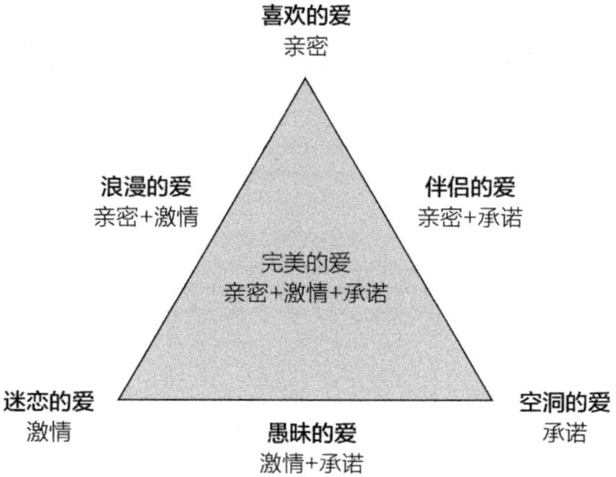

爱情三元理论

* 本文首次发表日期为2006年10月5日。

但是，普通中国人会如何评价一个人的婚姻或者恋爱成功与否呢？

带着这个问题，我与助手访谈了大量中国人，结合过往的研究积累，梳理出一个中国人的婚恋行为理论模型。

这些受访者做出的评价很少牵涉爱情的成分，而更多地倾向于将婚恋理解为一个动态匹配、动态人际交互的过程。激情、浪漫这类词汇在他们谈及婚恋时很少出现。“配不配”“是不是自己人”是本土受访者经常使用的词汇。

为什么会这样呢？从宏观背景上说，西方历史上一直存在供年轻人自愿相互认识的公共空间。这种空间，在不同的年代表现为不同的载体。比如，贯穿美国历史的志愿者组织、社区文化，往往为美国年轻人相互认识提供了公共空间。

在中国，由于种种历史原因，没有形成可以供中国的年轻人相互认识的公共空间。中国人的相互认识，更多是通过“王婆”之类的媒人，通过人们之间的闲谈，通过相亲之类的方式，是一种典型的通过熟人来相互认识的过程。由于这种熟人社会的特点，熟人直接成了串联婚恋活动的中枢。因此，中国年轻人之间的婚恋活动往往并不是从浪漫开始，而是一个将“外人”变为“自己人”，最后变为“另一半”的人际互动过程。

几千年来，本土文化在中国形成了一种费孝通所说的“差序格局”。[2]人们往往是从自己出发，采取“推己及人”的人际关系理解策略，从自己所处的小圈子，逐步延伸到“差序格局”之外的圈子。这种衍生过程很缓慢，但也很有力量。美国年轻人在结婚之前交往的男女朋友数量可能大于中国的年轻人。但是，中国人认识的男女朋友结婚的可能性，平均来看或许大于美国的年轻人。

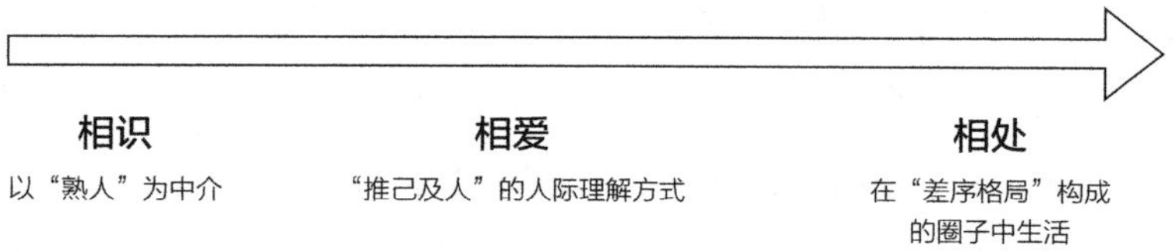

熟人社会的婚恋行为

外人

中国人往往将圈子之外的人称为“外人”，这是中国人婚恋生活中的第一个阶段。在“外人”阶段，父母、朋友等“自己人”教给年轻人所采取的婚恋应对策略往往是：“要防对方一手”“人心隔肚皮”“给自己留一条后路”。具体到女性身上，则体现为“处女情结”“不要吃亏”，这类观念的影响无处不在。在中国古典小说的集大成者“三言”“二拍”与《红楼梦》之中，可以找到多处类似的例子。

我们在评价某人婚姻失败时，会经常使用本土化词汇“外人”。比如夫妇不亲近，走在大街上，跟一对“外人”似的，很少有什么亲密互动；回到家中，也是“客客气气地”，很少“吵架”。

“吵架”是中国人婚恋生活中的一个必不可少的元素。这种元素，反映到中国本土的民俗心理中，就是俗话说的“两口子吵架，床头吵，床尾和”。在中国人看来，有分歧，有争议，这反而是好事，因为这意味着对方不是“外人”。这也是部分解释中国式家庭暴力的一个很重要的文化心理背景。

自己人

中国人婚恋生活中的第二个阶段，可以称为“自己人”阶段。这个阶段，与西方婚恋理论所强调的纯粹的浪漫之爱或激情之爱也不一样。通过各种进退试探的互动过程，男女双方相互明白心意之后，他们就变成“自己人”了。

对于“自己人”和“外人”，中国人会使用不同的评价体系。对于“自己人”，中国人往往会更强调“交心”。传达类似意思的俗语有“有难同当，有福共享”“家里一本账”“好得可以穿一条裤子”。婚恋中的AA制对于绝大多数中国人来说很难理解，原因就在于：AA制这种“亲兄弟，明算账”的方式，往往用来处理“外人”阶段的婚恋关系。

绝大多数堪称模范夫妻的婚姻关系，都已经到达了“自己人”这个阶段。即使由于性格、沟通方式、经济原因，小两口在家庭内部会有冲突，有时甚至比较频繁地吵架，但是这样的婚姻反倒很难散伙。因为一旦小两口的家庭碰到重要问题，他们会立即团结起来，共同面对。比如我们很熟悉这样一个场景：当官的丈夫出轨了，在家庭内部，夫妇俩会非常猛烈地争吵。然而，在官方要对丈夫进行处理的时候，不少太太会立即停止对丈夫的攻击，转而去帮助丈夫隐瞒事实真相。

另一半

中国人婚恋生活中的最后一个阶段，是可以称为“另一半”的阶段。这是中国式婚姻的最高境界，也是中国本土评价一个人的婚姻是否成功的标志。在评价成功的、令人羡慕的婚姻时，我们会强调，那对夫妻好得就像“一半”跟“另一半”似的。

对于某些充满大男子主义的中国男性来说，狐朋狗友也被纳入了“自己人”的心理范畴。虽然这些“自己人”有可能会在“患难见真情”的时候退变降级，但“朋友如手足，妻子如衣服”的观念早已扎根在这些男人心中，成为中国本土婚恋文化的一部分。这也解释了为什么在中国本土婚恋文化中很少具备西式的“骑士精神”或者说真正尊重女性的“贵族精神”。

在中国历史长河中，上至战国，下至当代，在中国人心目中符合“英雄”定义的很多男人，都说过类似的话。例如，对三国故事里的刘备来说，糜夫人也好，甘夫人也罢，虽然也像是“自己人”，但相对而言，关羽、张飞等兄弟，更属于“自己人”的范畴。当面临同样属于“自己人”范畴的心理决策时，究竟是爱江山还是爱美人？他们的选择已经随着无数的传奇故事流传了下来。我们只能说，他们的婚恋还处于第二阶段，并没有到最高境界。

在已经达到“另一半”阶段的婚姻关系中，男女双方不存在“吵架”的问题。“吵架”作为婚姻生活中一个不可避免的因素，在三个婚姻阶段中的作用以螺旋式的循环形式呈现。在“外人”阶段，因为双方共同利益很少，相互的自我卷入程度很低，根本吵不起来；而到了“自己人”阶段，“吵架”则成为双方沟通方式的一种。这种“吵架”的作用也容易被中国本土主流社会规范认同：夫妻吵架往往不诉诸法律，俗语“清官难断家务事”反映的就是这一点。然而到了“另一半”的境界，“吵架”这种形式都没有了。若将夫妻比为左右手，谁忍心让自己的左手去打自己的右手呢？

相应地，爱江山还是爱美人的两难决策情景，也不复存在了，因为江山也需要跟自己的“另一半”共享。

这种“另一半”的婚姻境界，也植根于中国本土心理文化土壤。传统环境下，大多数中国人在婚恋生活中不容易理解和接受西方影片中所宣传的激情之爱或浪漫之爱。在中式婚姻生活的最高境界——“另一半”这个阶段，推崇的是一种中和、平淡、含蓄、越久越真的爱情。卡门式的爱在中国传统婚恋生活中很难实现。不少中国人内心深处向往的是类似于钱锺书与杨绛那样的婚姻关系：历经坎坷，饱受颠沛流离之苦，仍能相濡以沫，及至老年能笑看人生，安安静静地一起回忆往事，活出《我们仨》那种生活态度。

第二十四章

Chapter ★ 24

人性与暴力*

如果以100、1000、10000年为单位，在大时间尺度上，人类与世界处在什么位置？管中窥豹，简单回顾人类历史后，我将接着探讨在当今时代大变局下，你可以做点什么，才能减少决策偏差，以及为这个民族、这个国家、这个地球做点什么。

世界发生了什么？

在发蓝的河水里

洗洗双手

洗洗参加过古代战争的双手

围猎已是很遥远的事

—— 海子《农耕民族》[1]

* 本文首次发表日期为2016年11月7日。

世界正在快速变化，这是每个人的感受。虚拟现实、深度学习、人工智能一夜冒出，突然之间，世界从此大不一样。从前衣食住行拿现金，到后面刷卡，再到现在使用手机App。甚至如果一个贼不去更新知识，抢劫都抢不到钱了。反之，如果一位超级骇客，成功入侵银行，从每个人账户上偷一分钱，他能造成社会财富的重大损失。

这是一个信息过载时代。日本第一位诺贝尔奖得主汤川秀树在《现代科学与人类》中感叹："就整个人类生活而言，也存在刺激过剩、信息过剩、技术过剩之感。对刺激的迅速回应，被信息所缠绕，为技术所主宰，最终使人类失去了自我，甚至连自己将何去何从都不去思考了。"[2]假设汤川秀树生活在今天，他也许会窒息得失去创造力。

汤川秀树因为研究量子力学荣获1949年的诺贝尔物理学奖。他一生致力于探索"真实世界"。在物理学家眼中的真实世界，以一些简洁的规则运作，而这些规则往往具备数学美。你我生存的"现实世界"则是真实世界的投影。"现实世界"不同于"真实世界"之处，在于它是一个多周期多系统的世界，噪音较大。

如果你拥有上帝之眼，能够统计出人类在"现实世界"中生产出的所有信息量，你会发现，从2010年前后，人类信息量步入了一个新的增长期。每一天，数亿智能手机联系在一起，生产着各种文字、图片、音频与视频。新学科、新科技喷涌而出，2015年的高引用论文高达10万篇。短短几年内，深度学习、光遗传学、基因编辑技术席卷天下，10年间新增数百个新学科。又是短短几年内，App Store应用数量从零到300万；微信公众号数量从零到1000万。每个新学科、每篇高引用论文、每个App、每个微信公众号又是一个新的"信息源"，继续引爆第二轮信息爆炸。

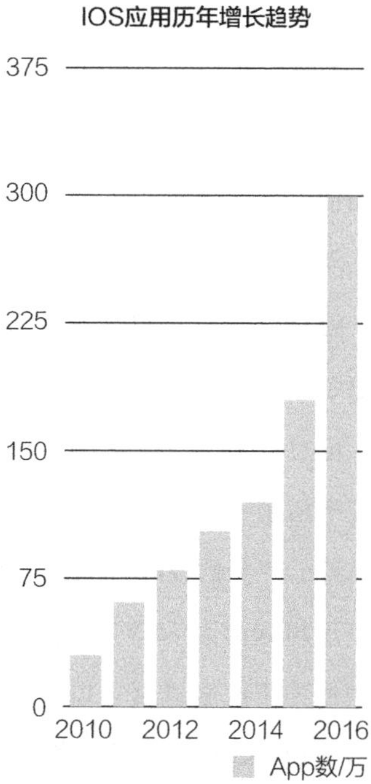

信息爆炸时代

信息与信任

是谁这么说过　海水

要走了　要到处看看

我们曾在这儿坐过

——海子《海子小夜曲》

星星之火，可以燎原。信息如火山般喷发，燃烧的是你的心力。信息爆炸，它会如何影响人类文明的发展？——是信任。信息深深影响了人类之间的信任。以我十二岁到十八岁的学生时代举例，那时少男少女们流行交笔友。因为当时我发表过一些诗歌，常常会收到笔友来信，但到了年底，加上所有笔友在内，值得邮寄贺卡的朋友，依然不会超过150人。然而在今天，你同时和50人以上交流太正常了，甚至你会同时与成千上万人交流。

按照英国进化心理学家邓巴的研究，从远古狩猎—采集时代到近代，人类的社交网络始终由一系列层层包含的圈子构成，每个层次都比它相邻的内部层次大三倍。你可以按照亲疏远近，将这些圈子分为亲密朋友（最里层的5人）、最要好的朋友（15人圈）、好朋友（50人圈）、朋友（150人圈）、认识的人（500人圈）以及脸熟但叫不出名字的人（1500人圈）。[3]最内部的4个层次（到150人圈），一半是家人，一半是朋友。超过150人之后，变为纯随机认识，没有一人是家人，如下图所示。

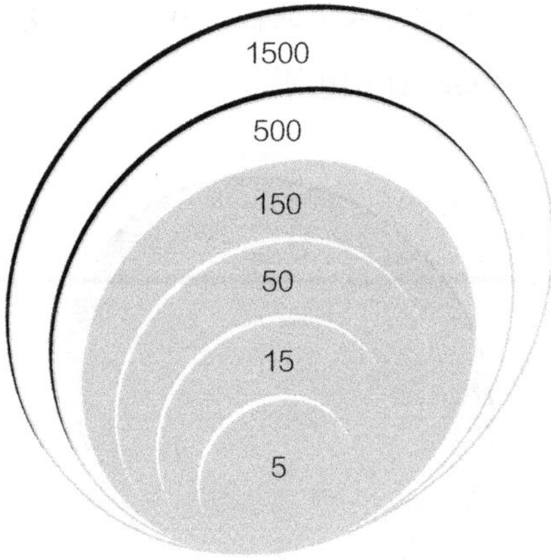

人类的社交网络

如果你对照观察，黑猩猩和狒狒只有三层；智商更低的髯猴只有不到两层。这是因为，维持这种多层次社交网络结构的能力，受制于动物的社会脑发育，也就是社会认知能力。因为人类的社会脑足够发达，才足以支撑更复杂的社交网络。按照人类意向层次论推演，[4]我们可以将人类理解或社会推理层次划分为：

a. 我知道；

b. 我知道你知道；

c. 我知道你知道她知道；

d. 我知道你知道她知道他知道。

只有人类，可以推论到四阶意向层次以上；只有人类才能诞生语言，创造辉煌的艺术。信息倍增，带来的是什么？它深深地影响了人类的社会认知能力。这是人类第一次开始尝试管理第7个层级及以上的社交网络圈子。从此，人类的社交网络开始变为：5—15—50—150—500—1500—4500，如下图所示。

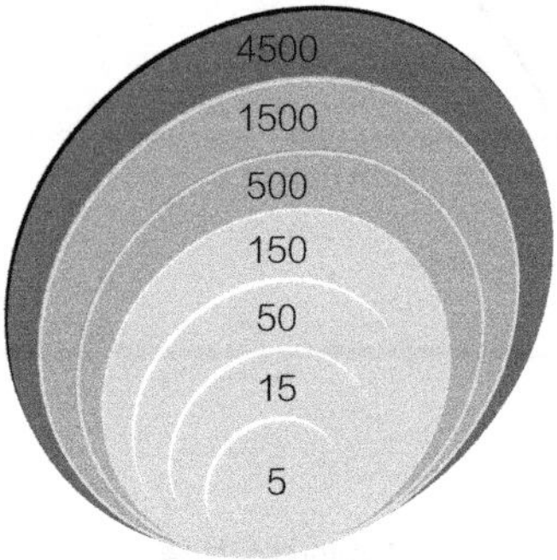

未来人类的社交网络

4500人也是不少社交达人的好友数量上限。意向层次的层级跃迁，意味着人类能与更多人共享心智模型。绝大多数动物生下来，能够借助于身体触摸，与5位左右的同胞家属达成连接；借助于肢体语言，可以与15位左右的同族达成连接；一旦需要与50人连接，就不得不借助于口头语言；到了150人、500人，不得不借助符号语言。正是语言的诞生，人类通过故事相互连接在一起，从此，有了部落、村庄与城市。

信息与信任构成了人类历史的两大基本命题。从3个意向层次跃迁到6个意向层次以上，我们从猿猴成为人；从6个意向层次跃迁到9个意向层次以上，我们从人变为超级人类。这就是当前人类所处的演化周期。伟大作家普遍在第6层级的意向层次工作；同样，刚刚萌芽的虚拟现实技术，将把人类普遍带入到第7层级的意向层次。当有一天，人类的社会认知能力能够同时触及4万人时，那时人类正式步入超级人类时代。

人性史与暴力史

活在这珍贵的人间
人类和植物一样幸福
爱情和雨水一样幸福

——海子《活在珍贵的人间》

研究人性，必然关注暴力，因为整个人类史就是一部暴力史。如果以暴力的尺度，来度量人性的演化，结合信息与信任两个维度，可以将人类历史划分为4个常态，如下图所示。

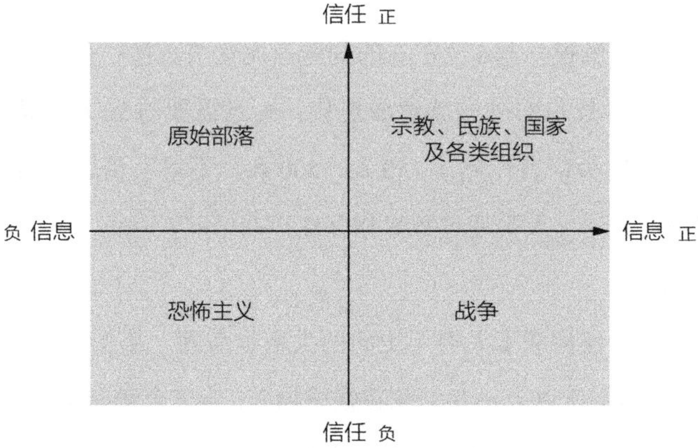

信息与信任

» 负信息负信任：人与人之间相互敌对，不创造新信息，将万事万物导向无序。典型形态如恐怖主义，破坏就是目的。

» 正信息负信任：人与人之间依然相互敌对，难以构建信任，但创造新信息。典型形态如人类战争，带来了文化交流。

» 负信息正信任：人与人之间相互信任，但不追求创造信息，万事万物之间存在无序的混乱状态。典型形态如原始人部落。

» 正信息正信任：人类社会的常态。典型形态如各类组织，比如宗教、民族、国家，共享一定的信息与信任，相互连接在一起。

你还可以将“正信息正信任”这个区间按照信息密度与信任浓度的高低大小不同，划分为4个象限，如下图所示。

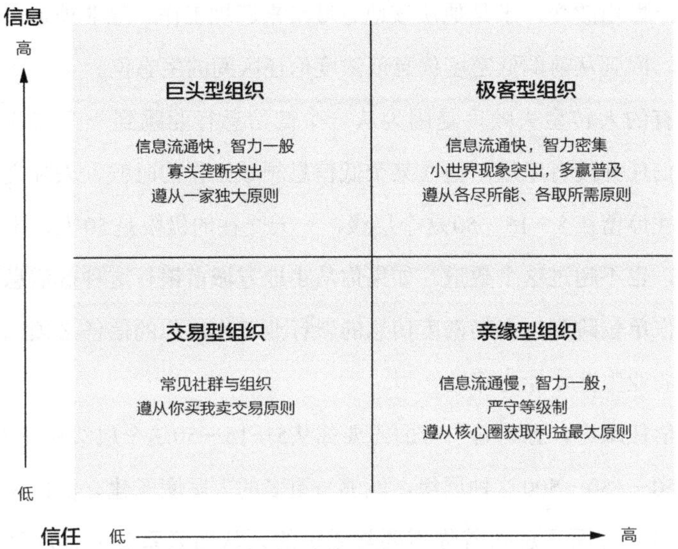

不同组织类型

低信息与低信任

交易型组织。这是人类社会组织的常态，多数常见社群与组织都是这种形态。它遵从“你买我卖”的交易原则。在哪个组织，我的获益最大，我就加入哪个组织或与其交易。不过，由于人类大脑有限理性的特点，使得人们误以为能够最大化自己的利益，但结果并不好。

为什么有的人职业生涯转型会成功，有的人会失败，背后深层次的原因与“区间生态位迁移”有关。举个例子，我认识的一位同学，本来他在某地方城市银行当主管非常滋润，家有贤妻，外受尊敬。此时，他身处“低信息与低信任区间生态位”。他本来每天接触的信息量并不大，跟当地的朋友吃喝玩乐即可，但突然有一天，他加入了一个社群，天天被高密度信息刺激。这使得他的认知与行为开始失调，不得不做出改变，于是他从该地方城市来深圳工作。除非他退出这个社群，回到从前的低密度信息低浓度信任区间的生态位。

有的人转型失败，是因为从一个低信息行业跳到一个高信息行业，信任并没有跟进。他在某个低信息领域工作的时候，人际交往范围往往停留在5－15－50这个层级，一天交往的极限是50人，再怎么折腾，也不超过这个数量。如果你从小地方城市银行这种低信息阈值的工作单位跳到一个高密度信息的新行业工作，你的信任必须跟进，这样职业生涯才能更好地转型。

信任跟进，意味着一方面需要你从5－15－50这个层级跃迁为5－15－50－150－500这种层级，能够与更多的人际圈子建立信任关系；同时另一方面还意味着你需要与更多的人从弱联系变为强联系。如之前的150－500－1500人都是自己的弱联系，现在开始，50－150－500都是自己的强联系。

高信息与低信任

巨头型组织。它们位于高信息与低信任区间。它的特征是信息流动速度很快，往往垄断了某个行业，遵从“一家独大”的原则。典型公司是科技巨头型企业。在这种企业中，对80%的员工智力要求并不高，仅仅对其中20%的员工智力要求极高。同事与同事之间往往信任水平较低。

高信息与高信任

极客型组织。极客型组织既是高信息流，又是高信任流。典型的莫过于早期的谷歌、早期的 GitHub，还有早期的 37Signals。这类组织的特征是信息流通快、智力密集、小世界林立、多赢普及。团队成员遵从“各尽所能，各取所需”的原则。

极客型组织与巨头型组织对员工的职业生涯发展的要求也大不一样。在一家独大的巨头型公司，你和工作伙伴不需要建立强信任关系，只需要按照公司分配的任务做好就够了。但在极客型组织工作，如果你的智力不跟上，你会被“秒杀”，发现自己以前的工作完全是浪费时间，甚至开始怀疑人生。如果你的智力水平达不到极客型组织的要求，你也不一定非要走向“高信息与高信任”这个生态位。

低信息与高信任

亲缘型组织。同处于低信息领域，亲缘型组织与交易型组织又不同，它要求有极高的信任。它们严守等级制，遵从“核心圈获取利益最大”的原则，典型的如中国各类商会。商会小圈子虽然信息流速低，但价值高，你在其他地方很难获取。

* * *

从古至今，你所归属的生态位，决定了你在世界中的位置。阶层流通的背后是“生态位”的跃迁；战争背后都是“生态位”的冲突；人类文明的发展是整个人类社会信息密度与信任浓度提升的过程。在猿猴时代，人类仅仅能处理5－15－50的人际关系；在工业时代，人类开始能处理50－150－500的人际关系；我们今天开始尝试挑战150－500－1500－4500的人际关系。人类社会认知能力不断跃迁，带来的是彼此之间更容易处理更高密度的信息流通，以及建构浓度更高的信任。

未来世界会变得怎么样?

庄子在水中洗手

洗完了手，手掌上一片寂静

庄子在水中洗身

身子是一匹布

——海子《思念前生》

历史不会重复，但会“押韵”。想要知道未来世界会变得怎么样，先得回顾历史趋势。认知科学家平克在《人性中的善良天使：暴力为什么会减少》中认为，人类历史中最重大的事情，正是暴力呈现下降这个趋势。今天，人类正处于有史以来最和平的时代。平克以100－1000－10000年为尺度，总结出人类暴力下降的6个趋势：人类在5000年前从无政府状态向第一个具有城市和政府的农耕文明过渡的“平靖进程”；从中世纪晚期到二十世纪，商贸文明架构形成的“文明进程”；十七和十八世纪的“理性时代”和“欧洲启蒙运动”的“人道主义革命”；二战结束后迄今的“长期和平”；武装冲突变得越来越有节制的“新和平”；1948年《世界人权宣言》带来的“权利革命”。[5]

平克总结了人类暴力下降的5种历史力量：利维坦、商业、女性化、世界主义的力量与理性的滚梯。无论是6个趋势还是5种历史力量，均可归纳到人类的信息—信任层级的跃迁。经济史学家格雷戈里·克拉克（Gregory Clark）教授认为人类历史上其实只发生了一件事，即1800年前后开始的工业革命。人类只有工业革命之前的世界和工业革命之后的世界之分，其他的历史细节有意思但不关键。[6]

为什么呢？克拉克教授如是说："从大的方面看，世界人均GDP在1800年前的两三千年里基本没有变化，工业革命之后才逐渐上升。在微观方面，工业革命之后人类的生活方式、社会结构、政治形态以及文化内涵都有本质性的大变革。"正是工业革命，才使得人类开始摆脱马尔萨斯式陷阱。

如今人类则处在第三个文明周期（如下图所示），信息与信任开始步入新的发展周期。有的人将其称之为人类社会的第四次革命——神经革命；有的人将其称之为信息革命。[7]我则喜欢将其称之为认知时代。在二十一世纪初，美国国家科学基金会和美国商务部提出了一个宏伟的计划——《聚合四大技术，提升人类素质计划》。[8]在该计划中，美国国家科研政策制定者认为，二十一世纪有三大重要技术：信息技术、生物技术、纳米技术，而这三大技术应在认知科学统帅之下，直接提升人类素质。将纳米、生物、信息、认知四大前沿科技的英文缩写汇总在一起，这就是NBIC一词的来源。NBIC，也意味着当前人类科学前沿。

人类文明三周期

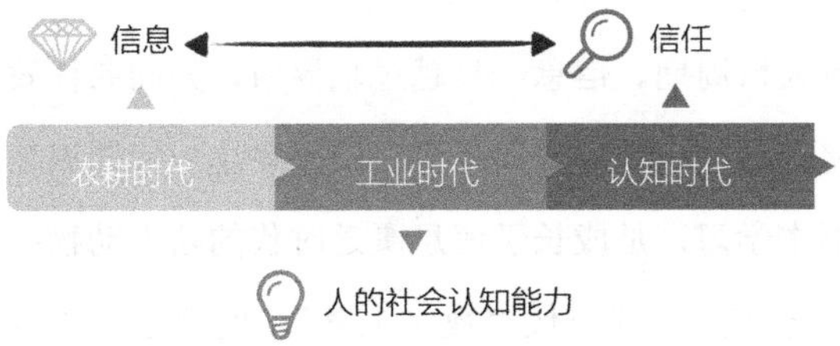

人类演化到新的文明周期——认知时代，我们可以粗略地推测未来会发生什么。

科技周期

先看看科技周期。为什么人工智能变得越来越火？你思考过这个问题吗？实际上，我们已经步入了一个智能+的时代，开始了新一轮科技周期。目前流行的各类协议，如TCP/IP协议诞生于1974年，HTTP1.0协议发布于1996年。所有这部分的协议，在过去三五十年之间，已经齐备。这部分红利已逐步消耗殆尽。不过，一个新的世界在你眼前展开，它就是虚拟世界。

信息一旦膨胀到一定程度，会诞生新的信任关系。虚拟世界现在是开荒阶段，相关协议正在制定之中。今天一些科技公司联合在一起，制定人工智能世界的协议，比如约定机器人和机器人之间该如何通信；机器人在什么情况下可以伤害人类，什么情况下不可以伤害人类。这些事情，表面上看似与你当下的工作没有多大关系。一旦你把它放在30年的周期看，它会深深地影响到未来世界的运转，就像多年前诞生的TCP/IP协议与HTTP协议构成了今天的互联网基础。

人口周期

再看看人口周期。信息一旦越过临界值，如同弗林效应，未来人类的素质将变得越来越好。如果说三四十岁这一代知识工作者，更多地是通过书本学习，是成长于信息匮乏时代的陆生动物；与之相反，“九零后”“零零后”这一代“数字土著”，他们是人类历史上第一次真正意义上的，在信息汪洋时代中诞生的海生动物。他们的大脑运作模式、思维结构与学习方式，将大大不同于传统一代。相应地，人口素质的提高可能会影响到生育欲望的下降。未来多数国家将不得不鼓励人们生育。

城市周期

人口周期和经济周期与城市周期密切相关。有位朋友看空中国的未来：他曾认为中国房价崩盘会在2016年6月份发生，但实际结果并非如此。他的分析哪里出错了？尽管他文章中罗列的不少判断都是对的，比如他认为中国经济步入转折周期。事实的确如此，根据国家统计局的数据，从1980年至2015年，中国GDP的年平均增长率都达到了9.74%。但到了2016年6月份开始下滑，上一次出现5%左右的数字还是在1989年至1990年之间。自2016年开始中国正式步入经济转型周期。

但这位朋友忽略了一个重要可能，也就是我反复说的信息和信任加速带来的时代大变局。以儿童教育为例，“八零后”这一代，不少人上的幼儿园直接以所在的街道命名。未来你的孩子上的非常可能是全国连锁的国际幼儿园。为什么呢？因为当地的幼教老师已经对付不了信息大爆炸时代带来的挑战，不得不引入更先进的师资，才能重建师生之间的信任。这就是全国不同省份、不同行业正在发生的事实。

整个人类文明步入到如今信息与信任加速的新周期，会深深地影响到生活的方方面面。信息与信任会先天地具备侵袭特征，从此穷者越穷，富者越富。体现在城市上，会在全世界逐步形成以硅谷、纽约、北京、深圳、伦敦等城市集群为中心的资源带。而在中国，则会形成以高铁为枢纽的10大超级城市集群：北京、上海、广州、深圳、杭州、成都、武汉、南京、西安、重庆。10大超级城市集群与App用户、微信公众号用户的城市分布是一致的。信息密集高地往往也是未来的人口、资金与资源密集高地。10大超级城市集群会把整个中国80%的人口、80%的资金、80%的优质资源全都聚集过来，这就是正在你我身边急剧发生的趋势。

改变世界的三大力量

我们的嘴唇第一次拥有
蓝色的水
盛满陶罐
还有十几只南方的星辰
火种
最初忧伤的别离

岁月呵

——海子《历史》

在人类的过往文明周期，改变世界最直接的力量总是暴力。在原始社会，能护佑部落、打猎获得食物的人成为部落英雄；在封建时代，谁能输出最大暴力，谁就拥有对整个社会最大的征收赋税的权力。

正如前文所述，暴力总是发生在负信任与负信息象限。如今信息与信任流通加速，人类社会变得日益温和，与暴力相对应的另一批力量成为社会主流。它们就是改变世界的三大力量：教育、技术与设计。就像任何时代离不开暴力一样，人类同样离不开教育—技术—设计这三大主题。虽然在不同时代，我们会使用不同的称谓。从柏拉图创建雅典学院到王阳明创办书院讲学；从仓颉造字到今天各类极客开发程序；从原始人模仿天籁、绘制壁画到今天的工业设计蔚然大观。越本质的东西往往在历史上的保真度越高。它不是以10年、20年、50年为单位保真，而是以1000年、1万年为单位保真。如果说暴力消除的是坏的可能，教育—设计—技术，则是在创造好的可能。

教育的本质是人人交互，它促成了人类社会从“低信任”区域到“高信任”区域流通。文明社会，就是人与人之间有信任；反之，蛮荒世界，大家用拳头说话。技术的本质是机机交互，它促进人类社会从“低信息”区域到“高信息”区域流通。当你拥有强大的技术力量，意味着你掌握了不一样的信息或者不一样的传播信息的能力。比如一位原始部落的族长，率先将石头磨得锋利，从此上山打老虎会变得更容易一些。设计的本质则是人机交互，比如你借助于陶器、青铜器等祭祀礼仪之器与上天进行沟通。与教育、技术不一样，设计更多地是在系统外发生作用，它看上去无关信息、信任，但又同时关联信息与信任，设计总是会被说成“无用之用”。

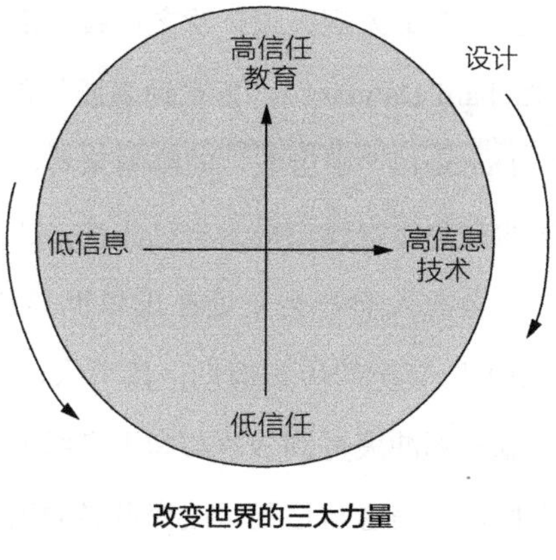

改变世界的三大力量

教育的本质是人人交互；技术的本质是机机交

互；设计的本质是人机交互。人人交互协议模糊，演化缓慢，迭代慢；机机交互协议很容易制定；人机交互、人物交互的核心点在发现新的可能。当然，三者肯定会相互重合，如教育技术，如技术设计，如技术教育。只是它们各自最本质的力量，与其他改变世界的力量相比，有所侧重。比如，教育技术侧重技术；技术设计侧重设计；技术教育侧重教育。

教育因为是人人交互，传递信息的保真度低，因此传递信息流采取的是震荡传递方式；设计以物为媒介，传递信息不精准，更多考量的是降低复杂度与提升美感；技术可以非常自动与稳健，传递信息保真度最高。优秀的教育者能成为圣人，说服与改变别人的能力极强；优秀的设计师能击中人类自主心智或者发现新的人—物交互通道；优秀的工程师制定新的协议。

大道趋同，最初的起点或走到终点都是一致的。教育的极致是成为全宇宙的神，将思想传递给所有人，使之听从；设计的极致也是成为全宇宙的神，设计整个宇宙与所有生命；技术的极致也是成为全宇宙的神，制定万物之间的通信协议。只是三者工作的尺度不一样。教育最宏观；设计次之；技术最微观。如果套用理查德 · 道金斯（Richard Dawkins）"盲眼钟表匠"的隐喻与丹尼尔 · 丹尼特（Daniel C. Dennett）"宇宙酸"的隐喻来看，这个神正是人类自己，人类对宇宙的观测使得我们成为自己的神。[9]

当前人类社会正处在虚拟世界从竞争到冲突，再到"战争"与"和平"交织的历史周期；接下来，2100年之后，开始处在太空时代从竞争到冲突再到战争与和平交织的历史周期。这背后永恒不变的是人性，是信息与信任。改变世界的核心力量是暴力与教育—设计—技术这两大核心力量。整个人类历史由此展开，前者是破坏的建设；后者是建设的破坏。

成为智力侵略者

把我的宝剑
盔甲
以至王冠
都埋进四周高高的山上
北方马车
在黄土的情意中住了下来

——海子《农耕民族》

如果以100－1000－10000年为尺度，你该如何掌握改变世界的核心力量？孔子喜欢“文行忠信”四科与“礼乐射御书数”六艺；柏拉图推崇“辩论”、“修辞”与“文法”智者三艺，以及“算术”、“几何”、“天文”与“音乐”贵族四科。在今天，我倡导元学科。

每个时代，有20%的学科会诞生80%的知识体系；而这20%的学科中，又有20%的学科格外重要，也就是所谓元学科，即学科的学科。美国有60个一级学科、362个二级学科，2318个三级学科；中国有62个一级学科、676个二级学科或学科群、2382个三级学科。如果以二级三级学科为考量单位，将每一个学科里面发表论文的数量、高引用论文作者的数量、论文引用数等排列，会发现一些学科被人们频繁提及。那么，这些相对来说更重要的，构成了某个时代被众多学科高频引用的学科，我将其称之为“元学科”。

这些学科，既有存在数千年的经典学科，也有近百年才诞生的新学科。不同领域的从业者有自己偏好的元学科，由于我主要在认知科学领域工作，我偏好的元学科是网络科学、认知科学、计算机科学、数学与诗学。

网络科学与认知科学

先说说网络科学。网络科学始于1934年，社会心理学家雅各布·莫雷诺（Jacob Levy Moreno）在1934年的著作《谁将生存？》中，借助于图论与矩阵数学，通过对青少年的研究，首次确立了今日社会网络分析的基础——社会测量及社会图。之后，1959年Erdos随机图理论诞生，奠定复杂网络新一代研究的数学基础；1967年社会心理学家斯坦利·米尔格拉姆（Stanley Milgram）发现小世界现象；1973年马克·格兰诺维特（Mark Granovetter）提出弱联系理论；再到1998年邓肯·瓦茨（Duncan J. Watts）发现小世界模型，开启社会网络研究与复杂网络研究的合流，导致今日网络科学的诞生。[10]

再说说认知科学。认知科学是研究人类心智如何工作的学科，目前公认有6个“母亲”：哲学、心理学、语言学、计算机科学、人类学与神经科学。认知科学的核心枝干是：计算认知科学、认知神经科学、认知心理学。虽然心理学源自1879年冯特，认知心理学却于二十世纪五六十年代才诞生；认知神经科学于二十世纪八九十年代诞生；计算认知科学诞生于二十世纪六十年代。如果以认知科学期刊与认知科学学会诞生为标志，那么认知科学普遍被认为正式诞生于二十世纪七十年代。

每个时代都会有一些学科比另一些学科更重要。二十世纪比较重要的是进化论，二十一世纪则是网络科学与认知科学。为什么这两个学科比其他的学科更重要？评估一个学科的重要性，重要的是它在多大程度上改变了一个时代的人类认知边界。比如以前人类信奉地心说，哥白尼借助一些巧妙的实验，揭示了与当时人们的认知不同的“反常识”，从此，人们开始信奉日心说。再如伽利略的比萨斜塔实验与望远镜，人人皆可验证，人人皆可掌握——这就是科学的威力。

人类的自尊遭受到了两次打击。第一次打击来自哥白尼，他论证了地球并非宇宙的中心；第二次打击则来自于达尔文的研究，他论证了人类只不过是一种由低级动物进化而来的高级动物。网络科学与认知科学将大大地改变人类对自身的认识。绝大多数人的思维方式是渐进的，因为有了A才有了B；A和B本是相关的，但会被误以为是因果。然而，网络科学讲究涌现、自组织。网络科学的三个高阶模型是小世界网络、随机网络、无标度网络，它们大大地拓展了人类的认知边界。认知科学则让人们普遍意识到，人类不过是有限理性的动物。[11]

数学与诗学

每个时代，还有一些深深影响我们知识体系的经典学科。在这些学科中，我个人比较推崇数学与诗学。先说说数学。从孔子六艺到柏拉图的贵族四科，始终存在数学。为什么？因为它代表的是人类知识体系中高阶的反常识证据。对数学给予再高的评价也不过分，因为它是人类心智的“皇冠”：唯有数学，才能提供思维最高抽象级别的鲜活证据。

再说诗学。人类的知识体系变得日益复杂，我们不得不借助科学发明越来越多的术语。今天使用的众多术语，100年后可能不复存在，但100年后你依然还会背诵“乘风好去，长空万里，直下山河”。[12]诗歌是非常特殊的人类知识体系，它是唯一一种思想载体，能用非常简洁的形式，来表达无穷无尽的复杂和不确定。[13]

计算机科学

最后，说一说计算机科学。任何一个时代都有自己的更为重要的行动母题。在人类步入第三个文明周期之前，常见的行动母题是战争，如二十世纪上半叶发生的两次世界大战。在那个文明周期，最杰出的人才始终与军事脱不了关系。整个人类文明从“低信息低信任”区域跃迁到“高信息高信任”区域，慢慢地，战争减少了。那些掌握教育—技术—设计力量的人，变得更有权势。就像在二十世纪离不开军事一样，二十一世纪最有权势的人往往离不开计算机科学领域。

一个时代的行动母题会如何形成？答案依然在信息和信任。拿二十世纪举例，那时国家和国家之间很难交流，国家之间的利益捆绑不像今天这么紧密，后来有了第二次世界大战与冷战。今天回头看冷战的历史，你会觉得不可思议：两个超级大国为什么会有如此傻的行为——别人登月我也跟着登月。但恰恰是这种看似愚蠢的行为，成就了人类的今天，因为人类是通过进化的“搭乘”机制来获取智慧与成功的，[14]人类的进步是由愚蠢和聪明交织在一起的。

如果说二十一世纪之前的行动母题离不开战争；二十一世纪的行动母题则离不开建设虚拟世界，二十二世纪的行动母题是什么？那时，人类将步入太空时代。从此，二十二世纪最重要的学科将变为宇宙学。你可能需要学习如何与更多的星球甚至外星人打交道。你今天习得的认知再次被大大地颠覆。

* * *

整个人类社会趋向温和，直接暴力日益减少，来自智力的“暴力”将变得频繁多见。正如斯坦诺维奇所言：

> 知识精英独自享用了现代科学的成果。……留给普罗大众的都是出现在我们科学史之前的故事。……这是一种未来的科学唯物主义的场景。其中，社会经济层面的无产者被消灭殆尽，取代他们的将是知识层面的无产者。[15]

统计学家吴喜之老师说，所谓科学，就是你一旦掌握了它，到了任意一个国家，在任意一种制度下，都能有很好的生存能力。[16]我非常认同。虽然今天是一个强科学主义时代，不少人缺的依然是“科学思维”，还有太多的“民间科学家”“民间哲学家”。所谓“科学思维”，是指你掌握了“定义—假设—质疑”的系列方法论。科学思维重要的不是发论文，而是掌握这套方法论。它能够帮助你在任意一个国家、任意一种制度下生存。我们可以在这句话的基础上扩充一点，从被动改为更主动一些，从生存改为发展：

> 所谓“智力侵略”，就是你到了任意一个星球、任意一个国家都能够很好发展的能力。

中国的未来在谁手中？不在匠人、官僚、书生、商贩与群氓手中，而是在能够对外展开“智力侵略”的人手中。世界的未来在谁手中？在那些能够对星辰大海开展“智力侵略”的人手中。当一个人在大时代足以掌握自己的命运，往往意味着他/她掌握着改变世界的核心力量，能够对任意一个国家、任意一个星球，开展“智力侵略”。

看得见的未来不叫未来

得不到你

妻子滑动河水

情意泥沙俱下

——海子《得不到你》

在20多年前，有一个流行现象。因为毕业时在不同城市就业，校园恋人不得不分手，这是一个今天看来很傻的行为，因为他们主动放弃了未来，去追求一个看似确定的“当下”。随着中国城市集群建设完毕，这类行为今天不再成为社会的热点。同样，你是不是可以反思一下，今天的你，是不是会做一些在2046年、2146年的人看来很傻的行为？

怎样才能减少重大决策偏差？你需要用“爱与智慧”去拥抱不确定。爱、智慧都是人类提倡的美德。用积极心理学的创始人马丁·塞利格曼的话来总结，是人类6大美德。[17]每年我组织的开智大会的主题就是从中抽取两类人类不同的美德，形成张力。第一届开智大会的主题是爱与智慧，第二届的主题是美与好奇，第三届的主题是创造与热情。这些都是普世智慧。普世智慧是人类基本的文化模因，以几万年与几亿年为单位，沉淀在人类的自主心智中。每个时代的普世智慧一致，具体的高阶模型却不一样。为了更好地适应未来，你需要掌握更多体现普世智慧的具体高阶模型。

那么，什么是高阶模型呢？它是支撑一个新学科诞生的术语体系，如“隐喻”之于认知语言学；它也是一个经典学科发展成熟时公认的巅峰之作，如“大五人格模型”之于人格心理学；它还是学科范式转型的承上启下之作，如“工作记忆”之于认知科学；它更是连接不同学科的桥梁，如“有限理性”之于认知心理学和行为经济学。普世智慧永恒流传，但对你启发更大的是掌握一个时代的高阶模型。对于一个时代来说，重要的高阶模型数量有限。理解、消化并灵活运用其中的一小部分，可以让你理性地应对工作生活中的许多难题。[18]

先说说“爱”的高阶模型。在二十一世纪，你要学习自我决定论，成为内在动机驱动而非精于计算、依靠奖赏驱动的人。[19]内在动机能给你带来热爱、激情与诚信。这些都跟改变世界的力量有关。有内在动机，才能更好地影响你的同事、下属与客户，这就是教育；有内在动机，你更容易发现新的可能，这就是技术与设计。

不同世界的爱是一样的，但不同世界的智慧不一样。在今天这个时代，你需要掌握什么样的智慧？你需要学习理性等启迪心智的高阶模型，你还可以尝试回到这个时代最重要的行动母题：如何建设一个更好的虚拟世界？你可以将自己想象成一个机器人。一旦你把自己想象成一个机器人，你就会开始思考自己怎样才能给别人提供稳定的接口、稳定的输出，并且这个输出能够自动化。所谓靠谱，就是输出稳定、接口简捷，能自动化、批量化帮别人解决问题。

发现人性中的善良天使，是人类文明大大的进步，我们也因此得以减少彼此的痛苦。老吾老以及人之老，幼吾幼以及人之幼，恻隐之心将孤独的人类连接成更大的族群。伴随人类文明步入第三个周期，我们还需要从减少痛苦到追求美德，用“爱与智慧”来拥抱不确定。

小结

千古兴亡，百年悲笑，一时登览。期待各位读者能够像哥伦布一样发现新大陆，像哥白尼、达尔文一样大大地拓展人类的认知边界。我们的征途是星辰大海。

注释

Notes

关于发表日期的说明

本书中标注的“首次发表日期”，1）未注明发表刊物的，是指在我的个人博客、豆瓣日记、“心智工具箱”个人微信公众号等互联网上首次对外公开发表的日期；2）注明发表刊物的，以具体刊物发表日期为准；3）部分稿件曾用作推荐序，亦已注明；4）书中部分稿件亦曾改编成专栏文章，发表于《财新周刊》，存在一篇拆成多篇专栏文章的情况，因此不再一一对应说明。

关于版本冲突的说明

本书涉及内容写作时间跨度大，部分篇目曾在他处发表，各版本文字并不统一。本书出版时，我做了上千处修正，增补了数百篇参考文献。如有不同版本的文字冲突，以本书为准。如有修正意见，欢迎联系我。

关于注释的说明

全书分为脚注、尾注两种。脚注仅标注首次发表日期以及是否曾经用作某书推荐序；尾注是对正文的详细增补，采用美国心理学会

（APA）第六版参考文献格式。详细文献条目，可以在参考文献中找到。

关于引文版本的说明

多数图书，若为外版，如未经说明，仅引用英文版本；论文，如未经特殊说明，仅引用作者提出某一概念最早的论文或被引用得最多的论文。

自 序

[1] 分别是指作家狄金森（Emily Dickinson）、卡夫卡（Franz Kafka）、柏拉图（Plato）、博尔赫斯（Jorge Luis Borges）、毛姆（William Somerset Maugham）、阿西莫夫（Isaac Asimov）、泽拉兹尼（Roger Zelazny）。

导 论

[1] 参见《穿越歧路花园》（Crowther-Heyck, 2005）。

[2] 参见《建筑模式语言》（Alexander, 1977）。

[3] 参见《设计模式》（Gamma, Helm, Johnson, & Vlissides, 1994）。

[4] 参见丹尼特的相关著作（Daniel C. Dennett, 1992, 1996; Danile C. Dennett, 1997）。

[5] 参见《经验的疆界》（March, 2010）。

[6] 参见《建筑模式语言》（Alexander, 1977）与《建筑的永恒之道》（Alexander, 1979）。

[7] 高阶模型、"元""反""空"皆是我提出的概念，更多论述参考我未来将要出版的相关专著。其中，"元""反""空"是高阶模型中关于模型的模型。

[8] 参见芒格的演讲（Munger, 2005）。

[9] 亚历山大谈建筑参见《建筑的永恒之道》（Alexander, 1979）；吉布森谈可供性参见（Gibson, 1979），平克谈知识的诅咒参见《风格感觉》（Pinker, 2014）。

[10] 中国早期普通心理学教材受苏联影响，将意志与动机并列，新的心理学教材受欧美影响，较少讨论意志，更多地讨论动机。

[11] 参见第三章《理性：重新定义人类认知能力》。

[12] 参见第四章《升级你的情绪系统》，三大误解引自巴瑞特教授《情绪》新书发布会的演讲。

[13] 参见第五章《奖赏会伤人》。

[14] 参见第六章《幸福的来源》。
[15] 参见第一章《三十六惑》与第十二章《焦虑时代的反焦虑》。
[16] 参见第二章《胜利者一无所获》。
[17] 参见第八章《执行意图》与第九章《升级你的行动工具箱》。
[18] 参见第九章《升级你的行动工具箱》。
[19] 参见第十章《如何转变职业生涯》。
[20] 参见第七章《刻意练习》。
[21] 参见第十一章《人生标准九》。
[22] 参见第十二章《焦虑时代的反焦虑》。
[23] 参见第十八章《冷读热读》。
[24] 卡片写作参见第十三章《纳博科夫的卡片》；古典风格参见第十四章《聪明人的写作原则》，更多可参考我审校的图书《风格感觉》与《古典风格》；快写慢改写作方法论亦可参考我即将出版的新书。
[25] 参见第十三章《纳博科夫的卡片》。
[26] 参见第十五章《文学怎样帮助人类》与第十六章《风格练习》，关于时空变形的更多论述，参考我构建的认知写作学相关课程及著作。
[27] 参见第十六章《风格练习》。
[28] 参见第二十一章《理解内向者》。
[29] 参见第十九章《文化资本与社会资本》。
[30] 参见第二十章《有趣男女》。
[31] 参见第二十二章《别人凭什么帮你？》。
[32] 参见第二十三章《外人、自己人与另一半》。
[33] 参见第二十四章《人性与暴力》。

第一篇　核心模式

第一章　三十六惑

[1] 参见：（Daniel J. Levinson, 2011; Daniel Jacob Levinson, 1978）。
[2] 参见：（Ryan & Deci, 2000）。
[3] 参见：（J. H. Flavell, 1971; John H. Flavell, 1976; Maudsley, 1979）。
[4] 参见：（Lakoff, 1999; Varela, Thompson, & Rosch, 1992）。
[5] 参见：（Helson, Mitchell, & Moane, 1984）等。
[6] 参见：（徐四海，2016）。
[7] 参见：《王阳明全集》（王阳明，2015）。
[8] 参见：《半生缘》（张爱玲，2012）。
[9] 参见：《辛弃疾词集》（辛弃疾，2010）。

第二章 胜利者一无所获

[1] 参见：(Frankl, 1975)。
[2] 参见：(Csikszentmihalyi, 1991)。
[3] 参见：(Csikszentmihalyi, 1997)。
[4] 参见：(Csikszentmihalyi, 1991)。
[5] 参见：(E. L. Deci & Ryan, 2000, 2010; E. Deci & Ryan, 1985; Ryan & Deci, 2000a, 2000b)。
[6] 参见：(见城彻 & 藤田晋，2017)。
[7] 参见：(米哈里·契克森米哈赖，2017)。
[8] 参见：(Ericsson & Pool, 2016)。
[9] 参见：(Duckworth, 2016)。
[10] 参见：(Duckworth, 2016)。
[11] 参见：(Duckworth, 2016)。
[12] 参见：(Review & Gourevitch, 2006)。
[13] 参见：(Review & Gourevitch, 2006)。

第三章 理性：重新定义人类认知能力

[1] 参见：(Stanovich, 2019)。
[2] 参见：(Stanovich, 2010)。
[3] 参见：(Munger, 2005)。
[4] 参见：(Stanovich, 2010)。
[5] 参见：(Stanovich, 2010c, 2010d, 2010a, 2010b; Stanovich, West, & Toplak, 2016)。
[6] 参见：(严复，2014)。
[7] 参见：(Stanovich, 2010)。
[8] 参见：(Perkins, 1995)。
[9] 参见：(Stanovich & West, 2000)。
[10] 参见：(Evans, 1989; Kunda, 1999; Reber, 1989)。
[11] 参见：(Kahneman, 2012)。
[12] 参见：(Stanovich, 2010)。
[13] 参见：(Evans, 1989, 2003, 2008; Evans & Stanovich, 2013)。
[14] 参见：(Evans, 2008; Evans & Stanovich, 2013)。
[15] 参见：(Stanovich, 2010b, 2010a; Stanovich, West, & Toplak, 2016)。
[16] 参见：(Baddeley, 1992)。
[17] 参见：(McGrew, 2005, 2009)。
[18] 琳达问题的最早研究参见：(Tversky & Kahneman, 1983)，目前学术界对其有较大争议，主要是吉仁泽等通过将概率改为频率，发现琳达问题效力下降，相关讨论参见：(Charness, Karni, & Levin, 2010; Epstein, Denes-Raj, & Pacini, 1995;

Epstein, Donovan, & Denes-Raj, 1999; Gigerenzer, 1996; Macdonald & Gilhooly, 1990; Messer & Griggs, 1993; Vranas, 2000)。

[19] 参见：(Stanovich, 2010)。

[20] 参见：(Brockman, 2012)。

[21] 参见：(Baron, 1985)。

[22] 参见：(王圆圆，2012)。

第四章 升级你的情绪系统

[1] 参见：(Barrett, Lewis, & Haviland-Jones, 2016)。

[2] 参见：(Barrett, 2017)。

[3] 参见：(Damasio, 1995; Ekman, 2003; Pinker, 1995)。

[4] 参见：(Barrett, 2017)。

[5] 参见：(Gross & Feldman Barrett, 2011)。

[6] 参见：(Barrett, 2017)。

[7] 参见：(Lindquist, Wager, Kober, Bliss-Moreau, & Barrett, 2012; Russell & Barrett, 1999)。

[8] 参见：(Lindquist, Wager, Kober, Bliss-Moreau, & Barrett, 2012)。

[9] 参见：(Tugade, Fredrickson, & Feldman Barrett, 2004)。

第五章 奖赏会伤人

[1] 参见：(White, 1959)。

[2] 参见：(Deci, 1971)。

[3] 参见：(Lepper, Greene, & Nisbett, 1973)。

[4] 参见：(Amabile, 1985)。

[5] 参见：(Deci, Vallerand, Pelletier, & Ryan, 1991)。

[6] 参见：(Wrzesniewski et al., 2014)。

[7] 参见：(Deckop & Cirka, 2000)。

[8] 参见：(Kohn, 1993a, 1993b)。

[9] 参见：(Cameron & Pierce, 1994)。

[10] 参见：(Deci, Koestner, & Ryan, 1999)。

[11] 参见：http://www.paulgraham.com/love.html, 更多参见《黑客与画家》(Graham, 2004)。

第六章 幸福的来源

[1] 扎根理论，grounded theory，指在经验资料基础上建立理论，研究者在研究开始前一般没有理论假设，直接从实际观察入手，从原始资料中归纳出经验概括，然后上升到理论。

[2] 质性研究，与量化研究相对的研究方法，研究者参与到自然情境，而非人工控制的实验环境中，充分收集资料，对社会现象进行整体性探究，采用归纳而非演绎的思路分析资料，形成理论，通过与研究对象的实际互动理解其行为。
[3] 参见：（Ryff & Keyes, 1995; 陆洛，1998）。
[4] 参见：（Ryan & Deci, 2000）。
[5] 参见：（Deci & Ryan, 2004; Ryan & Deci, 2000）。
[6] 必须指出的是，马斯洛晚年同样指出了“发展需要”、“后动机”或者“功能自主”的概念。需要并不仅仅是由于匮乏而产生。当人类实现了马斯洛早期所言的七种基本需要之后，就会产生一种自觉的需要。自我实现的含义是一个能够成为什么就必须成为什么人。现在呢？在晚年的马斯洛看来，不仅仅如此，一个人想成为什么人，他就在发展需要的驱使之下去努力成为什么人。从这种意义上说，马斯洛晚年观点开始接近今天意义上的“自我决定论”。
[7] 参见：（Tay & Diener, 2011）。在迪纳等人的研究中，是Social、Respect与积极情绪普世显著相关；Safety、Respect、Autonomy与消极情绪普世显著相关。
[8] 参见：（Christensen, Allworth, & Dillon, 2012）。
[9] 参见：（Nash & Stevenson, 2004）。

第二篇　行动模式

第七章　刻意练习

[1] 参见：（Chase & Simon, 1973b, 1973a; Simon & Chase, 1973）。
[2] 参见：（Ericsson & Simon, 1998）。
[3] 参见：（Ericsson, Krampe, & Tesch-Romer, 1993）。
[4] 参见：https://news.ycombinator.com/news
[5] 参见：（Ericsson & Pool, 2016）。
[6] 参见：（Pinker, 1999）。
[7] 参见：（Ericsson & Kintsch, 1995）。
[8] 参见：（R・P・费曼 & R・莱顿, 2012）。
[9] 2014 年之后，学界对刻意练习的批评越来越多，最严厉的批评来自David Z. Hambrick教授，相关研究成果参见：（Hambrick et al., 2014; Macnamara, Hambrick, & Oswald, 2014; Macnamara, Moreau, & Hambrick, 2016）。
[10] 参见：（Polanyi, 1974）。
[11] 参见：（Reber, 1967）。
[12] 参见：（Simon, 1972, 1987, 1990, 1991, 2000）。
[13] 参见：（Lave & Wenger, 1991）。
[14] 参见：（Lave & Wenger, 1991）。

第八章 执行意图

[1] 参见:(Boroditsky, 2000)。
[2] 参见:(P. M. Gollwitzer & Brandstatter, 1997; Peter M. Gollwitzer, 1999)。
[3] 参见:(Bargh, Gollwitzer, Lee-Chai, Barndollar, & Trötschel, 2001)。
[4] 参见:(Gollwitzer & Sheeran, 2006)。
[5] 格尔维茨的校园实验参见:(Gollwitzer & Brandstatter, 1997)。

第九章 升级你的行动工具箱

[1] 该图由友人丁健在自我决定论经典论文(Ryan & Deci, 2000)基础上改编而成。
[2] 关于 Mindset 的重要论文参见:(Blackwell, Trzesniewski, & Dweck, 2007; Erdley & Dweck, 1993; Hong, Chiu, Dweck, Lin, & Wan, 1999; Levy, Stroessner, & Dweck, 1998; Mangels, Butterfield, Lamb, Good, & Dweck, 2006; Mueller & Dweck, 1998); 科普图书参见:(Dweck, 2008)。
[3] 参见:(Gollwitzer, 1999)。
[4] 执行意图如何提高学业成绩，可以参见报告:(Duckworth, Kirby, Gollwitzer, & Oettingen, 2013)。
[5] 参见:(Gollwitzer & Sheeran, 2006)。
[6] 参见:(Thürmer, Wieber, & Gollwitzer, 2015, 2017; Wieber, Thürmer, & Gollwitzer, 2015)。
[7] 参见:(Oettingen & Wadden, 1991)。
[8] 参见:(Adriaanse et al., 2010; Loy, Wieber, Gollwitzer, & Oettingen, 2016; Oettingen & Mayer, 2002; Oettingen, Pak, & Schnetter, 2001)。
[9] 参见:(Adriaanse et al., 2010; Loy, Wieber, Gollwitzer, & Oettingen, 2016)。
[10] 参见:(Oettingen, 2014)。

第十章 如何转变职业生涯

[1] 参见:(Ibarra, 1992, 1999)。
[2] 参见:(Ibarra, 2004)。
[3] "真实的自我"(true self)是流行的心理学概念，认为人有内在的品质。
[4] 参见:(Markus & Nurius, 1986)。
[5] 参见:(Ibarra, 2004)。
[6] 参见:(Uzzi & Dunlap, 2005)。
[7] "学习共同体"(learning community)，往往也翻译成"学习社群"(Community of Practice)，最初在Communities of Practice(Wenger, 1999)一书中提出；此外可参考Wenger另一本书：Cultivating Communities of Practice(Wenger, McDermott, & Snyder, 2002)。更多参考资料请见Etienne WengerTrayner与Beverly WengerTrayner

的个人网站：http://wenger-trayner.com/。

[8]“你的故事”参见：（Ibarra & Lineback, 2005）；莫斯科维奇顿悟故事参见Social Representations（Moscovici, 2001）；乔布斯印度朝圣故事参见Steve Jobs（Isaacson, 2011）；恩格尔巴特订婚顿悟，参见其女克里斯蒂娜·恩格尔巴特（Christina Engelbart）的回顾：http://www.dougengelbart.org/content/view/183/153/，更多恩格尔巴特生平，请参考其纪念网站：http://www.dougengelbart.org。

[9] 阳明悟道文字引自《青年王阳明》（杜维明，2013）。

第十一章　人生标准九

[1] 参见：（Flynn, 1984）。

[2] 参见：（Flynn, 1987）。

[3] 参见：（Herrnstein & Murray, 1994）。

[4] 古尔德等科学家对《钟型曲线》进行了严厉的批评，参见：（Gould, 1996）。

[5] 参见：（Association, Association, Education, Educational, & Testing（US），1999）。

[6] 参见：（Flynn, 2009, 2012）。

[7] 需要指出的是，工作绩效是否成正态分布，目前尚有争议，参见：（Aguinis & O'Boyle Jr, 2014）。

[8] 参见：（Festinger, 1954）。

[9] 参见：（Kruger & Dunning, 1999）。

[10] 参见：（Marsh, Chessor, Craven, & Roche, 1995）。

[11] 参见：（Boser, Wilhelm, & Hanna, 2014; Feldman & Prohaska, 1979）。

[12] 参见：（Fletcher & Sarkar, 2013; Tugade, Fredrickson, & Feldman Barrett, 2004）。

[13] 参见：（Tesser, 1988）。

[14] 参见：（Alicke, LoSchiavo, Zerbst, & Zhang, 1997）。

[15] 参见：（Dunn, Ruedy, & Schweitzer, 2012）。

[16] 参见：（Simon, 1957）。

[17] 相关论文参见：（Schwartz et al., 2002）；相关图书参见：（Schwartz, 2004）。

[18] 参见：（Lyotard & Bennington, 2010）。

[19] 参见：（Moscovici, 2001）。

第十二章　焦虑时代的反焦虑

[1] 参见：（Huang et al., 2019）。

[2] 以上例子检索自：36氪（网址：http://36kr.com）与虎嗅网（网址：http://huxiu.com）。

[3]“创新算法”即Triz，入门读物可以阅读：《创新算法》（根里奇·斯拉维奇·阿奇舒勒，2008）与《进化树》（尼古拉·什帕科夫斯基，2010）。

[4] 空间、时间、成本各例子出自我主编的图书《认知尺度》，详细介绍参见：（阳志

平，2019）。

[5] 关于空间、时间、成本在人类行动系统中的对比，最佳论述参见（Zipf, 2016）。

[6] 参见：（March, 1991）。

[7] 参见本书关于自我决定论的介绍，亦可以参考（Deci & Ryan, 2004; Ryan & Deci, 2000）。

[8] 引自：（桑兵，於梅舫，& 陈欣，2014）。

[9] 关于人生周期更多论述，可以参见我的文章《人生周期论》。

[10] “造物虽驶如吾何”出自苏轼《百步洪二首其一》，原句为：“但应此心无所住，造物虽驶如吾何”。

第三篇　读写模式

第十三章　纳博科夫的卡片

[1] 参见（Nabokov, 1990）。

[2] BBC 访谈全文参见（Nabokov & Smith, 1962）一书。

[3]《花花公子》的访谈参见：http://reprints.longform.org/playboy-interview-vladimir-nabokov。

[4] 巴黎评论的采访参见（Gourevitch, 2007）。

[5] 参见（Boyd, 1991）。

[6] 参见《天风阁学词日记》（夏承焘，1984）。该日记分三册，1948年对钱锺书的记录参见第二册。

[7] 该引文引自香港张隆溪教授纪念钱锺书的文章，出自郝明义老师出品的《阅读的狩猎》（网络与书编辑部, 2006）一书。

[8] 对必要难度理论做出最重要贡献的是比约克夫妇，参见（E. L. Bjork & Bjork, 2011; R. A. Bjork & Linn, 2006; Richland, Bjork, Finley, & Linn, 2005）。除此之外，普渡大学的认知与学习实验室负责人 Jeffrey D. Karpicke 教授在比约克研究基础上亦有重要贡献，参见：（J. D. Karpicke & Roediger, 2008; Jeffrey D. Karpicke & Blunt, 2011）。

[9] 参见（Anderson, Bjork, & Bjork, 1994; Karpicke, 2017; Roediger & Butler, 2011）。

[10] 参见《钱锺书手稿集》（钱锺书，2003）。第一版由商务印书馆2001年扫描出版，杨绛作序。

[11] 参见（Dunlosky, Rawson, Marsh, Nathan, & Willingham, 2013）。

[12] 参见（Nabokov, 1990）。

[13] 参见（Nabokov, 1990）。

[14] 参见网上对作者的访谈，原始出处已不可考。

[15] 行为瘫痪（paralysis），如同神经元的损害、外界的伤害、身体内部系统失衡导致各类肌肉瘫痪，同样，行为瘫痪也来自社会链接的丧失、自我认知资源的损害、

情绪调节系统的失衡、自我损耗（ego-depleting）等。更多对抗行为瘫痪的研究可以参考本书第二部分相关论述。

[16] 参见（Nabokov, 1990）。

[17] “大脑的模式处理能力与创意需要的远距联想能力，构成了写作的基本矛盾”在我的认知写作学中相关课程、著述中有详尽论述。

[18] 参见（Nabokov, 1990）。

[19] 参见（Dirlam, 1972; Gobet et al., 2001; Miller, 1956; Simon, 1974）。

[20]《威斯康星研究》对纳博科夫的采访可查看网页：http://lib.ru/NABOKOW/Inter06.txt_with-big-pictures.html，亦可参见（Nabokov, 1990）。

[21] 用什么卡片写作软件，是我经常被问到的一个问题，其实，只要支持记录图文、自带检索，手机自带的记事本软件即可。

[22] 参见：The reading brain in the digital age: Why paper still beats screens（Ferris, n.d.）。

[23] Scrivener软件参见：https://www.literatureandlatte.com/。

[24] 相关开源软件可以参考 Github，例如：https://github.com/tootsuite/mastodon 与 https://github.com/miguelgrinberg/microblog。

[25] 参见（Nabokov, 1990）。

[26] 参见《写在人生边上》（钱锺书，1939）。

第十四章　聪明人的写作原则

[1] 参见《英国散文的流变》（王佐良，1994）。

[2] 第三段提到的人名英文名分别为：德莱顿（John Dryden）、班扬（John Bunyan）、笛福（Daniel Defoe）、斯威夫特（Jonathan Swift）、科贝特（William Cobbett）、萧伯纳（George Bernard Shaw）、奥威尔（George Orwell）、怀特（E.B.White）。

[3] 参见（Turner & Thomas, 1996）。

[4] 参见（Pinker, 2014）。

[5] 本节所提书目英文名分别为：《古典风格》（*Clear and Simple as the Truth*）；《风格感觉》（*The sense of style*）；《语言本能》（*The language instinct*）；《心智探奇》（*How the mind works*）。

[6] 参见（Pinker, 2014）。

[7] 参见（海子，2009）。

[8] 参见《我为什么要写作》（奥威尔，2007）之《政治与英语》一文。

[9] 参见《有效商务写作》（克莱兰，2003）。

[10] 参见：（Strunk & White, 1962）。

第十五章　文学怎样帮助人类

[1] 鲁迅与梁实秋八年论战，可参看《鲁迅梁实秋论战实录》（1997）。

[2] 参见:(木心，2009)。

[3]《卿云歌》，见《古诗源》(沈德潜，2006);“天上有行云”出自辛弃疾《生查子·独游雨岩》;“寂寞流泪”由日本平安时代女诗人小野小町所作。

[4] 佐藤信夫，日本修辞学家，参见《修辞感觉》(佐藤信夫，2012)与《修辞认识》(佐藤信夫，2013)。

[5] 参见:《顾随全集》(顾随，2000)。

[6] 在我的认知写作学中相关课程、著述中有详尽论述。

[7] 参见:(许葆云 评注 & 梁启超 著，2014)。

[8] 参见:《半生缘》(张爱玲，2012)。

[9] 索德格朗，芬兰女诗人。本例摘自诗集:*On Foot I Wandered Through the Solar Systems*(Södergran, 2012);中译本参见《我必须徒步穿越太阳系》(索德格朗，2015)，李笠译。

第十六章 风格练习

[1] 参见《我的兄弟王小波》(王小平, 2012)。

[2] 参见《黄金时代》(王小波, 1999)。

[3] 参见余健明的博士论文《海明威风格汉译研究——以《老人与海》为例》(余健明, 2009)。

[4] 余光中翻译《老人与海》参见:(海明威 & 余光中，2013);张爱玲翻译《老人与海》参见:《张爱玲译作选(二):老人与海》(张爱玲，2012)。

[5] 参见夏志清《中国现代小说史》(Hsia, 1961)。

[6] 参见北京十月文艺出版社出版的《张爱玲全集》。

[7] 参见百花文艺出版社出版的《余光中集(全九卷)》(余光中, 2004)。

[8] 参见百花文艺出版社出版的《余光中集(全九卷)》(余光中, 2004)。

[9] 参见《海子诗全集》(海子，2009)。

[10] 参见北京十月文艺出版社出版的《张爱玲全集》。

[11] 参见《金阁寺》(三岛由纪夫，2010)。

[12] 参见余健明的博士论文《海明威风格汉译研究——以《老人与海》为例》(余健明，2009)。

[13] 参见张敏的博士论文《《诗经》的认知诗学与心理分析研究》(张敏，2007)。

[14] 原版参见(Queneau, 1995)，中文简体版参见:(雷蒙·格诺，2018)。

第十七章 怎样将书读得通透

[1] 参见(波普尔，2008)。

[2] 参见《贝叶斯方法与科学合理性》(陈晓平，2010);《事实、虚构和预测》(Goodman, 1983)。

[3] 西蒙对波普尔的批判参见（Simon, 1973）。

[4] 反驳一万小时定律的论文，参见David Z. Hambrick教授相关研究（Hambrick et al., 2014; Macnamara, Hambrick, & Oswald, 2014; Macnamara, Moreau, & Hambrick, 2016）。

[5] 该引文引自香港张隆溪教授纪念钱锺书文章，出自郝明义老师出品的《阅读的狩猎》（网络与书编辑部，2006）一书。

[6] 参见《吾意独怜才》（张五常, 2010）。

[7] 参见：（Meyers-Levy & Zhu, 2007）。

[8] 参见：（Leung et al., 2012）。

[9] 参考必要难度理论相关研究，（E. L. Bjork & Bjork, 2011; R. A. Bjork & Linn, 2006; Richland, Bjork, Finley, & Linn, 2005）。

第十八章 冷读热读

[1]《如何读，为什么读》可参考英文版*How to Read and Why*（Bloom, 2001）一书，中文版参考（布鲁姆, 2011）;《我想遇见你的人生》（杨照, 2012）;《阅读的狩猎》（网络与书编辑部，2006）;《昔我往矣》（白先勇, 2012）;《梦与智的旅程》（戴文采，2013）;《流浪者之歌》英文本参见*Songs of the Wanderers*（Hesse, 2015），中文本参见：《流浪者之歌》（赫尔曼·黑塞，2013），徐进夫译。

[2] 纳博科夫，俄罗斯作家。作品英文本参见Lectures on Russian Literature（Nabokov; 2002）；中文本参见《俄罗斯文学讲稿》（纳博科夫，2015），丁骏、王建开译。

[3] 纳博科夫对果戈里的推崇，亦可参见：《尼古拉·果戈理》（纳博科夫，2013）。

第四篇 人际模式

第十九章 文化资本与社会资本

[1] 林南，华裔社会学家，美国杜克大学社会学系教授、美国社会学会前副会长。相关研究参见：（Lin, 2011）。

[2] 参见：（Fukuyama, 1996）。

[3] 杨青的思考参见《百华协会十周年记》一文。百华协会是一个全球生命科技和医疗健康产业领域的华人精英组织。百华协会网站参见：http://www.bayhelix.org/ 。

[4] 参见：（张旭华，2015）。

[5] 参见：（周扬波，2009；范兆飞，2014）。

[6] 关于邓巴数字，论文参见：（Hill & Dunbar, 2003）；图书参见：（Dunbar, 2010）。

[7] 参见《文化资本与社会炼金术：布迪厄访谈录》（Bourdieu, 1997）一书中所刊登《文化资本与社会资本》一文。

[8] 2002年，我对国内引用卡尼曼论文的统计参见：（阳志平，时勘 & 王薇，2003）。

[9] 具体参见：中国新闻出版研究院《第十五次全国国民阅读调查报告》。

[10] 富兰克林的故事参见《富兰克林自传》（富兰克林, 2009）；芒格的故事参见《穷查理宝典》（Munger, 2005）；德鲁克的故事参见《旁观者》（Drucker, 1994）。

[11] 参见：《旁观者》（Drucker, 1994）。

[12] 关于这些智者，参见我的旧文《书事》，有更详细的书目及阅读材料：https://www.yangzhiping.com/psy/2016books.html 。

[13] 参见：（Bourdieu, 1984）。

[14] 布迪厄对巴黎高师学生的研究参见著作：Academic Discourse（Bourdieu, Passeron, & Martin, 1996）。

[15] 引自柏拉图《理想国》，译本众多，我推荐徐学庸老师的译本，参见（柏拉图, 2013）。

[16]《自我分析纲要》可参考英文版：Sketch for a self-analysis（Bourdieu, 2008）；法语原版：Esquisse pour une auto-analyse（Bourdieu, 2004）。

第二十章 有趣男女

[1] 参见《青年王阳明》（杜维明, 2013）。

[2] 参见：（Nash & Stevenson, 2004）。

[3]《哈佛商业评论》对马奇的采访请参见网址：https://hbr.org/product/ideas-as-art-a-conversation-with-james-g-march/R0610E-PDF-ENG 及《马奇论管理》（詹姆斯·马奇, 2010）。

第二十一章 理解内向者

[1] 大五人格模型：美国心理学家托普斯（Ernest C. Tupes）和克里斯托（Raymond E. Christal）在前人的人格因素研究上，进一步提炼出5个因素（Tupes & Christal, 1992），后来发展为大五人格模型（Big Five personality traits）。共分5个维度：开放性（openness）、尽责性（conscientiousness）、外倾性（extraversion）、宜人性（agreeableness）、神经质（neuroticism）。

[2] 爱德华个性偏好量表（Edwards Personal Preference Schedule）由美国心理学家爱德华（A.L.EDWARDS）1953年编制，该量表依据美国心理学家默瑞（H.A.MURRAY）理论，将人类心理需求划分为15种，共225个题目。

[3] 参见：（James & LeBreton, 2012; James & Mazerolle, 2001）。

[4] 1）李克特量表（Likert scale）：美国心理学家伦西·李克特（Rensis Likert）1932年发明，是一种心理测量量表。量表由一组陈述组成，每一陈述有“非常同意”、“同意”、“不一定”、“不同意”、“非常不同意”5种回答，分别记为1，2，3，4，5，每个被调查者的态度总分就是他对各道题的回答所得分数的统计，这一总分可说明他的态度强弱或他在这一量表上的不同状态。2）形容词评定（Adjective

ratings）：常见于问卷调查，在每个评估维度上采用不同程度的形容词描述。3）迫选题（Forced-choice item format）：调查问卷中回答选项的一种特定格式。不给受访者提供“不回应”类型选择的特定选项，比如“没有意见”、“不知道”、“不确定”或“不适用”。受访者必须选择一个回答选项，为调查项目提供具体的答案。

[5] 荣格的作品《心理类型》（Jung, 1921），深深地影响了人格心理学。目前一个广为流传的性格分类模型 MBTI 即源自此书。MBTI由凯瑟琳·布里格斯（Katharine Cook Briggs）及其女儿伊莎贝尔·迈尔斯（Isabel Briggs Myers）提出，1962 年出版第一本 MBTI 手册，其测验有效性在心理学界饱受争议，没有得到主流人格心理学家的认同。

第二十二章 别人凭什么帮你?

[1] 田晓霞：《平凡的世界》女主人公，省报记者，高官田福军之女，矿工孙少平的女朋友，后在洪灾救人中牺牲。

[2]《人情与面子》（黄光国，1988）。

[3] 杨中芳的研究参见《中国人的人际关系，情感与信任》（杨中芳，2001）；《如何研究中国人》（杨中芳，2001）；杨宜音的研究《自己人：一项有关中国人关系分类的个案研究》刊载于杨中芳主编的《中国人的人际关系，情感与信任》（杨宜音，2001）；相关研究亦可参考：（杨宜音，杨中芳，& 韦庆旺，2014）、（杨宜音，1995, 1999a, 1999b）。

[4] 邓巴数字，也称150定律，英国人类学家邓巴提出，指能与某个人维持紧密人际关系的人数上限。可参考邓巴Grooming, Gossip, and the Evolution of Language（Dunbar, 1998）一书或论文（Hill & Dunbar, 2003）。

第二十三章 外人、自己人与另一半

[1]“爱情的三元理论”，英文为Triangular theory of love，最初是美国心理学家罗伯特·斯滕伯格（Robert J. Sternberg）提出（Sternberg, 1986）；可进一步参考图书 The Psychology of Love（Sternberg & Barnes, 1988）。

[2] 差序格局（differential mode of association），参见《乡土中国》（费孝通, 1947）。

第二十四章 人性与暴力

[1] 本文所有海子的诗引自《海子诗全集》（海子, 2009），以下不再注明。

[2] 参见：（汤川秀树，2010）。

[3] 参见：（Dunbar, 1998; Hill & Dunbar, 2003）。

[4] 参见：（Dunbar, 2011）。

[5] 参见：（Pinker, 2011），平克2018 新书《当下的启蒙》依然是同类主题（Pinker, 2018）。

[6] 参见：（Clark, 2008）。

[7]“神经革命”的提法参见《第四次革命》一书（Lynch & Laursen, 2009）。

[8] 参见：（Bainbridge, 2013）一书。

[9]“盲眼钟表匠”的隐喻参见：（Dawkins, 1996）；丹尼特的“宇宙酸”隐喻参见：（Dennett, 1995）。

[10] 莫雷诺的研究参见（Moreno, 1934）；Erdos 随机图理论的诞生，参见（Erdös & Rényi, 1959）；米尔格拉姆发现小世界现象参见（Milgram, 1967）；格兰诺维特提出弱联系理论参见（Granovetter, 1977）；邓肯提出小世界模型参见（Watts & Strogatz, 1998）。

[11] 无标度网络参见：（Barabási & Albert, 1999）。

[12] 参见：《辛弃疾词集》（辛弃疾，2010）。

[13] 参见：《马奇论管理》（詹姆斯·马奇，2010）。

[14] 参见：（March, 2006）。

[15] 参见：（Stanovich, 2010）前言。

[16] 参见：（吴喜之，2012）。

[17] 参见：（Peterson, Seligman, & Ph.D, 2004）。

[18] 高阶模型是我提出的一个术语，用来形容那些相对来说，更重要的模型。更多论述，敬请参考我的相关专著或文章。

[19] 参见：（Ryan & Deci, 2004）。

后记

[1] 此段话改编自詹姆斯·马奇在《马奇论管理》中关于唐吉诃德的论述：“唐吉诃德提醒我们，如果我们只在不被辜负的时候去信任，只在有所回报的时候去爱，只在学有所用的时候去学习，那么我们就放弃了为人的本质特征——愿意在自我概念的名义下行动，不管结果如何。”

参考文献

R e f e r e n c e

Adriaanse, M. A., Oettingen, G., Gollwitzer, P. M., Hennes, E. P., De Ridder, D. T., & De Wit, J. B. (2010). When planning is not enough: Fighting unhealthy snacking habits by mental contrasting with implementation intentions (MCII). *European Journal of Social Psychology*, *40*, 1277–1293.

Aguinis, H., & O'Boyle Jr, E. (2014). Star performers in twenty-first century organizations. *Personnel Psychology*, *67*, 313–350.

Alexander, C. (1975). *The Oregon Experiment*. Oxford University Press, USA.

Alexander, C. (1977). *A Pattern Language*. Oxford University Press.

Alexander, C. (1979). *The Timeless Way of Building*. Oxford University Press.

Alexander, C. (1982). *The Linz Cafe*. Oxford University Press, USA.

Alexander, C. (1985). *The Production of Houses*. Oxford University Press.

Alexander, C. (1987). *A New Theory of Urban Design*. Oxford University Press, USA.

Alicke, M. D., LoSchiavo, F. M., Zerbst, J., & Zhang, S. (1997). The person who out performs me is a genius: Maintaining perceived competence in upward social comparison. *Journal of Personality and Social Psychology*, *73*, 781.

Altshuller, G. (1999). *Innovation Algorithm*. Technical Innovation Ctr.

Amabile, T. M. (1985). Motivation and creativity: Effects of motivational orientation on creative writers. *Journal of Personality and Social Psychology*, *48*, 393.

Amabile, T. M., Conti, R., Coon, H., Lazenby, J., & Herron, M. (1996). Assessing the Work Environment for Creativity. *Academy of Management Journal*, *39*, 1154–1184.

Anderson, M., Bjork, R., & Bjork, E. (1994). Remembering Can Cause Forgetting - Retrieval Dynamics in Long-Term-Memory. *Journal of Experimental Psychology-Learning Memory and Cognition*, *20*, 1063–1087.

Argyris, C., Putnam, R., & Smith, D. M. (1985). *Action Science*. Jossey-Bass, Inc.

Armstrong, J. S. (2010). *Persuasive Advertising*. Palgrave Macmillan.

Association, A. E. R., Association, A. P., Education, N. C. on M. in, Educational, J. C. on

S. for, & Testing (US), P. (1999). *Standards for educational and psychological testing*. Amer Educational Research Assn.

Baddeley, A. (1992). Working memory. *Science*, *255*, 556–559.

Bainbridge, W. S. (2013). *Converging technologies for improving human performance: Nanotechnology, biotechnology, information technology and cognitive science*. Springer Science & Business Media.

Barabási, A.-L., & Albert, R. (1999). Emergence of scaling in random networks. *Science*, *286*, 509–512.

Bargh, J. A., Gollwitzer, P. M., Lee-Chai, A., Barndollar, K., & Trötschel, R. (2001). The automated will: nonconscious activation and pursuit of behavioral goals. *Journal of Personality and Social Psychology*, *81*, 1014.

Baron, J. (1985). *Rationality and intelligence*. Cambridge: Cambridge University Press.

Barrett, L. F. (2017). *How emotions are made: The secret life of the brain*. Houghton Mifflin Harcourt.

Barrett, L. F., Lewis, M., & Haviland-Jones, J. M. (2016). *Handbook of emotions*. Guilford Publications.

Bjork, E. L., & Bjork, R. A. (2011). Making things hard on yourself, but in a good way: Creating desirable difficulties to enhance learning. *Psychology and the Real World: Essays Illustrating Fundamental Contributions to Society, 2*.

Bjork, R. A., & Linn, M. C. (2006). The science of learning and the learning of science. *APS Observer, 19*.

Blackwell, L. S., Trzesniewski, K. H., & Dweck, C. S. (2007). Implicit theories of intelligence predict achievement across an adolescent transition: A longitudinal study and an intervention. *Child Development, 78*, 246–263.

Bloom, H. (2001). *How to Read and Why*. Scribner.

Boroditsky, L. (2000). Metaphoric structuring: Understanding time through spatial metaphors. *Cognition*, 75, 1–28.

Boser, U., Wilhelm, M., & Hanna, R. (2014). The Power of the Pygmalion Effect: Teachers' Expectations Strongly Predict College Completion. *Center for American Progress*.

Bourdieu, P. (1984). *Distinction* (R. Nice, Trans.). Harvard University Press.

Bourdieu, Pierre. (1997). 文化资本与社会炼金术: 布迪厄访谈录.

Bourdieu, Pierre. (2008). *Sketch for a self-analysis*. Chicago: University of Chicago Press.

Bourdieu, Pierre, Passeron, J.-C., & Martin, M. de S. (1996). *Academic Discourse: Linguistic Misunderstanding and Professorial Power*. Stanford University Press.

Boyd, B. (1991). *Vladimir Nabokov*. Princeton University Press.

Brockman, J. (2012). *This Will Make You Smarter*. Harper Perennial.

Brown, P. C., III, H. L. R., & McDaniel, M. A. (2014). *Make It Stick*. Belknap Press: An Imprint of Harvard University Press.

Cameron, J., & Pierce, W. D. (1994). Reinforcement, reward, and intrinsic motivation: A meta-analysis. *Review of Educational Research, 64*, 363–423.

Charness, G., Karni, E., & Levin, D. (2010). On the conjunction fallacy in probability judgment: New experimental evidence regarding Linda. *Games and Economic Behavior, 68*, 551–556.

Christensen, C., Allworth, J., & Dillon, K. (2012). *How Will You Measure Your Life?* HarperBusiness.

Cialdini, R. B. (2006). *Influence*. Harper Business.

Cialdini, R. B. (2016). *Pre-Suasion*. Simon & Schuster.

Clark, G. (2008). *A farewell to alms: a brief economic history of the world* (Vol. 25). Princeton University Press.

Cron, L. (2012). *Wired for Story*. Ten Speed Press.

Crowther-Heyck, H. (2005). *Herbert A. Simon*. Johns Hopkins University Press.

Csikszentmihalyi, M. (1991). *Flow*. Harper Perennial.

Csikszentmihalyi, M. (1997a). *Creativity*. Harper Perennial.

Csikszentmihalyi, M. (1997b). Flow and education. *NAMTA Journal, 22*, 2–35.

Damasio, A. R. (1995). *Descartes' Error*. Harper Perennial.

Dawkins, R. (1996). *The blind watchmaker: Why the evidence of evolution reveals a universe without design*. WW Norton & Company.

Deci, E. L. (1998). The relation of interest to motivation and human needs: The self-determination theory viewpoint. *Interest and Learning*, 1998, 146–162.

Deci, E. L., Koestner, R., & Ryan, R. M. (1999). *A Meta-Analytic Review of Experiments Examining the Effects of Extrinsic Rewards on Intrinsic Motivation*.

Deci, E. L., & Ryan, R. M. (1985). The general causality orientations scale: Self-determination in personality. *Journal of Research in Personality, 19*, 109–134.

Deci, E. L., & Ryan, R. M. (2000). The" what" and" why" of goal pursuits: Human needs and the self-determination of behavior. *Psychological Inquiry, 11*, 227–268.

Deci, E. L., & Ryan, R. M. (2004). *Handbook of Self-determination Research*. University Rochester Press.

Deci, E. L., & Ryan, R. M. (2010). Intrinsic motivation. *The Corsini Encyclopedia of Psychology*, 1–2.

Deci, E. L., Vallerand, R. J., Pelletier, L. G., & Ryan, R. M. (1991). Motivation and Education: The Self-Determination Perspective. *Educational Psychologist, 26*, 325–346.

Deci, Edward, & Ryan, R. M. (1985). *Intrinsic Motivation and Self-Determination in Human Behavior*. Springer Science & Business Media.

Deci, El. (1971). Effects of Externally Mediated Rewards on Intrinsic Motivation. *Journal of Personality and Social Psychology, 18*, 105-.

Deckop, J. R., & Cirka, C. C. (2000). The Risk and Reward of a Double-Edgedsword: Effects of a Merit Payprogram on Intrinsic Motivation. *Nonprofit and Voluntary Sector Quarterly, 29*, 400–418.

Dennett, Daniel C. (1992). *Consciousness Explained.* Back Bay Books.

Dennett, Daniel C. (1995). *Darwin's dangerous idea*. The Sciences, 35, 34–40.

Dennett, Daniel C. (1996). *Darwin's Dangerous Idea*. Simon & Schuster.

Dennett, Danile C. (1997). *Kinds Of Minds*. Basic Books.

Dirlam, D. K. (1972). Most efficient chunk sizes. *Cognitive Psychology, 3*, 355–359.

Drucker, P. F. (2017). *Adventures of a bystander*.

Duckworth, A. (2016). *Grit. Scribner*.

Duckworth, A. L., Kirby, T. A., Gollwitzer, A., & Oettingen, G. (2013). From fantasy to action: Mental contrasting with implementation intentions (MCII) improves academic performance in children. *Social Psychological and Personality Science, 4*, 745–753.

Dunbar, P. R. (2010). *How Many Friends Does One Person Need?* Harvard University Press.

Dunbar, R. (2011). *The human story*. Faber & Faber.

Dunbar, R. (2014). *Human Evolution*. Pelican.

Dunbar, R. I. (1998). The social brain hypothesis. *Evolutionary Anthropology: Issues, News, and Reviews: Issues, News, and Reviews, 6*, 178–190.

Dunlosky, J., Rawson, K. A., Marsh, E. J., Nathan, M. J., & Willingham, D. T. (2013). Improving students' learning with effective learning techniques: Promising directions from cognitive and educational psychology. *Psychological Science in the Public Interest, 14*, 4–58.

Dunn, J., Ruedy, N. E., & Schweitzer, M. E. (2012). It hurts both ways: How social comparisons harm affective and cognitive trust. *Organizational Behavior and Human Decision Processes, 117*, 2–14.

Dweck, C. S. (2008). *Mindset: The new psychology of success*. Random House Digital, Inc.

Ekman, P. (2003). *Emotions Revealed*. Times Books.

Epstein, S., Denes-Raj, V., & Pacini, R. (1995). The Linda problem revisited from the perspective of cognitive-experiential self-theory. *Personality and Social Psychology Bulletin, 21*, 1124–1138.

Epstein, S., Donovan, S., & Denes-Raj, V. (1999). The missing link in the paradox of the

Linda conjunction problem: Beyond knowing and thinking of the conjunction rule, the intrinsic appeal of heuristic processing. *Personality and Social Psychology Bulletin, 25*, 204–214.

Erdley, C. A., & Dweck, C. S. (1993). Children's implicit personality theories as predictors of their social judgments. *Child Development, 64*, 863–878.

Erdös, P., & Rényi, A. (1959). On random graphs. *Publicationes Mathematicae (Debrecen)*, 6, 290–297.

Ericsson, K. A., Krampe, R. T., & Tesch-Romer, C. (n.d.). *The Role of Deliberate Practice in the Acquisition of Expert Performance*. 44.

Ericsson, K. A., & Pool, R. (2016). *Peak: secrets from the new science of expertise*.

Ericsson, K. A., & Simon, H. A. (1998). How to Study Thinking in Everyday Life: Contrasting Think-Aloud Protocols With Descriptions and Explanations of Thinking. *Mind, Culture, and Activity, 5*, 178–186.

Ericsson, K., & Charness, N. (1994). Expert Performance - Its Structure and Acquisition. *American Psychologist, 49*, 725–747.

Ericsson, K., & Kintsch, W. (1995). Long-Term Working-Memory. *Psychological Review, 102*, 211–245.

Ericsson, K., Krampe, R., & Heizmann, S. (1993). Can We Create Gifted People. *Ciba Foundation Symposia, 178*, 222–249.

Evans, J. St. B. T. (1989). *Bias in human reasoning: Causes and consequences*. Hillsdale, NJ, US: Lawrence Erlbaum Associates, Inc.

Evans, J. St. B. T. (2003). In two minds: dual-process accounts of reasoning. *Trends in Cognitive Sciences, 7*, 454–459.

Evans, J. St. B. T. (2008). Dual-Processing Accounts of Reasoning, Judgment, and Social Cognition. *Annual Review of Psychology, 59*, 255–278.

Evans, J. St. B. T., & Stanovich, K. E. (2013). Dual-Process Theories of Higher Cognition: Advancing the Debate. *Perspectives on Psychological Science, 8*, 223–241.

Feldman, R. S., & Prohaska, T. (1979). The student as Pygmalion: Effect of student expectation on the teacher. *Journal of Educational Psychology, 71*, 485.

Ferris, J. (n.d.). The reading brain in the digital age: Why paper still beats screens. *Scientific American, 2013*.

Festinger, L. (1954). A Theory of Social Comparison Processes. *Human Relations, 7*, 117–140.

Flavell, J. H. (1971). First Discussant's Comments: What is Memory Development the Development of? *Human Development, 14*, 272–278.

Flavell, John H. (1976). Metacognitive aspects of problem solving. *The Nature of*

Intelligence, 231–235.

Fletcher, D., & Sarkar, M. (2013). Psychological resilience: A review and critique of definitions, concepts, and theory. *European Psychologist, 18*, 12.

Flynn, J. (1987). Massive Iq Gains in 14 Nations - What Iq Tests Really Measure. *Psychological Bulletin, 101*, 171–191.

Flynn, J. R. (1984). The mean IQ of Americans: Massive gains 1932 to 1978. *Psychological Bulletin, 95*, 29.

Flynn, J. R. (2009). *What is intelligence? beyond the Flynn effect*. Cambridge [u.a.: Cambridge Univ. Press.

Flynn, J. R. (2012). *Are we getting smarter?: rising IQ in the twenty-first century*. Cambridge: Cambridge University Press.

Frankl, V. E. (1975). *The unconscious god: Psychotherapy and theology*. Simon & Schuster.

Fukuyama, F. (1996). *Trust: the social virtues and the creation of prosperity*. New York: Free Press.

Gamma, E., Helm, R., Johnson, R., & Vlissides, J. (1994). *Design Patterns*. Addison Wesley.

Gibson, J. J. (1979). *The Ecological Approach to Visual Perception*. Houghton Mifflin.

Gigerenzer, G. (1996). *On narrow norms and vague heuristics: A reply to Kahneman and Tversky.*

Gobet, F., Lane, P. C., Croker, S., Cheng, P. C., Jones, G., Oliver, I., & Pine, J. M. (2001). Chunking mechanisms in human learning. *Trends in Cognitive Sciences, 5*, 236–243.

Goldstein, N., Martin, S. J., & Cialdini, R. B. (2007). *Yes!* Profile Books.

Gollwitzer, P. M., & Brandstatter, V. (1997). Implementation intentions and effective goal pursuit. *Journal of Personality and Social Psychology, 73*, 186–199.

Gollwitzer, Peter M. (1993). Goal achievement: The role of intentions. *European Review of Social Psychology, 4*, 141–185.

Gollwitzer, Peter M. (1999). Implementation intentions: Strong effects of simple plans. *American Psychologist, 54*, 493.

Gollwitzer, Peter M., & Sheeran, P. (2006). Implementation intentions and goal achievement: A meta-analysis of effects and processes. *Advances in Experimental Social Psychology, 38*, 69–119.

Goodman, N. (1983). *Fact, fiction, and forecast*. Cambridge, Mass.: Harvard Univ. Press.

Gould, S. J. (1996). *The Mismeasure of Man*. W. W. Norton & Co.

Gourevitch, P. (2007). *The Paris Review Interviews*. Canongate Books.

Graham, P. (n.d.). How to Do What You Love. Retrieved May 16, 2019, from http://www.

paulgraham.com/love.html

Granovetter, M. S. (1977). The strength of weak ties. *In Social networks* (pp. 347–367). Elsevier.

Gross, J. J., & Feldman Barrett, L. (2011). Emotion generation and emotion regulation: One or two depends on your point of view. *Emotion Review, 3*, 8–16.

Halvorson, P. D. H. (2010). *Succeed.* Hudson Street Press.

Hambrick, D. Z., Oswald, F. L., Altmann, E. M., Meinz, E. J., Gobet, F., & Campitelli, G. (2014). Deliberate practice: Is that all it takes to become an expert? *Intelligence, 45*, 34–45.

Harris, R. (2005). *The Semantics of Science.* A&C Black.

Helson, R., Mitchell, V., & Moane, G. (1984). Personality and patterns of adherence and nonadherence to the social clock. *Journal of Personality and Social Psychology, 46,* 1079–1096.

Herrnstein, R. J., & Murray, C. A. (1994). *The bell curve: intelligence and class structure in American life.* New York, N.Y.: Free Press.

Hesse, H. (2015). *Songs of the Wanderers* (1st edition). East China Normal University Press.

Hill, R. A., & Dunbar, R. I. (2003). Social network size in humans. *Human Nature, 14*, 53–72.

Hofstadter, D. R. (1979). *Gödel, Escher, Bach*. Basic Books.

Hofstadter, D. R. (2007). *I Am a Strange Loop*. Basic Books.

Hong, Y., Chiu, C., Dweck, C. S., Lin, D. M.-S., & Wan, W. (1999). Implicit theories, attributions, and coping: A meaning system approach. *Journal of Personality and Social Psychology, 77*, 588.

Huang, Y., Wang, Y., Wang, H., Liu, Z., Yu, X., Yan, J., … Wu, Y. (2019). Prevalence of mental disorders in China: a cross-sectional epidemiological study. *The Lancet Psychiatry, 6*, 211–224.

Ibarra, H. (1999). Provisional selves: Experimenting with image and identity in professional adaptation. *Administrative Science Quarterly, 44*, 764–791.

Ibarra, Herminia. (2004). *Working Identity: Unconventional Strategies for Reinventing Your Career* (Revised ed.). Boston, Mass: Harvard Business Review Press.

Ibarra, Herminia. (2015). *Act Like a Leader, Think Like a Leader*. Harvard Business Review Press.

Isaacson, W. (2011). *Steve Jobs*. New York: Simon & Schuster.

James, L. R., & LeBreton, J. M. (2012). *Assessing the implicit personality through conditional reasoning*. American Psychological Association.

James, L. R., & Mazerolle, M. D. (2001). *Personality in work organizations*. Sage Publications.

Jung, C. G. (1921). *Psychologische Typen*. Zurich (etc.): Rascher.

Kahneman, D. (2012). *Thinking, Fast and Slow*. London: Penguin.

Karpicke, J. D., & Roediger, H. L. (2008). The Critical Importance of Retrieval for Learning. *Science, 319*, 966–968.

Karpicke, Jeffrey D. (2017). Retrieval-Based Learning: A Decade of Progress. *In Learning and Memory: A Comprehensive Reference* (pp. 487–514). Elsevier.

Karpicke, Jeffrey D., & Blunt, J. R. (2011). Retrieval practice produces more learning than elaborative studying with concept mapping. *Science, 331*, 772–775.

Kleinberg, J., & Easley, D. (2010). *Networks, Crowds, and Markets*. Cambridge University Press.

Kohn, A. (1993a). *Punished by rewards: the trouble with gold stars, incentive plans, A's, praise, and other bribes*. Boston, Mass.: Houghton Mifflin.

Kohn, A. (1993b). Why Incentive Plans Cannot Work. *Harvard Business Review, 71*, 54-.

Kruger, J., & Dunning, D. (1999). Unskilled and unaware of it: how difficulties in recognizing one's own incompetence lead to inflated self-assessments. *Journal of Personality and Social Psychology, 77*, 1121.

Kunda, Z. (1999). *Social Cognition: Making Sense of People.*

Lakoff, G. (1990). *Women, Fire and Dangerous Things*. University Of Chicago Press.

Lakoff, G. (1999). *Philosophy In The Flesh.* Basic Books.

Lakoff, G., & Johnson, M. (2003). *Metaphors We Live By*. University Of Chicago Press.

Lave, J., & Wenger, E. (1991). *Situated Learning: Legitimate Peripheral Participation.* Cambridge University Press.

Lepper, M. R., Greene, D., & Nisbett, R. E. (1973). Undermining children's intrinsic interest with extrinsic reward: A test of the "overjustification" hypothesis. *Journal of Personality and Social Psychology, 28*, 129–137.

Leung, A. K. -y., Kim, S., Polman, E., Ong, L. S., Qiu, L., Goncalo, J. A., & Sanchez-Burks, J. (2012). Embodied Metaphors and Creative "Acts." *Psychological Science, 23*, 502–509.

Levinson, Daniel J. (2011). *The Seasons of a Woman's Life: A Fascinating Exploration of the Events, Thoughts, and Life Experiences That All Women Share*. Random House Publishing Group.

Levinson, Daniel Jacob. (1978). *The Seasons of a Man's Life*. Ballantine Books.

Levy, S. R., Stroessner, S. J., & Dweck, C. S. (1998). Stereotype formation and endorsement: The role of implicit theories. *Journal of Personality and Social Psychology, 74*, 1421.

Lin, N. (2011). *Social capital.* London: Routledge.

Lindquist, K. A., Wager, T. D., Kober, H., Bliss-Moreau, E., & Barrett, L. F. (2012). The brain basis of emotion: a meta-analytic review. *Behavioral and Brain Sciences, 35*, 121–143.

Loy, L. S., Wieber, F., Gollwitzer, P. M., & Oettingen, G. (2016). Supporting sustainable food consumption: mental contrasting with implementation intentions (MCII) aligns intentions and behavior. *Frontiers in Psychology, 7*, 607.

Lynch, Z., & Laursen, B. (2009). *The neuro revolution: How brain science is changing our world.* St. Martin's Press.

Lyotard, J.-F., & Bennington, G. (2010). *The postmodern condition: a report on knowledge.* Minneapolis, Minn: Univ. of Minnesota Press.

Macdonald, R. R., & Gilhooly, K. J. (1990). More about Linda or conjunctions in context. *European Journal of Cognitive Psychology, 2*, 57–70.

Macnamara, B. N., Hambrick, D. Z., & Oswald, F. L. (2014). Deliberate practice and performance in music, games, sports, education, and professions: A meta-analysis. *Psychological Science, 25*, 1608–1618.

Macnamara, B. N., Moreau, D., & Hambrick, D. Z. (2016). The relationship between deliberate practice and performance in sports: A meta-analysis. *Perspectives on Psychological Science, 11*, 333–350.

Mangels, J. A., Butterfield, B., Lamb, J., Good, C., & Dweck, C. S. (2006). Why do beliefs about intelligence influence learning success? A social cognitive neuroscience model. *Social Cognitive and Affective Neuroscience, 1*, 75–86.

March, J. (2010). *The Ambiguities of Experience.* Cornell University Press.

March, J. G. (1991). Exploration and exploitation in organizational learning. *Organization Science, 2*, 71–87.

March, J. G. (2006). Rationality, foolishness, and adaptive intelligence. *Strategic Management Journal, 27*, 201–214.

March, J. G., & Heath, C. (1994). *A Primer on Decision Making*. Simon & Schuster Ltd.

March, J. G., & Simon, H. A. (1993). *Organizations*. Wiley-Blackwell.

March, J. G., & Weil, T. (2005). *On Leadership*. Wiley-Blackwell.

Markus, H., & Nurius, P. (1986). Possible Selves. *American Psychologist, 41*, 954–969.

Marsh, H. W., Chessor, D., Craven, R., & Roche, L. (1995). The Effects of Gifted and Talented Programs on Academic Self-Concept: The Big Fish Strikes Again. *American Educational Research Journal, 32*, 285–319.

Maudsley, D. B. (1979). A theory of meta-learning and principles of facilitation.

Unpublished Ph. D. Thesis. Toronto, OISE.

McGrew, K. S. (2005). *The Cattell-Horn-Carroll theory of cognitive abilities: Past, present, and future.*

McGrew, K. S. (2009). *CHC theory and the human cognitive abilities project: Standing on the shoulders of the giants of psychometric intelligence research.* Elsevier.

McKee, R. (1997). *Story*. ReganBooks.

Mckee, R. (2016). *Dialogue*. Twelve.

Messer, W. S., & Griggs, R. A. (1993). Another look at Linda. *Bulletin of the Psychonomic Society, 31*, 193–196.

Meyers-Levy, J., & Zhu, R. (2007). The Influence of Ceiling Height: The Effect of Priming on the Type of Processing That People Use. *Journal of Consumer Research, 34,* 174–186.

Milgram, S. (1967). The small world problem. *Psychology Today, 2*, 60–67.

Miller, G. A. (1956). The magical number seven, plus or minus two: Some limits on our capacity for processing information. *Psychological Review, 63*, 81.

Mitchell, M. (2009). *Complexity*. Oxford University Press, USA.

Moreno, J. L. (1934). *Who shall survive?: A new approach to the problem of human interrelations.*

Moscovici, P. S. (2001). *Social Representations: Essays in Social Psychology*. New York: New York University Press.

Moscovici, S. (2001). *Social representations: Essays in social psychology.* NYU Press.

Mueller, C. M., & Dweck, C. S. (1998). Praise for intelligence can undermine children's motivation and performance. *Journal of Personality and Social Psychology, 75*, 33.

Munger, C. T. (2005). *Poor Charlie's Almanack.* The Donning Company Publishers.

Nabokov, V. V. (1990). *Strong Opinions.* Vintage.

Nabokov, V. V. (2002). *Lectures on Russian literature* (F. Bowers, Trans.). Orlando, Fla.: Harvest Books.

Nabokov, V. V., & Smith, P. D. (1962). *Vladimir Nabokov on his life and work: a BBC television interview with Peter Duval Smith*. London: British Broadcasting Corp.

Nash, L., & Stevenson, H. (2004). Success that lasts. *Harvard Business Review, 82*, 102–109.

Oettingen, G. (2012). Future thought and behaviour change. *European Review of Social Psychology, 23*, 1–63.

Oettingen, G. (2014). *Rethinking Positive Thinking*. Current Hardcover.

Oettingen, G., & Mayer, D. (2002). The motivating function of thinking about the future: Expectations versus fantasies. *Journal of Personality and Social Psychology, 83*, 1198.

Oettingen, G., Mayer, D., Timur Sevincer, A., Stephens, E. J., Pak, H., & Hagenah, M. (2009). Mental contrasting and goal commitment: The mediating role of energization. *Personality and Social Psychology Bulletin, 35*, 608–622.

Oettingen, G., Pak, H., & Schnetter, K. (2001). Self-regulation of goal-setting: turning free fantasies about the future into binding goals. *Journal of Personality and Social Psychology, 80*, 736.

Oettingen, G., & Wadden, T. A. (1991). Expectation, fantasy, and weight loss: Is the impact of positive thinking always positive? *Cognitive Therapy and Research, 15*, 167–175.

Perkins, D. N. (1995). *Outsmarting IQ: the emerging science of learnable intelligence*. New York u.a.: Free Press.

Peterson, C., Seligman, M. E. P., & Ph.D, F. L. P. of P. M. E. P. S. (2004). *Character Strengths and Virtues: A Handbook and Classification*. American Psychological Association.

Pinker, S. (1995). *The Language Instinct*. Penguin.

Pinker, S. (1999). *How the Mind W*orks. W. W. Norton & Company.

Pinker, S. (2011). *The Better Angels of Our Nature*. Viking Adult.

Pinker, S. (2014). *The sense of style: the thinking person's guide to writing in the 21st century*. Viking Books.

Pinker, S. (2018). *Enlightenment Now*. Allen Lane.

Polanyi, M. (1974). *Personal Knowledge*. University Of Chicago Press.

Queneau, R. (1995). *Exercices de style*. Paris: Gallimard.

Reber, A. S. (1967). Implicit learning of artificial grammars. *Journal of Verbal Learning and Verbal Behavior, 6*, 855–863.

Reber, A. S. (1989). Implicit learning and tacit knowledge. *Journal of Experimental Psychology: General, 118*, 219–235.

Review, T. P., & Gourevitch, P. (2006). *The Paris Review Interviews*, I. Picador.

Richland, L. E., Bjork, R. A., Finley, J. R., & Linn, M. C. (2005). Linking cognitive science to education: Generation and interleaving effects. *Proceedings of the Twenty-Seventh Annual Conference of the Cognitive Science Society. Mahwah, NJ: Erlbaum.*

Roediger, H. L., & Butler, A. C. (2011). The critical role of retrieval practice in long-term retention. *Trends in Cognitive Sciences, 15*, 20–27.

Russell, J. A., & Barrett, L. F. (1999). Core affect, prototypical emotional episodes, and other things called emotion: dissecting the elephant. *Journal of Personality and Social Psychology, 76*, 805.

Ryan, R. M., & Deci, E. L. (2000a). Intrinsic and extrinsic motivations: Classic definitions and new directions. *Contemporary Educational Psychology, 25*, 54–67.

Ryan, R. M., & Deci, E. L. (2000b). Self-determination theory and the facilitation of intrinsic motivation, social development, and well-being. *American Psychologist, 55*, 68.

Ryff, C. D., & Keyes, C. L. M. (1995). The structure of psychological well-being revisited. *Journal of Personality and Social Psychology, 69*, 719.

Schwartz, B. (2004). *The Paradox of Choice*. Ecco.

Schwartz, B., Ward, A., Monterosso, J., Lyubomirsky, S., White, K., & Lehman, D. R. (2002). Maximizing versus satisficing: Happiness is a matter of choice. *Journal of Personality and Social Psychology, 83*, 1178.

Simon, H. A. (2001). On simulating Simon : His monomania, and its sources in bounded rationality. *Studies in History & Philosophy of Science, 32*, 501–505.

Simon, H. A. (1957). *Models of man; social and rational.*

Simon, H. A. (1972). Theories of Bounded Rationality. *Decision & Organization*, 161–176.

Simon, H. A. (1973). Does Scientific Discovery Have a Logic? *Philosophy of Science, 40,* 471–480.

Simon, H. A. (1974). How big is a chunk?: By combining data from several experiments, a basic human memory unit can be identified and measured. *Science, 183*, 482–488.

Simon, H. A. (1987). Bounded Rationality. *New Pargrave Utility & Probablility, 2*, 2-297.

Simon, H. A. (1990). *Bounded Rationality.*

Simon, H. A. (1991a). Bounded Rationality and Organizational Learning. *Organization Science, 2*, 125–134.

Simon, H. A. (1991b). *Models of My Life*. Basic Books.

Simon, H. A. (1996). *The Sciences of the Artificial.* The MIT Press.

Simon, H. A. (2000). Bounded rationality in social science: Today and tomorrow. *Mind & Society, 1*, 25–39.

Simon, Ha, & Chase, W. (1973). Skill in Chess. *American Scientist, 61*, 394–403.

Södergran, E. (2012). *On foot I wandered through the solar systems: poems* (M. Mörling & J. Ellerström, Trans.).

Stanovich, K. E. (2010a). *Decision making and rationality in the modern world*. New York: Oxford University Press.

Stanovich, K. E. (2010b). *Rationality and the Reflective Mind*. Oxford University Press.

Stanovich, K. E. (2010c). *The Robot's Rebellion Finding Meaning in the Age of Darwin.*

Stanovich, K. E. (2010d). *What Intelligence Tests Miss The Psychology of Rational* Thought. Yale University Press.

Stanovich, K. E. (2019). *How to think straight about psychology*.

Stanovich, K. E., & West, R. F. (2000). Individual differences in reasoning: Implications for the rationality debate? *Behavioral and Brain Sciences, 23*, 645–665.

Stanovich, K. E., West, R. F., & Toplak, M. E. (2016). *The Rationality Quotient*. The MIT Press.

Sternberg, R. J. (1986). A triangular theory of love. *Psychological Review, 93*, 119–135.

Sternberg, R. J. (1997). Construct validation of a triangular love scale. *European Journal of Social Psychology, 27*, 313–335.

Sternberg, R. J., & Barnes, M. L. (1988). *The Psychology of Love*. Yale University Press.

Strunk, W., & White, E. B. (1962). *The elements of style*. New York: Macmillan.

Tay, L., & Diener, E. (2011). Needs and Subjective Well-Being Around the World. *Journal of Personality and Social Psychology, 101*, 354–365.

Tesser, A. (1988). Toward a self-evaluation maintenance model of social behavior. *In Advances in experimental social psychology* (Vol. 21, pp. 181–227). Elsevier.

Thaler, R. H. (2015). *Misbehaving*. W. W. Norton & Company.

Thürmer, J. L., Wieber, F., & Gollwitzer, P. M. (2015). A Self-regulation Perspective on Hidden-profile Problems: If–Then Planning to Review Information Improves Group Decisions. *Journal of Behavioral Decision Making, 28*, 101–113.

Thürmer, J. L., Wieber, F., & Gollwitzer, P. M. (2017). Planning and performance in small groups: collective implementation intentions enhance group goal striving. *Frontiers in Psychology, 8*, 603.

Tugade, M. M., Fredrickson, B. L., & Feldman Barrett, L. (2004). Psychological resilience and positive emotional granularity: Examining the benefits of positive emotions on coping and health. *Journal of Personality, 72*, 1161–1190.

Turner, M., & Thomas, F.-N. (1996). *Clear and Simple As the Truth: writing Classic Prose*. Princeton: Princeton University Press.

Tversky, A., & Kahneman, D. (1983). Extensional versus intuitive reasoning: The conjunction fallacy in probability judgment. *Psychological Review, 90*, 293.

Uzzi, B., & Dunlap, S. (2005). How to build your network. *Harvard Business Review, 83*, 53.

Varela, F. J., Thompson, E. T., & Rosch, E. (1992). *The Embodied Mind*. The MIT Press.

Vranas, P. B. (2000). Gigerenzer's normative critique of Kahneman and Tversky. *Cognition, 76*, 179–193.

Watts, D. J., & Strogatz, S. H. (1998). Collective dynamics of 'small-world' networks. *Nature, 393*, 440.

Watzlawick, P., Weakland, J. H., Fisch, R., Erickson, M. H., & O'hanlon, B. (2011). *Change*. W. W. Norton & Co.

Webb, C. (2016). *How to Have a Good Day*. Crown Business.

Wenger, E. (1999). *Communities of Practice: Learning, Meaning, and Identity*. Cambridge: Cambridge University Press.

Wenger, E., McDermott, R. A., & Snyder, W. (2002). *Cultivating Communities of Practice: A Guide to Managing Knowledge*. Boston, Mass: Harvard Business Review Press.

White, R. W. (1959). Motivation reconsidered: The concept of competence. *Psychological Review, 66*, 297.

Wieber, F., Thürmer, J. L., & Gollwitzer, P. M. (2015). Promoting the translation of intentions into action by implementation intentions: behavioral effects and physiological correlates. *Frontiers in Human Neuroscience, 9*, 395.

Willcox, M. (2015). *The Business of Choice*. Pearson FT Press.

Willingham, D. T. (2010). *Why Don't Students Like School?* Jossey-Bass.

Woolf, V. (1925). *The common reader*. Hogarth Press.

Wrzesniewski, A., Schwartz, B., Cong, X., Kane, M., Omar, A., & Kolditz, T. (2014). Multiple types of motives don't multiply the motivation of West Point cadets. *Proceedings of the National Academy of Sciences, 111*, 10990–10995.

Zimbardo, P. G., & Leippe, M. R. (1991). *The Psychology of Attitude Change and Social Influence*. McGraw-Hill.

Zipf, G. K. (2016). *Human behavior and the principle of least effort: An introduction to human ecology*. Ravenio Books.

埃米尼亚・伊瓦拉.（2016）. 转行（张洪磊 & 汪珊珊，译），北京：机械工业出版社.

奥威尔.（2007）. 我为什么要写作，上海：上海译文出版社.

白先勇.（2012）. 昔我往矣，北京：龙门书局.

柏拉图.（2013）.《理想国篇》译注与诠释（徐学庸，译），合肥：安徽人民出版社.

波普尔.（2008）. 科学发现的逻辑，杭州：中国美术学院出版社.

布迪厄.（1997）.文化资本与社会炼金术：布迪厄访谈录（包亚明，译）上海：上海人民出版社.

布鲁姆哈罗德.（2011）. 如何读，为什么读（黄灿然，译），南京：译林出版社.

陈晓平.（2010）. 贝叶斯方法与科学合理性，北京：人民出版社.

戴文采.（2013）. 梦与智的旅程，北京：九州出版社.

丹尼尔・卡尼曼.（2012）. 思考，快与慢（胡晓姣，李爱民，& 何梦莹，译），北京：中信出版社.

丹尼尔・威林厄姆.（2010）. 为什么学生不喜欢上学?（赵萌，译），江苏教育出版社.

杜维明.（2013）. 青年王阳明，北京：生活・读书・新知三联书店.

范兆飞.（2014）. 中古太原士族群体研究，北京：中华书局.

菲利普・津巴多、迈克尔・利佩.（2007）. 态度改变与社会影响（邓羽，肖莉，& 唐小艳 等，译），北京：人民邮电出版社.

费曼，& 莱顿.（2012）. 别逗了，费曼先生（王祖哲，译），长沙：湖南科学技术出版社.
费孝通.（2012）. 乡土中国，北京：北京大学出版社.
富兰克林.（2009）. 富兰克林自传（蒲隆，译），南京：译林出版社.
根里奇・斯拉维奇・阿奇舒勒.（2008）. 创新算法（谭增波 & 茹海燕，译），武汉：华中科技大学出版社.
顾随.（2000）. 顾随全集，石家庄：河北教育出版社.
海蒂・格兰特・霍尔沃森.（2013）. 成功，动机与目标（汤珑，译），南京：译林出版社.
海明威，& 余光中.（2013）. 老人与海，南京：译林出版社.
海子.（2009）. 海子诗全集（西川，编），北京：作家出版社.
赫尔伯特.A.西蒙.（1998）. 我生活的种种模式（曹南燕 & 秦裕林，译），上海：东方出版中心.
赫尔曼・黑塞.（2013）. 流浪者之歌（徐进夫，译），上海：上海三联书店.
侯世达.（1997）. 哥德尔、艾舍尔、巴赫（严勇，刘皓明，& 莫大伟，译），北京：商务印书馆.
黄光国.（2010）. 人情与面子，北京：中国人民大学出版社.
黄囇莉.（2007）. 华人人际和谐与冲突，重庆：重庆大学出版社.
基思・斯坦诺维奇.（2015）. 超越智商（张斌，译），北京：机械工业出版社.
见城彻，& 藤田晋.（2017）. 硬派工作（程亮，译），南昌：江西人民出版社.
克莱兰.（2003）. 有效商务写作，北京：清华大学出版社.
克里斯托弗・亚历山大.（2002）. 建筑模式语言（王听度 & 周序鸣，译），北京：知识产权出版社.
雷蒙・格诺.（2018）. 风格练习（袁筱一，译），北京：人民文学出版社.
莉莎・费德曼・巴瑞特.（2019）. 情绪（周芳芳，译），北京：中信出版社.
梁启超.（2014）. 梁启超讲阳明心学，西安：陕西人民出版社.
鲁迅，& 梁实秋.（1997）. 鲁迅梁实秋论战实录（黎照，编），北京：华龄出版社.
陆洛.（1998）. 中国人幸福感之内涵，测量及相关因素探讨. 科学委员会研究会刊（人文及社会科学），8，115–137.
罗宾・邓巴.（2016）. 人类的演化（余彬，译），上海：上海文艺出版社.
罗伯特・麦基.（2014）. 故事（周铁东，译），天津：天津人民出版社.
马蒂斯・范博克塞尔.（2012）. 痴愚百科全书（王圆圆，译），上海：上海文艺出版社.
梅拉妮・米歇尔.（2018）. 复杂（唐璐，译），长沙：湖南科学技术出版社.
米哈里・契克森米哈赖.（2017）. 心流（张定绮，译），北京：中信出版社.
木心.（2009）. 云雀叫了一整天，桂林：广西师范大学出版社.
纳博科夫.（2013）. 尼古拉・果戈理（金绍禹，译），上海：上海译文出版社.
尼古拉・什帕科夫斯基.（2010）. 进化树，北京：中国科学技术出版社.
钱锺书.（2003）. 钱锺书手稿集，北京：商务印书馆.

乔治・莱考夫，& 马克・约翰逊.（2015）. 我们赖以生存的隐喻（何文忠，译），杭州：浙江大学出版社.
萨拉马托夫.（2006）. 怎样成为发明家（王子羲，译），北京：北京理工大学出版社.
三岛由纪夫.（2010）. 金阁寺，青岛：青岛出版社.
桑兵，於梅舫，& 陈欣.（2014）. 读书法，北京：人民出版社.
沈德潜.（2006）. 古诗源，北京：中华书局.
史蒂芬・平克.（2016）. 心智探奇（郝耀伟，译），杭州：浙江人民出版社.
史蒂芬・平克.（2018）. 风格感觉（王烁 & 王佩，译），北京：机械工业出版社.
索德格朗.（2015）. 我必须徒步穿越太阳系（李笠，译），长沙：湖南文艺出版社.
汤川秀树.（2010）. 现代科学与人类（乌云其其格，译），上海：上海辞书出版社.
瓦茨拉维克，威克兰德，& 菲什.（2007）. 改变（夏林清 & 郑村棋，译），北京：教育科学出版社.
王国维.（2012）. 人间词话，北京：中华书局.
王小波.（1999）. 黄金时代，广州：花城出版社.
王小平.（2012）. 我的兄弟王小波，南京：江苏文艺出版社.
王阳明.（2015）. 王阳明全集，北京：中国书店出版社.
王佐良.（1994）. 英国散文的流变，北京：商务印书馆.
网络与书编辑部.（2006）. 阅读的狩猎，北京：现代出版社.
吴喜之.（2012）. 复杂数据统计方法，北京：中国人民大学出版社.
夏承焘.（1984）. 天风阁学词日记，杭州: 浙江古籍出版社.
夏志清.（1961）. A history of modern Chinese fiction，1917-1957. Yale University Press.
辛弃疾.（2010）. 辛弃疾词集，上海：上海古籍出版社.
徐四海（编）.（2016）. 毛泽东诗词全集，北京：东方出版社.
严复.（2014）. 严复全集，福州：福建教育出版社.
阳志平（编）.（2019）. 认知尺度，北京：中信出版社.
阳志平，时勘，& 王薇.（2003）. 试评卡尼曼经济心理学研究及其影响. 心理科学，26，724–726.
杨宜音，杨中芳，& 韦庆旺.（2014）. 中国社会心理学评论（第七辑）（第1版），北京：社会科学文献出版社.
杨宜音.（1995）. 试析人际关系及其分类——兼与黄光国先生商榷. 社会学研究，18–23.
杨宜音.（1999a）. “自己人”：信任建构过程的个案研究. 社会学研究，40–54.
杨宜音.（1999b）. 自我与他人：四种关于自我边界的社会心理学研究述要. 心理科学进展，17，58–62.
杨宜音.（2008）. 关系化还是类别化：中国人“我们”概念形成的社会心理机制探讨. 中国社会科学，148–159.

杨照.（2012）. 我想遇见你的人生，桂林：广西师范大学出版社.

杨中芳.（2001a）. 中国人的人际关系：情感与信任，台北：远流出版事业股份有限公司.

杨中芳.（2001b）. 如何研究中国人：心理学研究本土化论文集. 台北：远流出版事业股份有限公司.

杨中芳.（2009）. 如何理解中国人，重庆：重庆大学出版社.

伊迪特・索德格朗.（1987）. 索德格朗诗选，北京：外国文学出版社.

余光中.（2004）. 余光中集（全九卷），天津：百花文艺出版社.

余健明.（2009）. 海明威风格汉译研究（博士），上海：上海外国语大学.

约翰・R・安德森.（2012）. 认知心理学及其启示（秦裕林，程瑶，& 周海燕，译），北京：人民邮电出版社.

翟学伟.（2013）. 人情、面子与权力的再生产，北京：北京大学出版社.

詹姆斯・马奇，赫伯特・西蒙，& 哈罗德・格兹考.（2013）. 组织（邵冲，译），北京：机械工业出版社.

詹姆斯・马奇.（2010）. 马奇论管理（丁丹，译），北京：东方出版社.

张爱玲.（2012a）. 半生缘，北京：北京十月文艺出版社.

张爱玲.（2012b）. 張爱玲译作选（二）：老人与海，台北：皇冠文化出版公司.

张敏.（2007）.《诗经》的认知诗学与心理分析研究（博士，华南师范大学），广州：华南师范大学.

张五常.（2010）. 吾意独怜才，北京：中信出版社.

张旭华.（2015）. 九品中正制研究，北京：中华书局.

周扬波.（2009）. 从士族到绅族，杭州：浙江大学出版社.

佐藤信夫.（1981）. レトリック認識. 講談社.

佐藤信夫.（2012）. 修辞感觉（肖书文，译），重庆：重庆大学出版社.

佐藤信夫.（2013）. 修辞认识（肖书文，译），重庆：重庆大学出版社.

附录

Appendix

推荐书单

本书如果侥幸能给读者些许启发，是因为站在众多智者的肩膀上。虽然我已经在注释与参考文献中，一一注明。但数百条注释、数百篇参考文献，会令不少读者望而却步。因此，围绕本书体系，从浩瀚如烟海的读物中，精选图书22本，供各位读者参考。

模式的模式

书1：《我生活的种种模式》

简评：读高手的自传，往往是最好的模式之一。如何判断重要问题？如何解决难题？如何寻找事业与婚姻的平衡？作者赫伯特·西蒙无疑是高手中的高手。你能想象一个人身兼管理学家、经济学家、计算机科学家、心理学家等多项头衔，拿过诺贝尔经济学奖，顺便再拿个计算机科学领域的最高荣誉——图灵奖与美国心理学会终身成就奖？《我生活的种种模式》即西蒙的自传，介绍了他在科学迷宫中穿梭的旅程。此书常常买不到，可参考2018年的新译本《科学迷宫里的顽童与大师：赫伯特·西蒙自传》。了解西蒙，亦可参考科学史学家亨特·克劳瑟·海克所著的西蒙传记《穿越歧路花园》（Crowther-Heyck, 2005）及西蒙学术巅峰之作《人工科学》（Simon, 1996）。

评级：杰作

外文书目：Simon, H. A.（1991）. Models of My Life. Basic Books.

中文书目：赫尔伯特.A.西蒙.（1998）. 我生活的种种模式（曹南燕 & 秦裕林，译）. 东方出版中心.

备选读物：《穿越歧路花园》《人工科学》

书2:《哥德尔、艾舍尔、巴赫》

简评：《哥德尔、艾舍尔、巴赫》一直被誉为人类心智第一奇书。作者侯世达（Douglas R. Hofstadte）在人类历史上，第一次，将哥德尔的数理逻辑、艾舍尔的版画和巴赫的音乐放在一起综合论述，探讨了人类思维的自指、递归等诸多规律。《哥德尔、艾舍尔、巴赫》文笔优美，思想深刻，穿插了众多小故事、寓言、对话。次年即获美国普利策奖（非虚构类）。写作此书，似乎耗尽了侯世达的心力。直到30年后，妻子离世，侯世达在哀伤中写作《我是个怪圈》（Hofstadter,2007）一书。在书中，侯世达感言："30年前，我不懂得心智建模和人工智能之间的区别。现在我明白两者截然不同，并把精力专注于通过计算机建模来理解人类心智。我认为自己是一名认知科学家，而不是人工智能专家。"《我是个怪圈》是继《哥德尔、艾舍尔、巴赫》之后交出的又一份答卷。文体、思想、技术三重创新交错在一起，依然是侯世达。

评级：神作

外文书目：Hofstadter, D. R.（1979）. Gödel, Escher, Bach. Basic Books.

中文书目：侯世达.（1997）. 哥德尔、艾舍尔、巴赫（严勇，刘皓明，& 莫大伟，译）. 商务印书馆.

备选读物：《我是个怪圈》

书3：《创新算法》

简评：世界上存在一些极其卓越的创新作品，如伟大的电影、伟大的专利、伟大的学术论文与伟大的编程语言。对这些伟大的作品分析，是观摩高手、提升心智的最佳模式。那么，如果你用数十年时间，分析过数百万发明专利，接触过众多发明家，关于人类的创新行为，是否会有新的认识？这就是作者阿奇舒勒的经历。《创新算法》基于他对数百万份发明专利与个人发明经历的分析研究而成。我将其誉为天才之作——人类二十世纪最重要的著作。如果你希望入门，还可参考作者的学生与朋友出版的著作：《怎样成为发明家》（萨拉马托夫，2006）与《进化树》（尼古拉·什帕科夫斯基，2010）。

评级：神作

外文书目：Altshuller, G.（1999）. Innovation Algorithm. Technical Innovation Ctr.

中文书目：根里奇·斯拉维奇·阿奇舒勒.（2008）. 创新算法（谭增波 & 茹海燕，译）. 华中科技大学出版社.

备选读物：《怎样成为发明家》《进化树》

书4:《建筑模式语言》

简评：这是一本奇书。看似松散的图片汇编而成的册子，结果揭示了人类有史以来的困境——我们该如何面对环境？我们该如何面对理性的局限？我们该如何面对自己？如果想过一种诗意盎然的生活，我们该如何寻找？作者克里斯托弗·亚历山大在1977年出版的《建筑模式语言》外加在1975年出版的《俄勒冈实验》(Alexander, 1975)与1979年出版的《建筑的永恒之道》(Alexander, 1979)，构成了模式语言三部曲。之后，作者将模式语言应用到小型公共建筑领域，撰写了《林茨咖啡屋》(Alexander, 1982)；应用到住宅领域，撰写了《住宅制造》(Alexander, 1985)；应用到城市设计领域，撰写了《城市设计新理论》(Alexander, 1987)。作者的思想亦深深地影响了软件开发领域。这就是影响了一代又一代程序员的经典之作《设计模式》(Gamma, Helm, Johnson, & Vlissides, 1994)。

评级：神作

外文书目：Alexander, C.（1977）. A Pattern Language. Oxford University Press.

中文书目：克里斯托弗·亚历山大.(2002). 建筑模式语言（王听度 & 周序鸣，译). 知识产权出版社.

备选读物：《俄勒冈实验》《建筑的永恒之道》《林茨咖啡屋》《住宅制造》《城市设计新理论》《设计模式》

核心模式

书1:《超越智商》

简评：基思·斯坦诺维奇在大众领域因《这才是心理学》一书而成名；但在学术上，他是理性心理学的主要研究者。斯坦诺维奇的理性心理学系列著作包括《机器人叛乱》（Stanovich, 2010）、《超越智商》、《决策与理性》（Stanovich, 2009）、《理性与反省心智》（Stanovich, 2010）与《理商》（Stanovich, West, & Toplak, 2016）。其中，《超越智商》是最重要的一本，系统阐释了作者的三重心智模型。它将帮助你理解人类心智架构，从高智力到高理性。另一本《机器人叛乱》亦很重要，斯坦诺维奇在该书中第一次系统阐释了人类为什么是基因与模因奴隶的机器人，我们该如何借助认知科学，“反叛”成功。

评级：杰作

外文书目：Stanovich, K. E.（2010）. What Intelligence Tests Miss The Psychology of Rational Thought. Yale Univ Pr.

中文书目：基思·斯坦诺维奇.（2015）. 超越智商（张斌，译）. 机械工业出版社.

备选读物：《机器人叛乱》《决策与理性》《理性与反省心智》《理商》

书2:《思考，快与慢》

简评：2002年，丹尼尔·卡尼曼荣获诺贝尔经济学奖。诺奖的授予理由是：“把心理研究的成果与经济学融合到了一起，特别是在有关不确定状态下人们如何做出判断和决策方面的研究”。《思考，快与慢》即卡尼曼在获奖后，写给大众的科普读物，是一本了解行为经济学绕不过的著作。另一位诺奖得主，泰勒的《“错误”的行为》（Thaler, 2015）亦可参考。

评级：杰作

外文书目：Kahneman, D.（2012）. Thinking, Fast and Slow. London: Penguin.

中文书目：丹尼尔・卡尼曼.（2012）. 思考，快与慢（胡晓姣，李爱民，& 何梦莹，译）. 中信出版社.

备选读物：《“错误”的行为》

书3:《心智探奇》

简评：这是一本认知科学入门佳作。史蒂芬・平克（Steven Pinker）沿着计算与进化两条主线，将认知科学核心命题编织成串。其他相关著作亦可参考约翰・R・安德森（John R.Anderson）主编的教材《认知心理学及其启示》（约翰・R・安德森, 2012）。

评级：杰作

外文书目：Pinker, S.（1999）. How the Mind Works. W. W. Norton & Company.

中文书目：史蒂芬・平克.（2016）. 心智探奇（郝耀伟，译）.（2016）. 浙江人民出版社.

备选读物：《认知心理学及其启示》

书4:《情绪》

简评：这是一本远超预期的杰作。作者莉莎·费德曼·巴瑞特教授带领我们步入了一个“情绪2.0”的新时代。什么是情绪？情绪是如何炼成的？如何预测情绪？如何掌控情绪？社会文化与情绪的关系如何？作者基于数十年的研究以及诸多业界的研究证据，证明传统的情绪观念统统错了。理解情绪的本质，成为一名情绪专家，升级大脑中关于情绪的认知——这就是作者原创的情绪建构论。关于情绪的专业探讨，亦可参考作者参与主编的《情绪手册》(Barrett, Lewis, & Haviland-Jones, 2016)。

评级：杰作

外文书目：Barrett, L. F.(2017). How emotions are made: The secret life of the brain. Houghton Mifflin Harcourt.

中文书目：莉莎·费德曼·巴瑞特.(2019). 情绪(周芳芳，译). 中信出版社.

备选读物：《情绪手册》

书5:《心流》

简评：经过近50年的发展，“心流”一词已经从学术界成为流行文化的一部分。它构成了今日盛行的积极心理学基石，成为互联网产品设计的重要考量指标。作者米哈里·契克森米哈赖在《心流》一书中正本清源，以原创者的身份回答了心流是什么，心流有什么意义，如何获得心流等。此书也是幸福人生必读之书。当下的快乐是什么？幸福的真相是什么？人生的意义是什么？作者探讨创造力与心流的著作《创造力》（Csikszentmihalyi, 1997）亦可参考。

评级：杰作

外文书目：Csikszentmihalyi, M.（1991）. Flow. Harper Perennial.

中文书目：米哈里・契克森米哈赖.（2017）. 心流（张定绮，译）. 中信出版社.

备选读物：《创造力》

行动模式

书1：《改变》

简评：为什么我们越努力越失败？因为你是在系统内努力，作者将其称为“第一序改变”。很多时候，你需要跳出系统之外，采取“第二序改变”。比如老师越是关心问题少年，该学生的问题就越多；而老师有意忽视学生，反而重新获得对方的重视。这就是“第二序改变”带来的神奇效应。《改变》一书是行动科学的源头著作，研读行动科学，亦可参考行动科学创始人阿吉里斯的经典著作《行动科学》（Argyris, Putnam, & Smith, 1985）。

评级：杰作

外文书目：Watzlawick, P., Weakland, J. H., Fisch, R., Erickson, M. H., & O'hanlon, B.（2011）. Change. W. W. Norton & Co.

中文书目：瓦茨拉维克，威克兰德，& 菲什.（2007）. 改变（夏林清 & 郑村棋，译）. 教育科学出版社.

备选读物：《行动科学》

书2:《为什么学生不喜欢上学?》

简评：为什么孩子不喜欢上学？为什么说学习金字塔、多元智能等是错误的？为什么说批判性思维难以习得？答案尽在《为什么学生不喜欢上学》。作者丹尼尔·威林厄姆（Daniel T. Willingham）是美国认知心理学家，主编过认知心理学教材，常年坚持写作科学、教育与认知科学方面的博客与专栏文章。此书重点介绍了认知科学在k12教育领域的应用，全书源自作者在《美国教育者》上连载的“请问认知科学家”专栏文章改编而成。虽然作者的原文是写给中小学教师的，但完全适用于成人自学与指导孩子学习。全书的九章回答了九个问题，介绍了九个观念，处处颠覆人们关于学习的常识。这九个原理分别是：1）人类天性好奇，但并非天生优秀的思想者；2）事实性知识重于技能；3）记忆是思考的灰烬；4）我们通过已知理解新知；5）练习通往了如指掌的境界；6）学习中的认知能力在早期与晚期截然不同；7）儿童在学习方面的相同远远大于不同；8）通过持续努力，智力可以提升；9）教学必须通过练习提高。其他相关读物亦可参考《认知天性》(Brown, III, & McDaniel, 2014)。

评级：杰作

外文书目：Willingham, D. T. (2010). Why Don't Students Like School? Jossey-Bass.

中文书目：丹尼尔·威林厄姆.(2010). 为什么学生不喜欢上学?(赵萌，译). 江苏教育出版社.

备选读物：《认知天性》

书3:《态度改变与社会影响》

简评：我们一生的大大小小的行动，有很大一部分都是与他人打交道。他人既可以是天堂，也可以是地狱。如何更好地理解他人的行为，更好地说服别人，或者避免被人洗脑？菲利普·津巴多（Philip G. Zimbardo）主编的这本教材是一本社会心理学入门佳作。除此之外，亦可参考《影响力》（Cialdini, 2006）；《先发影响力》（Cialdini, 2016）；《细节》（Goldstein, Martin, & Cialdini, 2007）；《畅销的原理》（Willcox, 2015）；《广告说服力》（Armstrong, 2010）等读物。

评级：杰作

外文书目：Zimbardo, P. G., Leippe, M. R., Zimbardo, P., & Leippe, M.（1991）. The Psychology of Attitude Change and Social Influence. McGraw-Hill Humanities/Social Sciences/Languages.

中文书目：菲利普·津巴多、迈克尔·利佩.（2007）. 态度改变与社会影响（邓羽，肖莉，& 唐小艳 等，译）. 人民邮电出版社.

备选读物：《影响力》《先发影响力》《细节》《畅销的原理》《广告说服力》

书4:《转行》

简评：从来没有哪一个年代像今天这样，转变职业生涯变得司空见惯。创业、跳槽不再新鲜；斜杠青年、间隔年成为时尚。然而，并不是每一次职业生涯转变都会带来好的结果。作者埃米尼亚·伊瓦拉在此书中向人们揭示了成功转变职业生涯的新方法。这套新方法揭示了太多反鸡汤的科学研究，比如，你需要放弃寻找那并不存在的“真实的自我”，应努力去发现“可能的自我”；痛苦并非成功之母，它只会带来行为瘫痪；成功的转行是先做后想而非先计划后实施。作者的这套方法论不仅仅适用于职业生涯转变，也适合个人职业发展与公司管理，参见作者的另一本著作《逆向管理》（Ibarra, 2015）。

评级：力作

外文书目：Ibarra, H.（2004）. Working Identity. Boston, Mass: Harvard Business Review Press.

中文书目：埃米尼亚·伊瓦拉.（2016）. 转行（张洪磊 & 汪珊珊，译）. 机械工业出版社.

备选读物：《逆向管理》

书5：《成功、动机与目标》

简评：这是市面上第一本将自我决定论、成长型心智与执行意图结合在一起写的通俗好书。同类读物亦可参考：《WOOP思维心理学》（Oettingen, 2014）与《七堂思维成长课》（Webb, 2016）。

评级：力作

外文书目：Halvorson, P. D. H.（2010）. Succeed. Hudson Street Press.

中文书目：海蒂·格兰特·霍尔沃森.（2013）. 成功，动机与目标（汤珑，译）. 译林出版社.

备选读物：《WOOP思维心理学》《七堂思维成长课》

读写模式

书1：《风格感觉》

简评：头脑清晰，写作未必清晰；清晰写作，必然需要清晰的头脑。理解心智之妙，探索文学之奇，平克此书实为二十一世纪写作者必读之书。在书中，平克提倡古典风格。古典风格出自认知科学家马克·特纳与人文学者弗朗西斯·托马斯合著的图书《古典风格》（Turner & Thomas, 1996）。

评级：杰作

外文书目：Pinker, S.（2014）. The sense of style. Viking Books.

中文书目：史蒂芬·平克.（2018）. 风格感觉（王烁 & 王佩，译）. 机械工业出版社.

备选读物：《古典风格》

书2：《修辞认识》

简评：此书为日本修辞学家佐藤信夫代表作之一，是他的另一代表作《修辞感觉》（佐藤信夫，2012）的续本。中国修辞学传统是修辞以立其诚；西方古希腊传承而来的修辞学传统是修辞以立其真；而日本修辞学传统是修辞以立其感。佐藤信夫传承日本修辞学传统，并立足于当代语言哲学，将修辞表述为人的各种生存方式和发现性认识的各种造型，别开生面。

评级：杰作

外文书目：佐藤信夫.（1981）. レトリック認識. 講談社.

中文书目：佐藤信夫.（2013）. 修辞认识（肖书文，译）. 重庆大学出版社.

备选读物：《修辞感觉》

书3：《我们赖以生存的隐喻》

简评：乔治·莱考夫（George Lakoff）和马克·约翰逊（Mark Johnson）合著的《我们赖以生存的隐喻》为第二代认知科学的扛鼎之作，认知语言学的开山之作。正是莱考夫与诸多同仁的努力，使得认知科学迈入具身认知时代。亦可参考莱考夫的《女人、火与危险事物》（Lakoff, 1990）与《肉身哲学：亲身心智及其向西方思想的挑战》（Lakoff, 1999）。

评级：杰作

外文书目：Lakoff, G., & Johnson, M.（2003）. Metaphors We Live By. University Of Chicago Press.

中文书目：乔治·莱考夫，& 马克·约翰逊.（2015）. 我们赖以生存的隐喻（何文忠，译）. 浙江大学出版社.

备选读物：《女人、火与危险事物》《肉身哲学：亲身心智及其向西方思想的挑战》

书4：《故事》

简评：当你仔细分析过100多部电影，培养电影从业者两万多人，学生拿过17次奥斯卡奖。对这些卓越电影的分析，融合在此书中，是不是足以称之为好书？与《创新算法》分析专利类似，作者罗伯特·麦基（Robert McKee）在书中总结了电影业的卓越模式。作者的另一本著作《对白》（Mckee, 2016）亦可参考。除此之外，将《故事》与《千面英雄》结合而成的《作家之旅》亦可参考。脑科学、认知科学目前关于故事的研究日益增多，一本荟萃各类研究的读物《你能写出好故事》（Cron, 2012）亦可参考。

评级：杰作

外文书目：McKee, R.（1997）. Story. ReganBooks.

中文书目：罗伯特·麦基.（2014）. 故事（周铁东，译）. 天津人民出版社.

备选读物：《对白》《作家之旅》《你能写出好故事》

人际模式

书1：《人类的演化》

简评：此书的精彩之处在于用社会脑与时间分配两个模型，清晰地介绍了人类早期演化历史。中间多数研究均出自作者罗宾·邓巴的原创，颇为难得。如果希望了解史前文明的起源及对我们今天的影响，还可以读邓巴的《进化心理学》与迈克尔·托马塞洛（Michael Tomasello）的《人类认知的文化起源》。前者是关于进化心理学的经典教材，详细介绍了邓巴数字、社会脑及诸多进化心理学研究。后者是关于人类认知起源的经典著作，强调了人类的文化传统和人造物品随着时间的推移不断进行积累改进的“棘轮效应”。

评级：杰作

外文书目：Dunbar, R.（2014）. Human Evolution. Pelican.

中文书目：罗宾·邓巴.（2016）. 人类的演化（余彬，译）. 上海文艺出版社.

备选读物：《进化心理学》《人类认知的文化起源》

书2：《组织》

简评：2001年，丹尼尔·雷恩（Daniel A. Wren）等人组织了一项调研，《组织》一书被评为二十世纪第七大最具影响力的管理书籍。该书由詹姆斯·马奇与赫伯特·西蒙合著，开创了组织研究中的“有限理性”流派。马奇的相关思想，亦可参见《决策是如何诞生的》（March & Heath, 1994）；《论领导力》（March & Weil, 2005）；《经验的疆界》（March, 2010）；《马奇论管理》（詹姆斯·马奇，2010）等著作。

评级：杰作

外文书目：March, J. G., & Simon, H. A.（1993）. Organizations. Wiley-Blackwell.

中文书目：詹姆斯·马奇，赫伯特·西蒙，& 哈罗德·格兹考.（2013）. 组织（邵冲，译）. 机械工业出版社.

备选读物：《决策是如何诞生的》《论领导力》《经验的疆界》《马奇论管理》

书3：《复杂》

简评：这是一本关于复杂性研究的科普佳作。如果希望了解更多复杂性研究、网络科学、社会网络知识，亦可阅读《网络、群体与市场》（Kleinberg & Easley, 2010）。

评级：杰作

外文书目：Mitchell, M.（2009）. Complexity. Oxford University Press, USA.

中文书目：梅拉妮·米歇尔.（2018）. 复杂（唐璐，译）. 湖南科学技术出版社.

备选读物：《网络、群体与市场》

书4：《人情与面子》

简评：别人为什么要帮助你？别人是什么样的人？自己人与别人有什么区别？丢脸、长脸、不要脸；没脸见人、脸皮厚、给面子、留点面子、要面子；看我的面子；这些俗语背后蕴含着中国人在权力运作、人情往来上什么样的规律？这也许是每个人都没有深度思考过的问题，更没有意识到这个领域即将诞生影响中国社会学发展的一个新理论体系。30年前，一位年轻的社会心理学博士黄光国仔细思考了上述问题，最终写出了此书，在学界一战成名。了解更多中国人的人际关系运作模式，亦可参考费孝通的著作《乡土中国》（2012）、杨中芳的著作《如何理解中国人》（2009）、黄曬莉的著作《华人人际和谐与冲突》（2007）与翟学伟的著作《人情、面子与权力的再生产》（2013）。

评级：杰作

中文书目：黄光国.（2010）. 人情与面子. 中国人民大学出版社.

备选读物：《乡土中国》《如何理解中国人》《华人人际和谐与冲突》《人情、面子与权力的再生产》

致　谢

Thanks

这本文集，是我从2000年到2019年在认知科学及其相关领域研究、传播及创业的一个小结。

首先需要感谢的是众多师友。除了书中正文与参考文献中出现的各位师友之外，我还要格外感谢我的心理学启蒙老师郭德俊教授、时勘教授、雷雳教授、丁锦红教授、张力教授、方平教授、张钦教授；还有在我刚刚开启职业生涯时，作为我的直接上级的徐浩渊博士、覃川博士、彭剑锋教授、饶征老师。当然，还有众多共事过的师友，正是与你们的讨论，才成就了本书的众多灵感。尤其是程乐华博士、丁健老师，与你们近20年的智识激荡，认识你们，真好。

其次，感谢我多年来的博客读者。从2000年个人搭建的第一个博客“月亮湖”，再到之后的“心理学进取之路”、“中国应用心理学联盟”、“欧阳的心理学笔记”、“阳志平的个人网志”，以及社交媒体时代的豆瓣日记、微信公众号“心智工具箱”。作为一名创作者，有很多读者看我的文章，还因此惦记着，是一件蛮幸福的事。世界喧嚣声益大，我仍然安静写着，你仍然安静读着。真好。

再次，感谢我的同事与学员。各位同事也许可以从书中找到一些你曾经经历过的项目痕迹。感谢那些曾经有幸与你共事，研究如何测量与提高人类认知能力的日子。同样，感谢那些上过我的课的各位同学，你们给书中诸多篇目提供了灵感，并聆听了最早的版本。这本书尤其要感谢詹卓璇、菟葵精心绘图；崔珈瑜修订参考文献；王超、青豆、陈晨、左慧婷、高雪莹、李仁冲、子午鸟协助校对。还有电子工业出版社的李影老师，正是您的大力推进，才得以让此书上市。

最后，感谢各位家人，尤其是我的爸爸、妈妈、妹妹，以及岳父、岳母，正是各位亲人的支持，才得以让我在繁忙的创业之余有时间读书、写作。当然，还有一起创业、一起生活20年的爱人。社会、人心可以很复杂；同样，也可以如此简单。写第一篇博客时，在一起创业、加班；出版此书时，依然在一起创业、加班。与你同行，真好。

将生命“浪费”在纯粹的创作之中，该是一件多么开心与奢侈的事情啊。文字则是这些愉快时光的见证。认知科学于我而言，不是枯燥无趣的学术，而是赖以指导“行”的“知”。所有留下的文字，都是我所信仰的。这些写论文、敲代码、设计产品、从事管理之余下厨烹饪而成的“私房菜”，各花入各眼。但这终究是一种美好的记忆与时间见证过的“知”。

追求智识的生活，真好。

阳志平

2019年5月12日

作者简介

Author

阳志平，认知科学专家与作家。现任安人心智董事长，致力于认知科学的产品开发、课程设计与科学传播。

职业经历

2003年创办心理与教育测量公司安人公司，2014年联合创办认知科学专业公司安人心智。旗下子公司包括儿童教育机构爱贝睿和英才教育机构开智学堂。创业之前，阳志平曾在管理咨询公司担任战略与人力资源高级咨询师。

认知科学产品的研发

阳志平精通认知评估暨认知训练体系设计。先后主持开发多款软件：未来脑计划App（基于脑科学的科学早教体系）与注意力指数App（注意力评估系统）；开智学堂（智能卡片教学系统）与写匠（中文写作辅助系统）；海马指数（老年人认知能力评估检测工具）与瑞智庄园（老年人认知能力训练平台）。分别涵盖儿童认知发展、成人认知训练与老年人认知健康三大领域。

认知科学的课程设计

阳志平亦精通教育课程体系设计，尤其擅长运用认知科学指导教育实践。近些年先后主持研发儿童发展领域的大型课程体系——“未来脑计划”；成人英才教育课程体系——信息分析、论证分析、行为分析与决策分析等多门课程，并开创认知写作学，探索人类心智之奇与文学之美，自成一家。

认知科学的科学传播

阳志平促进认知科学在中国的科学传播，近十年来，担任中信出版社、电子工业出版社、人民邮电出版社、机械工业出版社等出版社的图书出品人或策划人，先后引进数十本认知科学领域的经典读物到中国，并通过旗下“爱贝睿文库”与“开智文库”，先后组织出版儿童认知发展与成人认知发展原创图书数十本，并发起认知科学爱好者交流会开智大会连续三届，演讲者文集由中信出版集团以《认知尺度》书名结集出版。

个人著述

阳志平热爱写作，写作博客近20年，文章广为传播。在《财新周刊》上开设专栏，迄今连载文章近百篇。

主编《认知尺度》《追时间的人》《积极心理学团体活动课操作指南》与《灾后心理自助手册》等书；参编《用心战“非典”》《国际教育新理念》与《经营电子商务：理论与应用》等书；翻译《工作评价》等书；审校《古典风格》《风格感觉》《超越智商》《积极情绪的力

量》《社会网络分析》等书。在职业生涯早期，曾发表科学论文、诗歌数十篇；曾荣获首都首届挑战杯科研竞赛特等奖；多项诗歌竞赛特等奖。

阳志平也是一位藏书数万的书虫。关于藏书整理技法、读书技法的系列文章广为流传。过去10余年，阳志平将自己的部分藏书书目信息以豆瓣豆列、Github开源仓库、Zotero群组形式开放给读者，并从藏书库中精心挑选好书，编撰为“开智正典”，以普及人类智者创建的一流思维模型。

联系作者

邮箱：y@anrenmind.com

个人网站：https://www.yangzhiping.com

公司网站：http://www.anrenmind.com

微信公众号：心智工具箱

后 记

Postscript

十年*

如果只在不被辜负时去信任，只在有所回报时去爱，只在学有所用时去学习，那么就放弃了人之为人的特征。[1]

1

那年夏天，正值女孩悲伤时刻。在失去一位至亲后，又一位至亲去世。而一向坚强的女孩，踏上帮亲人寻找墓地的旅程。开往郊外公墓的漫长路上，女孩掏出手机，开始随机搜索谁的QQ在线。那一年，女孩大二。

那年夏天，正值男孩沮丧时刻。男孩刚刚大学毕业，那时的他技术与文艺的混搭气质初显。当时互联网刚刚兴起，用内存64兆的电脑拨号上网，制作个人网志，美其名曰“月亮湖”。那时的他，以为该网志的唯一读者会成为自己的终身伴侣。

---

* 本文首次发表日期为2014年12月28日，结婚十周年纪念。

年轻人的爱情并不会按照事先设计好的路线前进。男孩在沮丧回乡路上，屋漏偏逢连夜雨，绿皮火车遭遇山洪，滞留一天。闷，男孩掏出手机，开始随机搜索谁的QQ在线。

从此，两人命运彼此交错。

2

时光定格在那个秋天的傍晚。人大东门桥下。如今已经消失在时空中的当代商城艾德熊门口。自从夏天通过QQ认识以后，两人开始断断续续联系。如同每一位刚毕业的男孩一样，他雄心勃勃，将绝大多数时间花在事业上，那时，创业的想法已在心中萌动。而如同每一个大二的学霸女孩一样，她轻松考过六级，剩余大把大把的闲暇时光。好奇杀死猫，她不由得开始关注男孩的一切。终于有一天，她想出一个理由：找他借一张SPSS统计软件光盘。当时的他，恰好住在人大东门对面。

多年后，女孩还会嘲笑男孩为什么在秋天穿着那么笨重的大衣，随手拿着一袋热气腾腾的糖炒栗子，从人大东门的过街天桥下朝她走来。车流映照落日，双安桥上。一只燕子低掠而过。

那只燕子，飞过桥头，飞过落日，飞过十年。

3

终于，男孩决定边上班边创业。几位兄弟开始在一个小小的出租屋里开工。那时的男孩，精力充沛，睡得晚，醒得早，每天清晨早早醒来，继续写前一天晚上没有写完的程序。快到上班时间，才草率洗漱一下，骑着自行车，匆匆忙忙，从人大东门直扑清华东门。

女孩每周都会从家里带来一个大柚子，再用每周不多的零花钱给男孩买一点吃的。为了省钱，女孩每次都会跑到白石桥家乐福而非学校附近或家门口的超市购买。

十年前的创业，对于初出校门的年轻人来说，哪有那么容易。男孩的工资，几乎全部花在创业上。最艰难的时刻，男孩的饭钱都靠女孩补贴。女孩为了多赚一点点钱，跑到离家很远的地方去做家教——真的是为了那么一丁点家教费用，一丁点。

青春的热情击败一切困难。男孩的事业逐步成长，虽然还是工资迟发一天就马上山穷水尽。对女孩来说，她所求的回报，不过是男孩忙着写程序时，她挤在电脑椅子里面，抱着男孩，静静地望着他，望着他。

4

女孩即将毕业。究竟是读研，还是加入男孩的公司？一个原本不是问题的问题，令女孩左右为难。于是，两人相约拜访了一位当时正走红的职业生涯顾问。她是男孩的朋友，恰逢人生巅峰，光彩夺目，人人都以听从她的职业生涯建议为荣。然而，她的建议在男孩和女孩看来，毫无帮助，反而让女孩更加困惑。感情、事业、学业的功利计算，对于女孩来说，是一件颇不习惯且不愉快的事情。

天性善良的她，仅仅希望多给男孩一些支持。于是她决定，在毕业后，正式加入男孩的公司。为此，女孩隐瞒家里，将原本计划报考

GRE的学费用来资助男孩。

一月，一季，半年。时间很快到了十年前。此时，男孩已经从清华东门跳槽到亚运村，两人从人大东门搬到北沙滩租住。那是一套因为建设奥森公园即将拆迁的房子。厨房满是蟑螂，杀了又杀，依然满地都是。

还是没有钱，没有房子，唯有“小强”。男孩创业项目略有起色，但依然入不敷出，等待当月薪水到账。某天吃饭前，两人查了查，工资卡上还剩几十元。男孩说，索性大吃一顿吧。

在北沙滩某个临街小店，两人花完了最后几十元。突然，男孩冲动地对女孩说，嫁给我吧，明天去领结婚证。女孩爽快地答应了，只问了一句：那你送我什么呢？

男孩数来数去，两人当下最需要的家当是一台微波炉，早餐晚餐热饭需要，于是“理性”地说道：等明天工资到了，送你个微波炉吧！

没有房子，没有婚戒，没有婚纱，唯有一台微波炉。

5

因为女孩是北京土著，两人婚礼首先在女孩家附近举办。那天出乎所有人意料的是，男孩竟然睡过头，成为迟到的新郎。女孩不得不抱歉地帮他向各位亲友解释：第一次来这边；住的地方没有闹钟；路上交通不方便。

在婚礼上迟到，似乎预示了未来十年他们的生活模式。男孩总是笨拙地应对人际交往、家常事务等一切他不擅长的事情。唯有回到他喜欢的读书、写作、技术或者思考这类事情，才能挥洒自如。而那些惊讶男孩为什么总有那么多读书时间的朋友不知道，他背后有女孩十年如一日的包容与付出。

杨绛与钱锺书，薇拉与纳博科夫，他们都是棋逢对手，一生坚守。不同的文化，相同的是关乎爱与创造力的故事。正如钱锺书在《写在人生边上》扉页上用“赠予季康”来表达对杨绛的爱一样，纳博科夫能做的就是，在一生每本书的扉页上写下“献给薇拉”。

而这，正是男孩想跟女孩说的。

6

十年日子，争论时常发生，甚至激烈伤人。但是，每当男孩女孩回头想想一起经历过的事情，读读十年前女孩写给男孩的卡片，两人的心，柔软了。人生不易，在减少选择时，也不妨尝试另一种选择。试试看，在下一个路口，会不会朝相反的方向转去？每次，男孩都会有意想不到的发现。是爱，更是女孩的包容、理解与善良，让两个性格、家庭、地域迥异的年轻人，渐渐走到今天。

7

有人说，人有三样东西无法隐瞒：咳嗽、穷困和爱；你越想隐瞒越欲盖弥彰。人有三样东西不该挥霍：身体、金钱和爱；你想挥霍却得不偿失。人有三样东西无法挽留：时间、生命和爱；你想挽留却渐行渐远。人有三样东西不该回忆：灾难、死亡和爱；你想回忆却苦不堪言。

男孩就是我，而那位女孩就是你。谢谢你，我的爱人，结婚十周年快乐！感谢你十年如一日的包容、坚持与付出；也感谢命运让我有机会，十年如一日，见证了人性美好、善良、真诚与伟大的一面。

谢谢！